植被生境因子空间分布研究

焦有权 著

化学工业出版社

·北京·

内容简介

本书通过对植被生境因子空间分布的研究背景及研究方法概述，阐述了研究的技术背景和技术路线，并对研究区的概况与数据预处理情况进行说明，导出关键数据表。在后面的章节中详细阐述了植被气象因子的经纬度空间变异、潜在蒸散发 ET_0 在时间尺度的分形、气象要素在时间尺度的变化及分形特征、植物土壤因子的空间变异及模糊聚类、植被地形因子的经纬度空间变异、植被标准差椭圆分析及适宜性评价，最后以多因子支持下神经网络算法的 PRNN 模式识别进行植被分区区划。

本书适合农业、林业、水利、气象、地理信息等行业的研究人员及学者阅读，为生态环境建设、区域经济社会的可持续发展提供了一定参考。

图书在版编目（CIP）数据

植被生境因子空间分布研究/焦有权著.—北京：化学工业出版社，2020.11（2024.1重印）
ISBN 978-7-122-37603-9

Ⅰ.①植… Ⅱ.①焦… Ⅲ.①植被-生态环境-地区分布-研究 Ⅳ.①Q948.1

中国版本图书馆 CIP 数据核字（2020）第 157818 号

责任编辑：王 斌 毕小山　　装帧设计：刘丽华
责任校对：边 涛

出版发行：化学工业出版社（北京市东城区青年湖南街 13 号 邮政编码 100011）
印 装：北京科印技术咨询服务有限公司数码印刷分部
710mm×1000mm 1/16 印张 12¼ 字数 239 千字 2024 年 1 月北京第 1 版第 2 次印刷

购书咨询：010-64518888　　售后服务：010-64518899
网 址：http://www.cip.com.cn
凡购买本书，如有缺损质量问题，本社销售中心负责调换。

定 价：68.00 元

前言

生态系统类型的空间分布信息提取是进行生态价值时空动态分析的基础，也是进行生态系统景观格局预测优化的基础。人类在利用生态资源促进社会经济发展的同时，也引起了土地覆被类型的变化，进而改变了生态系统内部的结构和功能，对生态环境产生巨大的影响。20 世纪 80 年代以来，随着工业化进程开始加速，在自然和人为因素的共同影响下，国内陆地覆盖的植被类型发生了剧烈的变化，引发了一系列的生态环境问题，如农田减少、天然植被破坏、城市快速扩张、土地沙化与盐碱化、水域退化等，这些都影响了生态资源和环境的可持续发展。

植被是地球表面最重要的生态系统之一，是一个结构复杂、包罗万象、生命旺盛和具有特定功能的巨系统。从地理学角度来讲，它又具有非常显著的空间分布特征，即在一定的地理区域内，必然有与该地理环境相应的植被出现。这绝非偶然，从生物进化的规律上讲，特定的地理属性承载了特定的地形、土壤和气象等物质环境，这些要素的合集则构成了植被的生境因子，而生境因子的空间变异格局决定了植被等群落的分布格局。所以，宏观地研究植被的分布格局成为生态环境建设的标识，分析其空间分布规律与变异特征，关系到生态环境对地区经济社会的承载能力，对国家生态文明建设具有十分重要的现实意义。

为此，作者对全国国土区域按 1∶10000 的比例尺进行矩形网格划分，形成覆盖大陆的格网体系，在网格中嵌入多项属性数据，通过多源遥感影像数据，对研究区域内的土壤因子（钾、磷及有机质含量），地形因子（坐标、高程），气象因子（年均降雨量、气温、湿度）和绿色植被盖度等数据进行不同格网尺度的样本点提取，形成基于矩形格网的数据阵列，建立了 FM-SOTER 数据库。本书旨在通过系统的分项研究，揭示中国植被生境关键因子的空间分布规律、变异度及地理关联度，并贯通以植被为核心的生态因子、物质因子及空间因子的综合关联，结合现代地理信息科学的理论和方法，研究中国陆地范围内植被生境关键因子的空间分布规律、变异特征和变异度（欧氏距离）。

针对植被生境因子的空间分布问题，本书包含以下主要内容：①揭示植被气象生境因子的空间分布规律；②揭示植被分布与土壤生境因子的密切关系；③揭示植被分布与地形生境因子的空间变异规律；④利用标准差椭圆分布圈定植被分布的量化界域；⑤多因子支持下的植被分区 PRNN 模式识别。

本书利用网格理论对全国陆地面域进行划分，利用空间插值及趋势面分析理论计算出全国范围内三维空间的植被生境关键因子的分布模型，为今后该领域中的多因子多维度空间分布模型研究奠定了基础并提供了参考。利用 GIS 标准差椭圆分布理论，得到了植被大类空间分布的椭圆长轴、短轴，椭圆方向（方位角），分布中心坐标和各类植被的面积比例。通过追溯植被适宜生存的地理区间，得到植被的土壤适宜性、纬度区间适宜性、经度区间适宜性及高程区间适应性，精确地掌握了植被的生境适宜性，为在全国范围内开展造林绿化决策规划提供了参考。

本书适宜的读者为农业、林业、水利、气象、地理信息等行业的研究人员和相关学者。通过有关观点的延伸及深化，能够进一步细化和深入某一指标，做出更大比例的网格数据集，得到更加精准的点位数据，实现植被生境因子空间分布的高维精准模型，为生态环境建设、区域经济社会的可持续发展等奠定基础。

本书能够顺利出版，首先，感谢北京农业职业学院特色高水平院校建设项目-高水平师资项目- 高水平双师队伍建设项目（PXM2020-157102-000054）的全力支持。在该项目的支持下，水利与建筑工程系水利水电工程技术专业创新团队获得 2020～2021 年北京市级创新团队，在此感谢创新团队带头人杨林林博士及全体成员。其次，感谢北京农业职业学院人事处和财务处的领导及同事，正是在大家无私的相助之下，才能促成本书的面世。再次，真诚地感谢我的导师冯仲科教授，是他一步步指引我走上科学研究的学术道路；同时感谢于景鑫博士，在原始数据提取的工作中，给予我最大的帮助。最后，感谢众多参考文献的国内外学者，正是站在你们的肩上，本书才能取得些许的研究亮点。

著　者

2020 年 5 月

目录

第三章 气象因子的经纬度空间变异 / 051

第五章 气象要素在时间尺度的变化及分形特征 / 100

第六章 植物土壤因子的空间变异及模糊聚类 / 113

第七章　植被地形因子的经纬度空间变异 / 130

第八章　植被标准差椭圆分析及适宜性评价 / 145

第九章 多因子支持下的植物分区 PRNN 模式识别 / 162

第十章 结论与展望 / 176

参考文献 / 181

第一章

概述

第一节　全球植被资源概况

随着工业化在全球的扩展、经济社会发展水平的提高和人口数量的激增，地表生态环境问题日益严重，异常气象频现，自然灾害频发，臭氧层变薄，全球气候变暖，酸性降水危害加重，珍稀物种逐渐消失，生物多样性减退，森林遭到破坏，各类污染加重……作为地理景观的各类森林生态系统在维护环境、保持水土、涵养水源、防风固沙、净化大气与调节气象的生态效益方面，也受到极大的削弱，综合功能大大降低。

虽然近几年中国增加了对生态环境建设的投入，但整体恶化的趋势仍未见扭转。北方地区沙化严重，山区水土资源破坏未得到有效控制，各类自然异常现象频繁出现，导致当代人类生存空间日趋缩小，人类赖以生存的环境、资源支持系统受到严重的威胁。而这些问题的出现，都与森林的总量不足、质量不优和分布不均等问题密切相关。植被具有平衡 CO_2、防风固沙、保持水土、涵养水源等生态功能，还有可观的经济效益与社会效益，在整个国民经济发展中的地位非常重要。植被资源的调查、合理利用与保护是复杂的科学技术体系，与地理因素、地形因素、水分因素、气象因素、土壤因素等密切相关。森林资源发生发展的长期性、递增性和复杂性，决定了植被建设经营的复杂性，致使森林资源管理不仅需要了解其过去和现在，更重要的是未来。

根据联合国粮农组织的统计资料，1990 年全世界的森林面积为 341085.10 万公顷，全球陆地森林覆盖率为 26%。由于人类砍伐森林等原因，世界森林资源正以惊人的速度减少，自 1990 年以来全球每年大约有 1300 万公顷的森林被毁。在人工造林等工作的影响下，1990～2000 年，世界森林面积仍年均减少 939 万公顷。研究报告指出，南美洲是世界上森林遭毁坏程度最严重的地区，其次是非洲和大洋洲；亚洲地区森林保护状况有所好转，已从 20 世纪 90 年代的年均减少 80 万公顷森林转变为自 2000 年以来年均增加 100 万公顷。这在很大程度上归功于中国的大规模植树造林。近些年来，由于中国等国家的植树造林行动，世界上新种植树木和森林资源面积有上升趋势，但与世界现有森林资源的总量相比，占比仍很低。可以说中国的森林资源相当匮乏，而且分布不均匀，人均占有蓄积量仅有 8.622m^3，随着社会和经济发展的加快，供需矛盾更加突出。

众所周知，中国是一个拥有 14 亿人口的发展中国家，但同时又是一个森林资源短缺的国家，森林覆盖率明显低于目前世界平均森林覆盖率，人均森林面积不足。同时，中国国土辽阔、地形复杂、气候多样，森林资源的类型多种多样，有针叶林、落叶阔叶林、常绿阔叶林、针阔混交林、竹林、热带雨林等。树种共达 8000 余种，其中乔木树种 2000 多种，经济价值高、材质优良的就有 1000 多种，拥有众多中国所特有的珍贵树种，如银杏、银杉、水杉等，经济林种繁多。中国的宜林地多，东南半部气候湿润温暖，造林潜力大。

对此，本书基于对植被资源的保护及更好地开展适地造林决策，以中国陆地国土面积为研究对象，以现代信息技术和数据库技术为手段，以中国植被自然地带分布为背景值，通过 Arc GIS（地理信息系统）和 RS（遥感）等手段，将中国陆地面域进行网格划分，提出气候主要因子、植被类型、地理海拔等因子，在国际现行土壤地体数据库（SOTER）的基础上进一步深入，专业面向植被资源和气候建立 FM-SOTER 联动数据库，并以该数据库为支持工具，通过粗糙集数据挖掘技术进行造林决策，实现对中国各地区造林决策方面发挥指导意义的目标。

第二节　SOTER 数据库概述

土壤地形因子借助信息化手段经数字化建立的土壤地体数据库，简称为 SOTER（Soil Terrain Digital Database）数据库。该数据库是以现代地理信息技术为依托，结合 RS、ArcGIS 等手段，通过以专题制图和土壤分类为目标进行的系统辨识，进而构建的以数字化地图为单元载体，将土壤属性数据关联成一体的“土壤—地体”数据集。SOTER 数据库具有各相对属性均一、数据结构完整、信息采集标准统一、信息编码规范、信息储存量大等特点，在国土资源整理、农业土地利用和管理中有较多的用途。

20 世纪中期，随着人类社会突飞猛进地发展，社会生产力得到了极大的提升，物质资料大大丰富，世界各国都意识到生存环境存在的问题，并产生改善环境的强烈意愿。美国土壤学家在 1960 年首次提出了以诊断层和诊断特性为基础，通过定量化研究土壤系统分类为农业生产服务的问题。1975 年有关土壤的一本专著《Soil Taxonomy》面世，全面展开了对土壤地形联动数据的研究序幕。此后 FAO（联合国粮食及农业组织）和 UNESCO（联合国教科文组织）等组织了全球 300 余位最著名的土壤学家，于 1961～1981 年耗时 20 年制作了全球 1：5000000 的土壤图。

但由于工作的相对独立性，其数据的关联性不强，对于评价土壤质量和土地利用的行业及专业联合应用尚处于空白状态。后来科学家们通过单元划分，将数字化土壤类型图较为精确地表达出来，并将土壤属性数据与单元化的空间坐标建立函数关系，对应起来创建了关联数据库。

土壤地体数据库 SOTER 出现后，其研究和应用可分为 3 个阶段。

（1）研究起步阶段

其研究重点包括方案草拟、典型试点、方案完善等基础性工作。1985 年，为了论证全球 1∶1000000 的土壤地体数据库，国际土壤学会成立了一个专业工作组。1986 年 1 月在荷兰 Wageningen 召开了国际土壤学会（International Society of Soil Science，ISSS）上，土壤学界的国际专家讨论并通过了“附有数据库的数字化国际土壤资源图的结构”，正式提出了建立全球 1∶1000000 比例尺的 SOTER 数据库。自此，SOTER 数据库正式出现并获得命名。1986 年 8 月在德国汉堡举行了 ISSS，全世界的土壤学专家增进了对 SOTER 数据库的理解，使其得到更进一步的认可，在本次 ISSS 会议上正式成立了一个专业机构，专门负责 SOTER 数据库的相关工作。1987 年 5 月，在肯尼亚内罗毕召开的特别专家会上，详细讨论并研究了 SOTER 数据库在编制土壤生产力降低评估等方面的工作，首次利用 SOTER 数据库开展全球土壤的退化评价。

（2）自发发展阶段

建立了小比例尺 SOTER 数据库。随着自然界土地侵蚀、土壤污染和土地退化等问题影响到土地的生产力，人类开始关注土壤自身的污染缓冲性评价以及全球变化中土壤的变化作用，专家们开始着眼于全球气候变化和国家环境变化等方面的研究。总部设在肯尼亚内罗毕的联合国环境规划署（United Nations Environment Programme，UNEP），于 1992 年出版了 1∶1000000 的全球土壤生产力降低现状图，利用全球 1∶1000000 的 SOTER 数据库对巴西、阿根廷和乌拉圭等拉丁美洲区域进行土地退化状态和危险性评价。在此过程中，较为规范的 SOTER 工作手册于 1989 年正式出版，并在 1992 年提出并出版了第五次修订稿，同年 2 月，UNEP 第二次 SOTER 数据库修订会继续在内罗毕举行。至此，FAO 全面认可了 SOTER 纲要，并推荐用 SOTER 原理和方法对世界土壤和土地资源方面的数据进行全面更新。继而在欧洲的匈牙利、非洲的肯尼亚等国家推广应用该管理系统，在国家尺度的土地侵蚀方面陆续应用。

（3）全面构建和补充完善的推进阶段

在 1∶5000000 和 1∶1000000 比例尺的应用推广之后，学者们意识到土壤地形体数据在中、大比例尺的农业、林业、环境甚至工程建设方面也是非常重要的，所以对该数据库的研究工作越来越细致，表现在地图学上则是比例尺日益增大，从原来的 1∶5000000 逐渐增大到 1∶250000、1∶100000、1∶50000 等比例尺级别。包括匈牙利在内的很多国家如叙利亚、黎巴嫩、埃及、埃塞俄比亚和突尼斯等，也在用 1∶50000 或 1∶100000 的比例尺开展土壤研究工作。有关报道和文献显示，世界范围 SOTER 数据库传播情况如表 1-1 所示。

表 1-1 世界范围 SOTER 数据库传播统计表

序号	代表国家	SOTER 应用	比例尺	备注
1	肯尼亚	水土资源保护评价、土壤质量退化评价	1∶1000000	
2	贝宁	土壤适宜性评价	1∶250000	
3	津巴布韦	土地可用性评价、土壤生产力降低评价	1∶1000000	
4	赞比亚	土地可用性评价、土壤生产力降低评价	1∶1000000	
5	阿根廷	土壤质量退化对粮食生产影响评价	1∶5000000、1∶100000	
6	巴西	土地可用性评价	1∶5000000	
7	墨西哥	土地可用性评价	1∶5000000	
8	乌拉圭	土壤质量退化对粮食生产影响评价	1∶5000000、1∶1000000、1∶100000	
9	委内瑞拉	土壤质量退化对粮食生产影响评价	1∶5000000	
10	匈牙利	土壤酸化评价、土壤质量变异评价	1∶500000	
11	俄罗斯	土壤生产力降低评价、土壤质量变异评价	1∶2500000	
		土地退化评价、土地评价	1∶5000000	
12	波兰	土壤生产力降低评价、土壤质量变异评价	1∶2500000	
13	乌克兰	土壤生产力降低评价、土壤质量变异评价	1∶2500000	
14	中国	基础数据库，供开发利用	1∶4000000(中国)	
		农业土壤质量评价	1∶1000000(山东省)	
		基础数据库，植被适宜性评价	1∶500000(东北、西南、华北)	
		侵蚀量评价、农业种植	1∶200000(海南省、苏南地区)	
		侵蚀量评价、农业种植	1∶50000 海南省局部	
15	叙利亚	土地退化对粮食生产影响评价	1∶1000000	
16	约旦	土地退化对粮食生产影响评价	1∶1000000	
17	蒙古	土地退化评价、土地评价	1∶5000000	

中国最早引入并开始研究 SOTER 数据库是在 1992 年。潘剑君通过《土壤学进展》杂志，介绍了国际土壤学会正在进行 1∶1000000 的土壤地形数字化建库及研究工作，并向国内介绍了该数据库及技术应用的进展。1996 年受 UNDP（联合国开发计划署）援助，国内正式以海南省作为区域对象，由南京土壤研究所和海南热带农业大学两家单位联合展开 SOTER 数据库研究，当时采用 1∶200000 的比例尺。后来由中科院牵头，先后在沈阳、吐鲁番盆地、四川南充、京津塘地区和江苏南部等代表性区域相继开展 1∶500000（苏南 1∶200000）SOTER 数据库研制工作，以及 1∶4000000（中国）比例尺的应用和数据库编制研究。

中国国内关于土壤数据库的研究可追溯到“九五”和“十五”期间，根据全国土壤普查数据汇总得到 64 幅 1∶1000000 的土壤图，建立了 1∶1000000 的土壤空间数据库，可以检索我国主要土壤类型的分布、面积，土壤分类名称和典型剖面。国内常用的点面结合数据模型及数据集，主要是图像型数据和矢量型数据。

① 数据集 1：1980s 全国 10km×10km 分辨率土壤类型图（发生分类）。

② 数据集 2：2000s 全国 10km×10km 分辨率土壤类型图（系统分类）。

③ 数据集 3：1980s 全国 10km×10km 分辨率土壤全 N 含量分布图。

④ 数据集 4：1980s 全国 10km×10km 分辨率土壤全 P 含量分布图。

⑤ 数据集 5：1980s 全国 10km×10km 分辨率土壤全 K 含量分布图。

依据 SOTER 数据库的原理与方法，以及从国内外众多 SOTER 数据库的应用情况来看，SOTER 数据库构建时，分划单元具有独自的特点。这些都为 SOTER 数据库的信息交流和共享提供了方便。作为一个基础性信息共享平台，SOTER 数据库为全国各行各业提供了一个较为标准和规范的资源库，并以此为中心，随着信息化技术手段的改进与发展，不断地对数据库进行维护、更新，进而为用户提供更加精准的数字化信息，并在时间序列上具有了动态性。以上这些特点展示了 SOTER 数据库强大的新生力，在计算机技术和信息化日益发达的今天，SOTER 数据库作为一种技术方法很快得到了广泛的推广。

第三节 生境因子概述

生境（habitat）最初是由美国人 Grinnell（1917）命名的。原定义是生物存在的环境状态、空间位置，通常指生物生活起居的某一特定区域，或者便于存活的生态地理环境。Ables 等（1980）界定了野生动物的生境。Baily（1984）进一步定义了周围所有物种的群落。近年来，随着生态学的出现，人们经常认为生境和生态相对位，并在不同的文献中出现了含义差别。例如，对人类而言是生活环境，从动物学角度来看是栖息地，从植物学角度来看是生长地，而从生态学角度来看又称为生态环境。无论哪一种称呼，其实都在表达生命的生长环境，所以称其为生境。

基于动物学角度的生境较为广泛。例如，有学者对半散养麋鹿角的特征及其脱落生境选择进行研究，包括对不同特点的生境对麋鹿角的形状、定形模式、阶段性生发趋势和脱落时间等的影响，得到了较为定形的生境选择导向；还有学者利用 FR[1] 指数对小相岭山系的大熊猫生境进行研究，结果发现大熊猫喜欢在山体脊部生活；有人还在秦岭南坡对大熊猫的繁殖交配期所选择的生境进行研究，结果发现某些特殊的生境因子决定了大熊猫的繁殖生育。又如动物生境选择研究中的时空尺度、基于生境可获得性的完达山地区马鹿的冬季生境选择、冬季清凉峰山区小麂和野猪的生境选择及差异、若尔盖湿地国家自然保护区三种无尾两栖类夏秋季生境选择等研究，可以说关于一些珍稀动物的生境选择问题，研究的成果较多，也得到了科学

[1] FR——Forage Ratio，饲料精粗比，简称 FR 指数。

验证。

而在面向植物学角度的生境研究方面，谢一鸣等以浙江天童 31 个处于不同生境的植物群落为研究对象，利用植物群落的最大、实际和相对环境选择性指数，以随机模拟生境关联性作为零假设，通过与实际群落相比较来揭示群落物种组成的环境关联程度，并定义出环境选择指数 EDI（Environmental Dependence Index）和群落生境马氏距离 MD（Mahalanobis Distance）来确定群落物种与生境的关联性。童建宁等研究了小叶青冈林主要种群种间关系及生态种组的生境特征；张庆提出了内蒙古短花针茅草原的植被分布格局及环境解释；奇凯研究了黑里河天然油松林的主要植物种空间格局和空间关联；康丽丹对暖温带落叶阔叶林灌木层的种间关联进行了探究；郭逍宇等对白羊草群落优势种的种间联结性进行了分析；林露湘认为森林林下植被和土壤种子库具有强烈的边缘效应；赵勇对太行山低山丘陵区退化生态系统植被恢复过程中的生态特征进行了分析与评价。

第四节　地理格网理论概述

格网理论可以追溯到中国奴隶社会时期的“井田制”。东汉张衡（78—139）提出“网络天地而算之”，这也是矩形格网的雏形。井田制之后提出的“计里画方”的“制图六体”，将平面划分为二级坐标及方位。传世了 500 多年的《海内华夷图》由唐代贾耽（730—805）编制，也是格网化地图的应用典范，并依据该图做出了刻石《禹迹图》。罗洪先（1504—1564）利用前朝人朱思本（1273—?）绘制的《舆地图》而细化绘制出《广舆图》，第一次用地图集表达了格网理论的现实意义。陈述彭采用地理空间分析与地理综合分析的方法，开展了一系列格网理论的创新研究；而关于广义和狭义的空间信息格网体系和格网 ArcGIS 的论述，则是由李德仁、王家耀等科学家在国内提出并开展研究的，通过在武汉等地应用实施得以验证，获得了较好的效果。

从国外来看，埃拉托色尼（Eratosthenes，前 275—前 193）构建了经纬网系统，希帕库斯（Hipparchus，前 190—前 125）首次将圆划分为 360°，并力图把地形曲面投影成平面，提出了空间位置由经纬度定位的理论。托勒密（Ptolemy，90—168）采用新的经纬网绘制了地图。墨卡托（Mercator，1512—1594）利用希腊神话大力神 Atlas 作为专业名词来代表地图集，这一创新做法结束了托勒密时代。

在目前的全球级和国家级的格网理论支持下，出现了众多的网格体系，包括经典的经纬度坐标系统、栅格坐标系统和直角坐标系统，以及现代地理信息系统构建出的各类网格模型。其中柏拉图立体（The Platonic Solids）全球网格模型成为应用最广的一个模型，而其他的网格模型也有相应用途，如基于三角形、菱形或多边形分割研究全球网格模型的思路。

利用三角形来分割地球表面的格网系统，国内能见到杨世仁的研究；而陈军则是对地球表面进行分割和坐标变换后，利用 Voronoi 算法进行模型计算；赵学胜等利用三角形空间解析，分层次提出网格系统方案；袁文等提出用等角比例投影建立新的球面，以此来研究网格化的地球表面；周成虎等提出了保积算法来研究 ArcGIS 的矢量数据栅格化。

美国军方构建的全球地理参照系统（World Geographic Reference System）基于一个经纬度框架分割方法，将地球在经线方向环向切割为 24 个环带，环带夹角为 15°，这样共把地球表面划分为 24×12 个网格单元，构成了这个网格系统的一级剖分单元，每一个单元的跨度均为 15°×15°。而在极地两端的四边形收敛成三角形。对于单个的网格单元，继续将网格切割为 1°子单元，用 1°×1°的二级网格将地球表面完全覆盖。将二级网格 1°×1°继续细分，其细分单位尺寸为 1′，这样一来就形成了全球 1′×1′三级网格系统。

还有学者提出了以正六边形为剖分基础的六边形网格，它的覆盖效率和角度分辨率均高于四边形和三角形。因此，单分辨率的六边形网格广泛地存在且应用于各行各业，尤其在气象和环境等领域。谢文军则将一个正六边形由对角线剖分，做出了一个下底过其外接圆圆心的矩形，并以非常形象的名字将其命名为半蜂窝矩形（Half-honeycomb Trapezoid）。

对生境因子的空间分布规律进行的研究，主要是围绕数据挖掘技术、决策分析和地统计学理论开展的。其中李明阳利用地理加权分析、趋势面分析、空间热点探测和决策树分析等方法，将紫金山作为研究对象，对当地森林资源的空间信息进行了分析。王阆等在处理森林二类调查数据时，验证了决策树 C4.5 算法的可行性。陈昌鹏在建立森林资源信息管理系统时将数据挖掘技术应用其中，实现了数据的录、查、统、筛等工作。而像 BP（Back Propagation）神经元网络法、地统计学法、莫兰指数法、半方差函数法、Geary's C 指数法等在本行业的应用也是比较广泛的。孙英君利用 ArcGIS 中的 ArcView 进行编程，以此实现统计学与 ArcGIS 软件的结合。何宗贵比较了莫兰指数法与 Geary's C 指数法在研究空间相关性分析时的优势、劣势及适用性。刘庆研究了山东省寿光市土壤中微量元素的空间相关性，利用莫兰指数和半方差函数得到结果，认为莫兰指数的判别要比半方差函数的结论更为准确。张松林比较了 Geary's C 指数法与莫兰指数法的空间凝集效果，发现莫兰指数法能够计算出更加令人可信的结果。由此可见，莫兰指数法在分析和判别空间相关性方面，普遍比其他方法有优势。传统的克里格插值法（Interpolate Kriging）、条件模拟插值法（Interpolate Conditional Simulation）、反距离加权插值法（Interpolate Inverse Distance Weighting）及 BP 人工神经元网络法是常用的插值方法。程佳昌在分析土壤养分的空间分布时，就采用了 BP 神经元网络法，得到了样本空间数据与插值点数据的相关性模型。赵永存将普通克里格插值法和序贯高斯条件模拟插值法利用推导过程进行比较分析，发现他们各有优劣，普通克里格插值法能够提供局部最优估计的方法，却低估了全局的空间变异性，而序贯高斯条件模拟插值法可以提供若干可能概率的模拟结果再现全局的空间可变性。

第五节　植被生境因子概述

一、植被研究进展

植被学是中华人民共和国成立后新兴起来的一门土壤学与林学之间的边缘分支学科，以土壤学科系统的先进理论知识和实验技术，研究植被的形成、分布及其基本性质，解决林业生产和不良立地条件下植被恢复中遇到的实际问题，维护土壤功能，提高植被生产力。张万儒等对中国天然林生长与土壤性质的关系进行了详细论述。杨承栋依据植被功能与其组成、结构、性质变化一致的原理，论述了人工林土壤组成、结构、性质变化与林木生长的关系，揭示了调控不同林分类型人工林土壤功能动态变化规律与机理，从而为植被资源的合理利用及可持续经营提供了科学依据和技术途径。

近 60 年来，中国植被研究工作取得了显著的进展，揭示了中国植被资源分布，提出了保护和合理利用，以及改良植被性质的技术途径与经营措施；对中国主要天然林及人工林的植被生态系统进行了定位研究，揭示了森林与土壤相互作用的动态规律，为植被管理及提高植被生产力提供了科学依据；对中国广大造林地区进行了森林立地分类与质量评价研究工作，认真地研究了国外林业发达国家森林立地类型的划分和立地质量的评价，研讨并建立了“中国森林立地分类系统”以及森林立地分类、质量评价及应用技术体系，为土壤-立地类型的综合分类及预测、预报植被生产力和适地适树开辟了有价值的途径；对中国主要造林树种开展了合理施用化肥研究。与此同时，还开展了生物固氮、菌根、细菌肥料研制及其应用技术研究，系统地研究了我国主要造林树种，如杉木、杨树、桉树、落叶松、马尾松、湿地松等人工林及毛竹林的土壤质量演化及调控机理，为维护和恢复植被功能、合理经营提供了可靠的科学依据。此外，还进行并完成了植被分析方法标准化及植被标准物质研究；开展了对盐碱地土壤的改良利用研究；对植被污染及其防治技术措施进行了研究；开展了植被分类研究，建立了中国的植被分类系统；开展了植被碳储量研究、植被利用对全球气候变化影响的研究等。

二、植被与气候变化研究进展

1. 植被对大气中 CO_2 的影响

植被与温室气体的关系主要是指森林与大气中 CO_2 的关系。植被在其生长的过程中吸收大气中的 CO_2，形成光合物质，并将其保存起来。植被固定 CO_2 的速率与植被生物量的增长率成正比。森林被采伐和利用的过程却是 CO_2 排放的过程。在全球范围内，大气中的 CO_2 按碳的质量来计算，含量约为 7000 亿吨，植物中（其中森林占 90%）含有碳 8270 亿吨。每年由于使用化石燃料向大气净排放碳量为 50 亿吨，火山爆发向大气排放的碳平均每年为 0.5 亿吨，根据理论计算，海洋每年吸收的碳量约为 25 亿吨，大气中碳的年增加量为 23 亿吨。如果全球的森林不被砍伐，它的生长每年可以吸收约 600 亿吨碳。但实际上，全球的森林每年正在以 1700 万公顷的速度减少。对森林的采伐和破坏，使森林储存的碳正在迅速地排放出来。这样一来，植被反而成了一个 CO_2 的巨大排放源。

对森林砍伐造成的 CO_2 排放，已经有许多研究。20 世纪 70 年代初期以前，人们普遍认为全球的森林起到了吸收全球大气中 CO_2 的作用，但 70 年代后期发表的大多数研究结论认为，由于全球森林受到破坏，森林正向大气释放它过去储存的碳，成为大气中 CO_2 的一个主要排放源。

2. 气候变化及其预测

很多学者认为当前的全球变暖和气候变化是由于温室气体大量集结造成的。从 1880 年至今，地面气温已升高了 0.5～0.7℃。从全球来看，高纬度地区增温幅度较大，低纬度地区则不太明显。未来的气温变化是用一些全球环流模型进行预测的。根据大多数全球环流模型的预测，在未来一百年中，气温将增加 1.5～3.0℃。尽管现已观测到大气中温室气体的浓度在迅速上升和全球变暖，但定量地确定各因素的作用并对气候变化进行准确预测还有相当困难。气候变化是一个非常复杂的过程，除了地球上的因素，还有太阳变化和宇宙变化等因素。地球上的诸因素中还存在复杂的反馈作用。例如，升温可使蒸发加强、云量增多，而云量的增加则会阻挡太阳辐射，起到降温的作用；火山爆发一方面会使大气中的温室气体增加，而另一方面排放出的大量气溶胶也会阻挡太阳辐射而使大气降温。随着研究的深入，研究结果仍在不断改进。

有的研究认为，大气中 CO_2 浓度增倍后，寒带森林的南界有可能会向北移动 256～900km，而北界只移动 80～70km，所以寒带森林会大大减少。古气候和古植被的资料能给我们某些启迪，有助于判断气候变化对植被的影响。有人根据最近冰期古气候和古植被的相关研究，认为可以相当准确地确定，大气温度每升高 1℃，树木的分布区域北界会向北推移 100km，而树木的分布南界会相应退缩。我们将中新世（2000 万年以前）的植被分布和目前的植被分布相比较，发现亚热带的南界约比现在偏北 200～300km。根据气候预测，21 世纪中叶的温度要比 20 世纪末高 1.5～3.0℃。所以有理由认为，21 世纪中叶的气候会类似于 2000 万年以前的气候，而两者的植被分布可能是很相近的。有人用森林演替模型来研究未来森林的变化。这些模型通常考虑环境因子，可用于预测较长时段的森林演替和动态变化。

有人研究了美国重要的用材树种，发现某些树种的分布面积在缩小，在某些地区扩大。国内也就气候变化对我国主要用材树种的分布和生长影响因素进行了研究。我们的研究结果是大部分树种的分布面积会缩小，而单位面积的生产力却略有所上升。近来有人认为，虽然气候变化会对森林产生较大影响，但人为影响可能比自然变化的影响要大得多。人为的土地利用变化和不适当的农业可使全球的荒漠化土地增加 13%，而 CO_2 增倍造成的荒漠化仅增加 2%。

3. 不确定性

温室气候、气候变化以及它们对人类的影响，虽然已经普遍受到重视，但真正要把问题研究清楚还是非常困难的，因为每个问题都有着相当大的不确定性。在温室气体的计算方面，通常认为森林采伐对大气中 CO_2 影响的不确定性最大，尤其是对土壤碳排放影响的误差更大。至于温室气体对气候变化的影响，它决定于气候变化预测模型，而气候变化预测模型到目前为止并不成熟。有人对 14 个全球环流模型的预测结果进行比较，发现由于对云的反馈作用采取不同的假定，预测的结果会有 2 个数量级的差别。全球气候模型的不确定性看来在 5～10 年内不会有明显改善。气候变化对森林影响的预测，都是根据某种“平衡式”的假定做出的，即植被经过数百年的时间完全适应于某种稳定的气候，达到一种平衡。但是在目前气候迅速变化的情况下，植被可能跟不上气候变化的速度，所以达不到这种平衡。如果把气候变化对森林火灾的影响和对森林病虫害的影响等方面考虑进去，就会使问题变得更加复杂。

4. 国际社会的行动

尽管问题有很大的不确定性，但人们普遍认为，温室气体的剧增肯定是全球变暖及气候变化的原因之一，大量的森林砍伐肯定会造成温室气体的大量排放。人们普遍担忧，如果这一发展趋势保持不变或者加剧是否会危及人类的生存环境，破坏全球生态系统，造成灾难性的结果。为此，各国已经开展了许多与全球变化有关的大型研究计划，例如国际地圈与生物圈计划（IGBP），生物地球化学循环及其相互作用（BGTI）和全球变化与陆地生态系统（GCTE）等。

联合国在 1988 年成立了政府间气候变化委员会（IPCC），专门来组织温室气体排放清单的调查、气候变化状况及影响的评估等。在 1992 年里约热内卢的最高级首脑会议上通过了《联合国气候变化框架公约》（UNFCCC），专门来协调各国工业温室气体减排的步骤并提供包括森林在内的温室气体源汇清单。一旦问题具体化，就牵涉到各国的利益。因为大气中的温室气体主要是发达国家在过去一二百年中产生的。而减少温室气体排放就会影响到工业发展。那么发达国家应该承担多大责任，发展中国家应该承担多少，就成了一个与政治有关的科学问题了。

三、植被地理分布的研究进展

植被的地理分布是森林在全世界或一个国家范围内按地理条件表现出的地带性（包括基于经纬度变化的水平地带性和垂直地带性）分布状况。中国自大兴安岭北部至西双版纳和海南岛地区，森林的地理分布按温度带可依次划分为：寒温带针叶林带，温带针叶落叶阔叶混交林带，暖温带落叶阔叶林带，北亚热带常绿阔叶和落叶阔叶林带，中南亚热带常绿阔叶林带，南亚热带、热带、赤道带季雨林和雨林带。呈现出明显的纬度地带性（即水平地带性），反映各森林地带对生境条件的特殊要求及其对各自然地带的依存性和统一性。

此外，森林还随山地的高度和坡向等呈垂直地带分布。如中国秦岭林区，森林明显分为 7 个垂直分带：

① 海拔 500～800m 的秦岭北坡山麓为侧柏林带；

② 海拔 500～800m 的秦岭南坡为具有常绿阔叶树种的针阔叶林带；

③ 海拔 700～2200m 为松栎林带；

④ 海拔 2100～2600m 为桦木林带；

⑤ 海拔 2400～3000m 为冷杉林带；

⑥ 海拔 2900～3350m 为落叶松林带；

⑦ 海拔 3350～3760m 为高山灌木林带。

海南岛五指山森林的垂直分布结构为：

① 海拔 600m 以下为热带雨林；

② 海拔 600～1600m 为常绿阔叶林；

③ 海拔 1600m 以上为苔藓矮林。

第六节 研究的目的与意义

一、研究的目的

植被覆盖的变化与全球气候变化的关系非常密切，它也是森林资源组成中最为重要的部分，是组成生态系统中地球表面的主体。随着工业化在近几百年的形成，以及人类活动对自然资源的影响和人口数量的激增，全球原始森林被大面积破坏，致使全球大气圈气温和地面温度持续增长，太阳辐射、降水、湿度等气象因子的改变，尤其是影响植被生长的关键因子。如温度（最高温度、最低温度、平均温度）、降雨量、光照、热量、湿度等，直接或间接地导致了森林资源的分布格局异化；土壤则是生物圈最重要的自然物质资源，是所有陆生植物生活的基质，陆生植物生长发育所需的一切矿物质、有机质、微量元素等养分和水分，都是通过土壤来供给的。土壤还是有机物分解溶合和无机物逐渐聚类返回养分循环系统的场所，正是土壤架起了有机界和无极界相互流通的通道，为此学者把土壤称为生命界的生态关键因子。而地形通常是说地球表面的高低变化特征，由于地形的差异，土壤才有了发生层次、土壤层薄厚、土壤酸碱（pH 值）性、化学成分以及土壤重度等土壤属性性质的差异。为了研究方便，通常提取土壤地形体数据的包含点位的坐标或经纬度，海拔（最高海拔、最低海拔、平均海拔），地貌（高山地、山地、丘陵）等数据予以量化。

本书以全国DEM（数字高程模型）数据及SRTM（航天飞机雷达地形测绘使命）遥感影像为基础，研究范围覆盖中国陆地（包括海南省、台湾地区），经度75°～135°，经差60°，约分为10个6°分带，纬度20°～55°，纬差35°，约分为8个4°分带；对应1∶1000000比例尺大约分为80幅矩形网格，对应1∶100000比例尺约分为11520幅网格，对应1∶10000比例尺约分为737280幅网格。形成覆盖中国陆地的格网体系，并以网格包含多项属性数据，包含地理坐标、地形、气象、土壤、植被等。

二、研究的意义

植被是一个结构复杂、具有生命和特定功能的巨系统，具有典型的代表性和地域性。也就是说，在一定的地理区域内，必然有与该地理环境相应的植被类型出现，一定的地理环境信息是植被群落形成的根据。正因为这样，在研究自然现象、生命演化和复杂生命规律时，经常把植被作为一个研究对象，以此来揭示生命进化的本质和自然现象变化的内在规则。包括森林树种、森林蓄积量、生物量、森林群落等，他们的形成、大小与分布规律，无不与气象、土壤和地形体等物质环境条件息息相关。

为此，植被资源培育、合理利用与保护是一项复杂的科学技术体系，常常与地形因素、水分因素、气象因素、土壤因素等密不可分。在林业布局战略中，第一个问题是对植被资源的合理经营和管理，这一问题具有长期性和系统二重性，这决定了植被培育工程是一项系统的、长期的、复杂的项目。直观地讲，植被布局成为生态环境建设的标识，通过分析其空间分布规律与变异特征，直接关系到人类经济社会的可持续发展，对于国家生态文明建设具有十分重要的现实意义。

① 保障国土生态安全。随着经济社会的迅猛发展，生态环境问题已经成为人类面临最大问题，而植被资源用其特有的生态功能，能够最大限度地保障国土生态安全，促进人与自然的和谐发展。

② 国家级尺度的研究。对植被等自然资源的研究、利用，尤其是保护植被资源要站在全球化的高度和国家级尺度考虑问题。只有全国范围内各地区相互合作，因地制宜，共同探讨植被资源利用与保护方案，大尺度区域的资源环境才能和谐有序、健康发展。

③ 兼顾社会、经济、自然、政治、政策及人口分布等各方面因素。人类社会是一个巨型系统，一个单独行业的能力是有限的，只有将林业产业的发展与社会、经济、自然、政治、政策及人口分布等各方面因素综合考虑，才是可持续的、科学的发展模式。

④ 研究植被的数量、质量及空间分布规律。通过分析国家级尺度上植被资源的数量、质量及空间分布规律，以及大区域尺度上各省的植被资源的数量、质量及空间分布规律，因地制宜，促进可持续利用与发展。

三、拟解决的关键问题

面对上述的时代及生态背景，一方面要从微观层面入手，研究分子进化机制和遗传变异的环境调控作用，这主要是基于物种的繁育，遴选优势物种，发挥其生物学优势的影响力，适应生境恶化的环境，增强其生存竞争力和遗传效果；另一方面还要从宏观层面入手，对植被物种的生存条件进行研究，通过人类的改良及不断优化，增加生物多样性，由此反作用于环境，在植被生存能力得到强化的同时，积极吸收环境中的有害物质从而优化人类的生存空间。宏观研究一般是面向大尺度区域环境变迁，甚至全球气候变化规律，由此适应某地区经济和社会的发展需求，如对生物多样的全球格局问题、自然保护区生态功能问题、植被恢复问题、中性理论和宏观生态学以及土地利用与生态安全问题等。

本书内容立足于大区域植被的生产力与立地条件的相互作用规则，据此揭示中国植被生境关键因子的空间分布规律、变异度及地理关联度，并贯通植被为核心的生态因子、物质因子及空间因子的综合关联，结合现代地理信息科学的理论和方法，研究中国陆地范围内植被生境关键因子的空间分布规律及变异特征和变异度。拟解决的关键问题有以下 5 个。

① 植被生境气象因子的三维空间变化规律及变异特征，即在大地坐标系中，气象主要因子的平均降雨量、最大降雨量、最小降雨量、平均气温及平均湿度随着经度、纬度和海拔三维空间的变化规律，据此挖掘其与植被分布的制约关系及关联度。

② 植被生境土壤因子的空间变异也较为显著，但由于对植被的纲、类及亚类分化较细，用网格化分布很难定量地描述，因而研究重点在于“土壤类别—植被”归属率，绿色植被的 N、P、K 和有机质的含量以及绿色植被优化聚类。

③ 植被生境海拔因子的空间分布规律及变异特征，即植被的垂直分布变异趋势及特征，尤其是通过网格划分后，植被分布的最大高程区间、最小高程区间等，都需要得到精准的解答。

④ 植被空间分布规律及变异特征研究，在网格化植被的地理信息库中，不是简单地解决平面区划问题，而是将植被在地理空间的分层、叠置、交叉等信息，通过信息技术、算法、模型等手段给出全新的定义和解释。

⑤ 追溯植被适宜生存的地理区间，并精确地关联出植被的土壤适宜性、纬度区间适宜性、经度区间适宜性及高程区间适应性，从而掌握网格化植被的生境适宜度，为精准地开展造林绿化决策工作服务。

第七节 主要研究内容与技术路线

一、主要研究内容

本书研究范围覆盖中国陆地范围（包括海南省、台湾地区），经度 75°～135°，经差 60°，约分为 10 个 6°分带，纬度 20°～55°，纬差 35°，约分为 8 个 4°分带，对应 1：1000000 比例尺大概成为 80 幅图幅，若用 1：100000 比例尺进行划分，分割成为 11520 幅图幅，对应 1：10000 比例尺约分为 737280 个图幅。

(1) 植被数据

数据来源于 NASA（美国国家航空航天局）网站，2013 年 7 月和 8 月的 MODIS（中分辨率成像光谱仪）遥感影像，提取林地的 NDVI 归一化差异植被指数值，从而反演出林地的植被盖度。

(2) 气象数据及土壤数据

数据来源于《中国植物志》及《中国土种志》，将所需数据扫描并利用 ArcGIS 软件矢量化得到。

(3) 地形数据

采用 DEM 高程数据，由中国科学院计算机网络信息中心授权，从国际科学数据镜像网站下载所得。

1. 基础数据的处理与提取

通过遥感影像的收集和处理，得到不同比例尺下的基础数据。在此基础上，对全国陆地范围内的地形体、气象、土壤及植被的数据进行获取。具体内容如下。

① 地形体数据的处理与提取。地形体数据主要包括海拔高度和坡度这两项重要内容。其中，海拔高度的获取主要是通过 SRTM 影像用 ArcGIS 软件对其进行提取。海拔参数主要包含最高海拔 H_{max}、最低海拔 H_{min} 及平均海拔 H_{avg}。其中，对地形类型的获取主要包含高山、平原、丘陵等，并对数据及时进行存储。

② 气象数据的处理与提取。对于气象数据的获取，主要包括降水量，即最大降水量 P_{max}、最小降水量 P_{min}、平均降水量 P_{avg}、平均温度 T_{avg}、平均湿度 H_{avg}。

③ 土壤数据的处理与提取。土壤数据主要包括土壤的类型、厚度、质地、颗粒物含量、含水量、有机质含量等。本书还获得了典型区域植被主要化学成分的数据，作为验证分析资料。

④ 植被数据的提取与处理。中国植被整体分布呈现三向地带性，即经度地带性、纬度地带性和垂直地带性三种。本书对全国陆地区域进行网格划分，建立相应的地理信息数据库，以植被大类为依据，提取出分布参数进而创建地带性模型。

2. FM-SOTER 数据建库

在本章第二节中得知，世界很多国家和地区都在争相研建基于农业的 SOTER

数据库，用来指导农业生产和研究环境变化等问题。而森林资源作为地球上最重要的一种自然资源，其重要性已经越来越被人类社会所重视，但由于人类对原始森林的破坏与砍伐，尤其是像中国这样一个经济发展迅速、经济结构又以资源为主的国家，对生态环境的保护和修复已经迫在眉睫。为此，需在全国陆地地域内大量培育植被，逐渐修复和改善生存、生活和生产条件。植被的快速繁育与生长，除了苗木的繁育外，最关键的要素是水、肥、气、热等植被生长因子。基于这样的出发点，本书将国域陆地进行网格划分，以 SRTM 影像为支撑，构建全国范围 1∶10000 比例尺的 FM-SOTER 数据库（F——Forest vegetations 森林植被，M——Meteorology 气象学，SO——Soil 土壤，TER——Terrain 地形体）。启动该数据库后，可以方便快捷地掌握各地区植被与气象、土壤和地形体的联动关系，通过气象和地形数据可以掌控水、气和热状况，通过土壤数据（如 N、P、K、pH 值等）可以掌握森林生长的土壤肥力状况，对于进一步指导全国森林培育、营林规划及造林决策都具有非常重要的现实意义。

3. 植被、气象、土壤、地形体空间分异

中国气象受水分的制约呈现经纬度地带性分布规律，即自西向东植被的类型分别为荒漠、苔原、草地、林地；而自南向北则呈现出受温度制约的经度地带性，即自南向北依次为热带雨林带、热带季雨林带、亚热带常绿阔叶林带、温带落叶阔叶林带、温带草原带、温带荒漠带和亚寒带针叶林带；同时受地理海拔的影响，植被分布呈现垂直地带性分布。根据这些分布规律，以相对固定的地学因子土壤信息和地形体数据为依据，提取相关属性数据，以网格地理坐标为原则建立数学模型进行分析，定量研究中国森林、气象、土壤和地形体之间相互关联的分布规律及空间变异特征。

二、主要研究理论及方法

（一）地理格网理论

1. 大地坐标向格网坐标转化

在众多的格网模型中，吕志平等提出最小曲率法坐标转换格网模型，将地理区域假定为一个薄片，在薄片上进行网格划分，在网格中心点施加垂直于曲面的作用力，薄片则会发生变形。为此描述曲面变形的双谐偏微分方程为

$$\frac{\partial^4 u}{\partial L^4}+\frac{2\partial^4 u}{\partial L^2 \partial B^2}+\frac{\partial^4 u}{\partial B^4}=f_n \tag{1-1}$$

式中，f_n 为外力；B、L 为作用点的经纬度坐标；u 为位移量（分别是 ΔL 、ΔB 和 ΔH ）。

当认为边界外不存在外力 f_n ，且曲面在边界法线方向上弯曲率为 0 时。该方程的边界条件为

$$\begin{cases}\dfrac{\partial}{\partial L}\left(\dfrac{\partial^2 u}{\partial L^2}+\dfrac{\partial^2 u}{\partial B^2}\right)=0\\ \dfrac{\partial}{\partial B}\left(\dfrac{\partial^2 u}{\partial L^2}+\dfrac{\partial^2 u}{\partial B^2}\right)=0\end{cases} \tag{1-2}$$

格网点（L_i，B_i）上的曲率公式为

$$\rho_{i,j}=\frac{\partial^2 u_{i,j}}{\partial L^2}+\frac{\partial^2 u_{i,j}}{\partial B^2} \tag{1-3}$$

当网格中心点的曲率最小时，可得到网格节点的最近估计值 $u_{i,j}$ 的差分方程

$$\begin{aligned}&u_{i+2,j}+u_{i,j+2}+u_{i-2,j}+u_{i,j-2}+2(u_{i+1,j}+u_{i-1,j+1}+u_{i+1,j-1}+\\&u_{i-1,j-1})-8(u_{i+1,j}+u_{i-1,j}+u_{i,j-1}+u_{i-1,j+1})+20u_{i,j}=0\end{aligned} \tag{1-4}$$

差分方程中的节点布局如图 1-1 所示，当知道周边 12 个点的基准位移时，可得到当前节点的基准位移值 $u_{i,j}$。

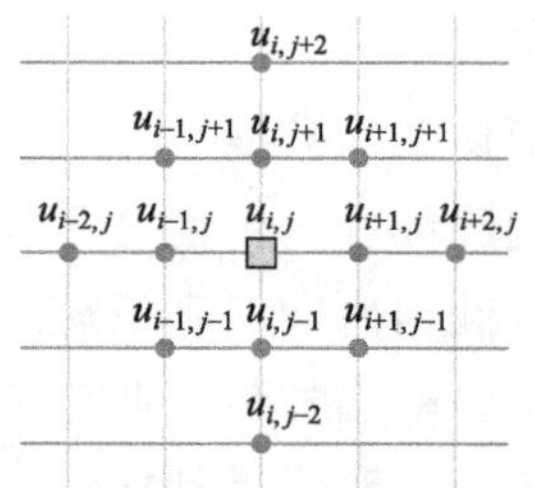

图 1-1　差分方程节点示意图

2. 格网精度检验

由 BJS54（1954 北京坐标系）到 CGCS2000（中国大地坐标系）转换的最佳选择是网格间距为 2.5′×2.5′，转换内符合及外符合精度列入表 1-2 中。

表 1-2　内符合及外符合最佳精度统计表

转换精度	坐标转换	格网间距/(′)	公共点数/个	外检点/个	中误差/m	
					B	L
内符合	BJS54 到 CGCS2000	2.5×2.5	48433	—	0.062	0.071
	XAS80 到 CGCS2000	2.5×2.5	48433	—	0.006	0.012
外符合	BJS54 到 CGCS2000	2.5×2.5	48433	484	0.259	0.259
	XAS80 到 CGCS2000	2.5×2.5	48433	484	0.028	0.028

3. 格网信息空间变异方程

根据中国陆地的特征，本书提出的矩形网格是按照 1∶10000 的比例尺，取经度差 3.75′（$\Delta B=3'45''$），纬度差 2.5′（$\Delta L=2'30''$），如图 1-2 所示，网格数依次按 $(2n+1)\times(2n+1)$（$n=1$，2，3，…，n）划分，即所得格网为 9 个、25 个、

49 个、…，依次加密。当给每个格网内部赋以属性数据集（如气象 M 数据集、土壤 S 数据集、植被 F 数据集和空间地形 T 数据集）后，即可对格网之间的属性数据进行边际效应研究。如图 1-2 所示的 3×3 网格，当获得各自的属性数据集后，假定各属性的空间变异值符合地统计学半方差函数 $\gamma(h)$ 。即

$$\gamma(h)=\frac{1}{2N(h)}\sum_{i=1}^{N}[Z(x_i)-Z(x_i+h)]^2 \tag{1-5}$$

式中　$Z(x_i)$ ——随机变量 Z 在点 $x=x_i$ 处的值；

$Z(x_i+h)$ ——随机变量 Z 在相距点 x_i 为 h 远处的值；

$N(h)$ ——滞后距离为 h 时的样本对数。

根据网格中间点间的距离，利用半方差函数可研究中间网格变量 $Z(x_5)$ 与周围 7 个网格变量 $Z(x_1)$、$Z(x_2)$、$Z(x_3)$、$Z(x_4)$、$Z(x_6)$、$Z(x_7)$、$Z(x_8)$ ，而 $\gamma(h)$ 值的大小则为空间变异度。

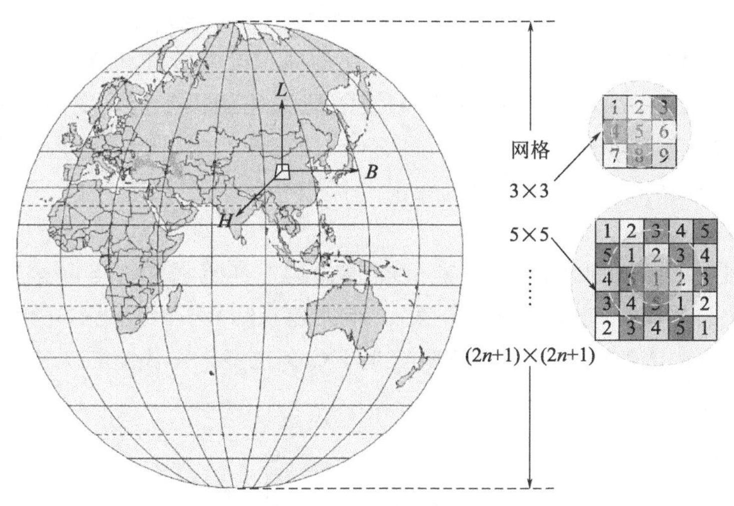

图 1-2 矩形网格法

（二）地统计学分析法

1. 变异函数

在进行空间数据分析时，为保证随机变量 $Z(x)$ 二阶连续，特做出两个基本假定。

① 假定研究区域内网格化变量 $Z(x)$ 存在数学期望，而且与位置变量 x 无关，即 $E[Z(x)]=\mu\ \forall x$ 。

② 假定研究区域内网格化变量 $Z(x)$ 的协方差函数存在，且仅与滞后距离 h 有关，而与位置信息 x 无关。即

$$\begin{aligned}C(x,\ x+h)&=C(h)=E\{[Z(x)-\mu][Z(x+h)-\mu]\}\\&=E[Z(x+h)Z(x)]-\mu^2(\forall x,\ \forall h)\end{aligned} \tag{1-6}$$

二阶平稳假设假定研究区域化随机变量的协方差存在，实际就是假设了区域化变量有一个有限的先验方差。当 $h=0$ 时，有

$$C(0)=C(x,\ x)=Var[Z(x)](\forall x) \tag{1-7}$$

对相关函数可写成

$$\rho(h)=\frac{C(h)}{C(0)}=\frac{C(h)}{Var[Z(x)]}(\forall x) \tag{1-8}$$

当随机变量满足本征假设时，在整个研究区域内有

$$E[Z(x)-Z(x+h)]=0(\forall x,\ \forall h) \tag{1-9}$$

增量 $[Z(x)-Z(x+h)]$ 的存在平稳而不随 x 变化的方差。即

$$\begin{aligned}Var[Z(x)-Z(x+h)]&=E[Z(x)-Z(x+h)]^2-\{E[Z(x)-Z(x+h)]\}^2\\&=E[Z(x)-Z(x+h)](\forall x,\ \forall h)\end{aligned} \tag{1-10}$$

所有的随机变量 $Z(x)$ 在点 x 处均值相等，在这样的情况下，协方差 $Cov[Z(x_1),Z(x_2)]$ 仅与样本点间的距离 h 有关，且 $h=x_2-x_1$。半方差 $\gamma(h)$ 就成了当间隔距离减小时，$Z(x)$ 在不同点 x 处相似程度的统计测度。

假设 $Z(x)$ 是满足二阶平稳和本征假设的区域化随机变量，变量样本来自同一条采样带，相邻点之间的间距 $h=1$，且 $Z(x)$ 在 x_1，x_2，x_3，…，x_i 的值分别是 k_1，k_2，k_3，…，k_j，图 1-3 为随机变量的样点布设以及当 $h=1$，2，…，l 时的半方差值计算原理图。

该函数值从 $h=0$（此时的半方差值叫块金值）开始增加，当 h 达到一定值时，不再增加（此时的半方差值称为基台值）。半方差 $\gamma(h)$ 不再变化时对应的横坐标即为变程（range），该值可作为表征随机变量 $Z(x)$ 在多大距离上相关的量度。图 1-4 表示半方差与它的特征值。

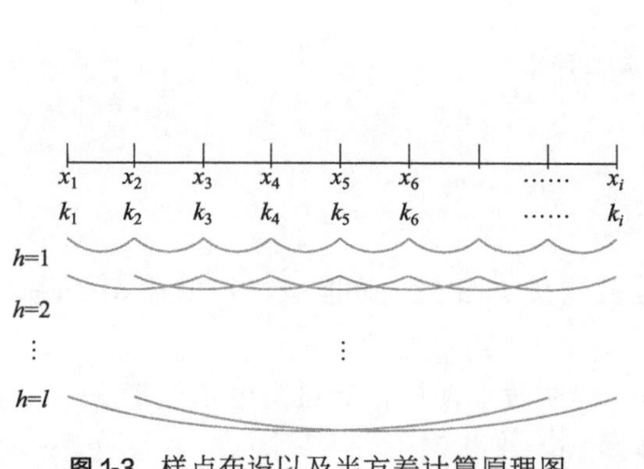

图 1-3 样点布设以及半方差计算原理图

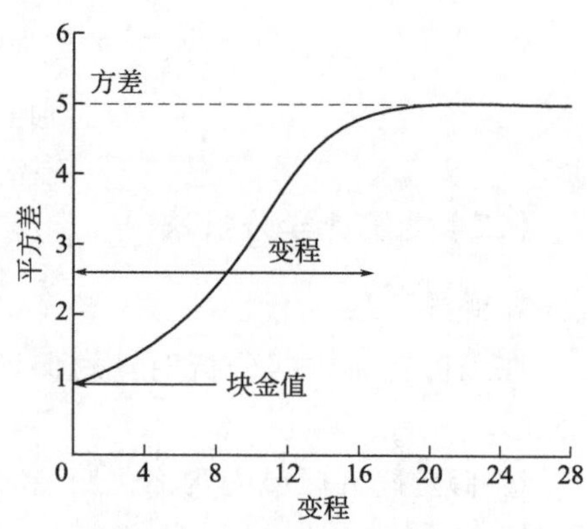

图 1-4 半方差与它的特征值

块金值（滞后距为 0 时的半方差值）意味着在同一点测定的土壤性质值与它本身之间存在方差。它是一个外插值，用来估算 $\gamma(h)$ 的样本测量中，存在最小的相隔距离 h。

2. 基台值插值建模

在地理信息科学中，常见的利用带基台值进行插值的数学模型有三种：球状模型（Spherical Model）、高斯模型（Gaussian Model）、指数模型（Exponential Model）。

（1）球状模型

球状模型基本公式为

$$\gamma(h)=\begin{cases}0 & h=0\\ C_0+C\left(\frac{3}{2}\times\frac{h}{a}-\frac{1}{2}\times\frac{h^3}{a^3}\right) & 0<h\leqslant a\\ C_0+C & h>a\end{cases} \tag{1-11}$$

式中 C_0+C ——基台值；

C_0 ——块金常数；

C ——拱高；

a ——变程；

h ——变异距离。

基台值表示参数的最大变幅，块金常数则表示参数误差的随机程度，拱高则表示参数的结构的变化规律，变程代表了参数在空间的变异范围，变异距离则为函数的变量。

（2）高斯模型

高斯模型的主要公式如下

$$\gamma(h)=\begin{cases}0 & h=0\\ C_0+C(1-\mathrm{e}^{-\frac{h^2}{a^2}}) & h>0\end{cases} \tag{1-12}$$

式中，C_0、C、a、h 的含义同式（1-11）。

（3）指数模型

指数模型公式如下

$$\gamma(h)=\begin{cases}0 & h=0\\ C_0+C(1-\mathrm{e}^{-\frac{h}{a}}) & h>0\end{cases} \tag{1-13}$$

式中，C_0、C、a、h 的含义同式（1-11）。

3. 插值方法

本书对所研究的数据采用克里格插值法、反距离加权插值法和序贯高斯条件模拟插值法。

（1）克里格插值法

克里格插值法是假设一个区域变化量 $Z(x)$，期望值为 m，协方差为 $c(h)$，变异函数为 $\lambda(h)$，则

$$E[Z(x)]=m \tag{1-14}$$

$$c(h)=E[Z(x)\times Z(x+h)]-m^2 \tag{1-15}$$

$$\gamma(h)=\frac{1}{2}E[Z(x)-Z(x+h)]^2 \tag{1-16}$$

$$Z(x_0)=\sum_{i=1}^{n}\lambda_i Z(x_i) \tag{1-17}$$

在中心位于 x_0 的块段，其平均值 $Z_v(x_0)$ 的估测值以式（1-19）进行具体估算。

（2）反距离加权插值法

$$Z_p=\frac{\sum_{i=1}^{n}(d_i^{-u}\times Z_i)}{\sum_{i=1}^{n}d_i^{-u}} \tag{1-18}$$

式中 Z_p ——插值点研究要素值；

d_i ——采样点距离值；

d_i^{-u} ——缩减函数；

u ——权重指数。

（3）序贯高斯条件模拟插值法

该插值法的理论计算公式如下。

$$E(x)=\begin{bmatrix}E(x_1)\\E(x_2)\\\vdots\\E(x_i)\end{bmatrix} \tag{1-19}$$

$$\Sigma=Cov(x)=\begin{bmatrix}C_{11} & C_{12} & \cdots & C_{1i}\\C_{21} & C_{22} & \cdots & C_{2i}\\\cdots & \cdots & \cdots & \cdots\\C_{i1} & C_{i2} & \cdots & C_{ii}\end{bmatrix} \tag{1-20}$$

如将 x 划分为两部分，即分别为：$x=(x_1,x_2,\cdots,x_m,x_{m+1},x_{m+2},\cdots,x_{m+n-1})$ 和 $x=\begin{bmatrix}x_m\\x_n\end{bmatrix}$；相应地，$\mu=\begin{bmatrix}\mu_m\\\mu_n\end{bmatrix}$，$\Sigma=\begin{bmatrix}\Sigma_{mn} & \Sigma_{mn}\\\Sigma_{mn} & \Sigma_{mn}\end{bmatrix}$，其中

$$\Sigma_{mn}=\begin{bmatrix}C_{11} & C_{12} & \cdots & C_{1n}\\C_{21} & C_{22} & \cdots & C_{2n}\\\cdots & \cdots & \cdots & \cdots\\C_{m1} & C_{m2} & \cdots & C_{mn}\end{bmatrix} \tag{1-21}$$

$$\Sigma_{mn}=\begin{bmatrix}C_{1,\ m+1} & C_{1,\ m+2} & \cdots & C_{1,\ i-m+n}\\C_{2,\ m+1} & C_{2,\ m+2} & \cdots & C_{2,\ i-m+n}\\\cdots & \cdots & \cdots & \cdots\\C_{m,\ m+1} & C_{m,\ m+2} & \cdots & C_{m,\ i-m+n}\end{bmatrix} \tag{1-22}$$

根据 x_n 正态分布原理，x_m 则服从条件：

$$N_m(\mu_m + \Sigma_{mn}\Sigma_{nn}^{-1}(x_n - \mu_n),\ \Sigma_{mm}n) \tag{1-23}$$

其中，$\Sigma_{mm}n = \Sigma_{mm} - \Sigma_{mn}\Sigma_{m}^{-1}\Sigma_{nm}$，为 x_m 条件分布的方差；x_m 的条件分布数学期望为 $\mu_m + \Sigma_{mn}\Sigma_{nn}^{-1}(x_n - \mu_n)$。令 x_m 位置处的模拟值 $Z'(x_m)$ 等于该处条件概率分布函数的期望值加上随机数 m 与该条件概率分布函数标准差的乘积。其中，$m \in N(0,\ 1)$ 的正态分布，则有以下公式成立。

$$Z'(x_m) = \mu_m + \Sigma_{mn}\Sigma_{nn}^{-1}(x_n - \mu_n) + m\sqrt{\Sigma_{mm} - \Sigma_{mn}\Sigma_{m}^{-1}\Sigma_{nm}} \tag{1-24}$$

式中　μ_m —— x_m 处的期望值 $m(x_m)$；

Σ_{mm} ——模拟点 x_m 与已知点 x_n 的自协方差矩阵。

Σ_{nn} 常用 $C(x_i,\ x_j)$ 代表，据此式（1-24）可变形为

$$\begin{aligned} Z'(x_m) = {} & m(x_m) + C(x_m,\ x_j)C^{-1}(x_i,\ x_j)\left[Z(x_i) - m(x_i)\right] + \\ & m\sqrt{C(x_m,\ x_m) - C(x_m,\ x_j)C^{-1}(x_i,\ x_j)C(x_j,\ x_m)} \end{aligned} \tag{1-25}$$

其中，$(i,\ j = 1,\ 2,\ \cdots,\ n,\ n+1,\ n+2,\ \cdots,\ n+m-1)$，表示已知点 x 的变化范围。

（4）相关分析法

本书研究网格化分布的不同样本点与各自样本点间的空间自相关性，所以采用莫兰指数法，计算公式如下。

$$I = \frac{n}{\sum_{i=1}^{n}\sum_{j=1}^{n} W_{i,j}} \times \frac{\sum_{i=1}^{n}\sum_{j=1}^{n} W_{i,j}(x_i - \bar{x})(x_j - \bar{x})}{\sum_{i=1}^{n}(x_i - \bar{x})^2}(\forall j \neq i) \tag{1-26}$$

式中　x_i ——样本点的变量值；

$\bar{x}$ ——样本点的变量平均值；

$W_{i,j}$ ——样本的权重值；

$i,\ j$ ——已知点 x 的变化范围；$i,\ j = 1,\ 2,\ \cdots,\ n$。

实际判断时，是将指数 I 标准化，对应为相应的 Z 值。当 $Z > 0$ 且显著时，呈现正的空间自相关性，否则呈现负相关；当 $Z = 0$ 时，则说明变量样本点间无关，即呈现随机分布。

（三）标准差椭圆分析法

1. 椭圆分布函数

变量的各向异性可用一个椭圆来较为定量地进行描述，如图 1-5 所示的椭圆，其长半轴长度为 1，短半轴长度为 b（$b \leqslant 1$），并称 b 为各向异性比率。α 为椭圆的长轴与 x 坐标轴（正向）的夹角，称为长轴方位角（$0° \leqslant \alpha \leqslant 180°$）。则椭圆上 θ 方向上的点 P 到椭圆圆心的距离 $\rho(\theta,$

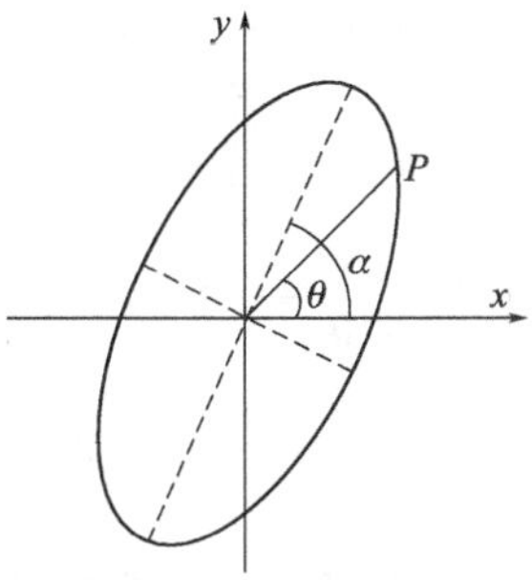

图 1-5　各向异性椭圆分布

α，b）可作为该方向上各向异性的一种标准度量。

$$\rho(\theta,\ \alpha,\ b)=\frac{b}{\sqrt{b^2\cos^2(\theta-\alpha)+\sin^2(\theta-\alpha)}} \tag{1-27}$$

称函数 $\rho(\theta,\ \alpha,\ b)$ 为椭圆分布函数，也称为标准差椭圆分布模型，还可以认为该椭圆为描述变量空间变异的等效椭圆。

2. 空间变异函数的数学模型

根据函数的通用模型则有随机变量 $Z(x_i,\ y_i)$ 与 $Z(x_j,\ y_j)$ 的空间变异函数 $\gamma(h_{i,j})$，其数学函数式如下。

$$\gamma(h_{i,j})=c_0(\theta_{i,j})+c(\theta_{i,j})f\left[\frac{h_{i,j}}{\alpha(\theta_{i,j})}\right] \tag{1-28}$$

式中，$\theta_{i,j}$ 为从点 $(x_i,\ y_i)$ 到点 $(x_j,\ y_j)$ 的向量方位角；$c_0(\theta_{i,j})$ 为块金值；$c(\theta_{i,j})$ 为拱高；$\alpha(\theta_{i,j})$ 为变程。

从函数式中可以看出，当块金值 $c_0(\theta_{i,j})$ 、拱高 $c(\theta_{i,j})$ 和变程 $\alpha(\theta_{i,j})$ 均为各向异性时，变异函数 $\gamma(h_{i,j})$ 非常复杂，不适宜在实际计算中操作。为了简化起见，假定只有其中一项为各向异性，而其他的值均为各向同性。通常因块金值 $c_0(\theta_{i,j})$ 主要用来表示观测误差与空间的变异辨析，较为细微，在大尺度计算中认为是微变异，一般可将其视为是各向同性的，因子可以令 $c_0(\theta_{i,j})=c_0$，则可得到

$$\gamma(h_{i,j})=c_0+c(\theta_{i,j})f\left[\frac{h_{i,j}}{\alpha(\theta_{i,j})}\right] \tag{1-29}$$

(1) A-E 模型

若进一步简化函数式，可假定 $c(\theta_{i,j})$ 也呈各向同性，即令 $c(\theta_{i,j})=c_m$，唯有 $\alpha(\theta)$ 服从椭圆分布，并且有 $\alpha(\theta_{i,j})=\alpha_m\rho(\theta_{i,j},\ \alpha,\ b)$，则可进一步得到

$$\gamma(h_{i,j})=c_0+c_mf\left[\frac{h_{i,j}}{\alpha_m\rho(\theta_{i,j},\ \alpha,\ b)}\right] \tag{1-30}$$

由此得到变程各向异性时的空间变异函数的数学模型，但该模型仅认为变程 $\alpha(\theta_{i,j})$ 服从椭圆分布 A-Ellipse，在数学上称为 A-E 模型。该模型是目前地统计学理论中较为常见和广泛使用的一类数学模型。与此同时，根据函数 $f\left[\frac{h_{i,j}}{\alpha_m\rho(\theta_{i,j},\ \alpha,\ b)}\right]$ 的不同，可衍生出很多不同类型的数学模型。

(2) C-E 模型

同上，当假设 $\alpha(\theta_{i,j})$ 呈各向同性时，即 $\alpha(\theta_{i,j})=\alpha_m$，而 $c(\theta_{i,j})$ 各向异性，并且 $\frac{1}{c(\theta_{i,j})}$ 服从椭圆分布，且令 $c(\theta_{i,j})=\frac{c_m}{\rho(\theta_{i,j},\ \alpha,\ b)}$，则

$$\gamma(h_{i,j})=c_0+c_m\times\frac{1}{\rho(\theta_{i,j},\ \alpha,\ b)}\times f\left(\frac{h_{i,j}}{\alpha_m}\right) \tag{1-31}$$

由于它只考虑椭圆拱高的倒数，即 $\frac{1}{c(\theta_{i,j})}$ 服从椭圆分布，因此记为 C-E 模型。

将 $\gamma_0(h_{i,j})=f\left[\frac{h_{i,j}}{\alpha_m\rho(\theta_{i,j},\ \alpha,\ b)}\right]$ 和 $\gamma_0(h_{i,j})=\frac{1}{\rho(\theta_{i,j},\ \alpha,\ b)}\times f\left(\frac{h_{i,j}}{\alpha_m}\right)$ 带入式（1-30）与式（1-31）中，可得到变异函数的通用表达式

$$\gamma(h_{i,j})=c_0+c_m\gamma_0(h_{i,j}) \tag{1-32}$$

其中 $\gamma_0(h_{i,j})$ 称为标准化变异函数。

由此得到 A-E 模型的标准变异函数

$$\gamma(h_{i,j})=c_0+c_m f\left[\frac{h_{i,j}}{\alpha_m\rho(\theta_{i,j},\ \alpha,\ b)}\right] \tag{1-33}$$

C-E 模型的标准化变异函数

$$\gamma(h_{i,j})=c_0+c_m\times\frac{1}{\rho(\theta_{i,j},\ \alpha,\ b)}\times f\left(\frac{h_{i,j}}{\alpha_m}\right) \tag{1-34}$$

3. 标准差椭圆

不论是 A-E 模型还是 C-E 模型，提出的都是椭圆的整体方向。为了更进一步分析空间量值，地统计学领域还要用到标准差椭圆模型，即 SDE（Standard Deviational Ellipse）法。在 SDE 法中，主要是提出椭圆的重心、方位角和标准距离，SDE 空间表达如图 1-6 所示。

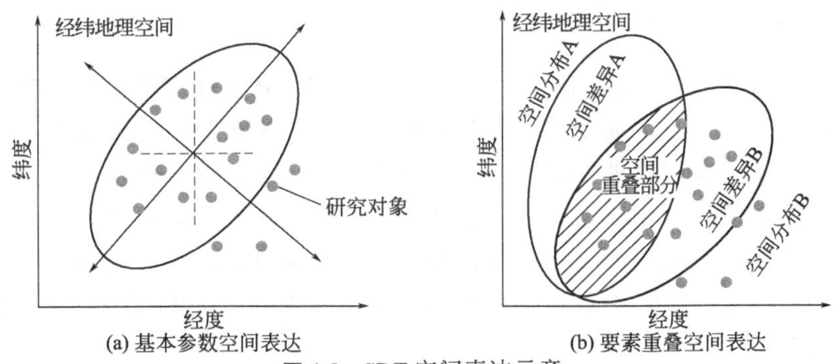

图 1-6　SDE 空间表达示意

标准差椭圆 SDE 参数主要有平均中心、方位角及各向标准差，分别由以下公式计算。

（1）平均中心

$$\bar{X}_w=\frac{\sum_{i=1}^{n}w_i x_i}{\sum_{i=1}^{n}w_i},\quad \bar{Y}_w=\frac{\sum_{i=1}^{n}w_i y_i}{\sum_{i=1}^{n}w_i} \tag{1-35}$$

（2）方位角

$$\tan\theta=\frac{\left(\sum_{i=1}^{n}w_i^2\tilde{x}_i^2-\sum_{i=1}^{n}w_i^2\tilde{y}_i^2\right)+\sqrt{\left(\sum_{i=1}^{n}w_i^2\tilde{x}_i^2-\sum_{i=1}^{n}w_i^2\tilde{y}_i^2\right)^2+4\sum_{i=1}^{n}w_i^2\tilde{x}_i^2\tilde{y}_i^2}}{2\sum_{i=1}^{n}w_i^2\tilde{x}_i\tilde{y}_i} \tag{1-36}$$

（3）x 轴标准差

$$\sigma_x = \sqrt{\frac{\sum_{i=1}^{n}(w_i\tilde{x}_i\cos\theta - w_i\tilde{y}_i\sin\theta)^2}{\sum_{i=1}^{n} w_i^2}} \tag{1-37}$$

（4）y 轴标准差

$$\sigma_y = \sqrt{\frac{\sum_{i=1}^{n}(w_i\tilde{x}_i\sin\theta - w_i\tilde{y}_i\cos\theta)^2}{\sum_{i=1}^{n} w_i^2}} \tag{1-38}$$

式中 (x_i, y_i)——空间区位坐标；

w_i——权重值；

$(\bar{X}_w, \bar{Y}_w)$——加权平均中心坐标；

θ——椭圆方位角；

$(\tilde{x}_i, \tilde{y}_i)$——各研究对象区位坐标与平均中心的坐标偏差值；

σ_x、σ_y——沿 x 向、y 向标准差。

（四）趋势面分析法

趋势面分析法（Trend Surface Analysis）是采取数学建模来拟合地理空间分布和变化特征的一种方法。通过趋势面分析模拟，可以展示某一地理参数在空间地域的分布规律，也能实现模拟要素在空间曲面的三维表达。趋势面实际是一种抽象的理论面，通过数据计算和模拟，使得选择的模型计算出的差异值最小，因而实现了最为精准的表达。也就是说，它的拟合精度很高，足以达到允许的误差值，并且通过大数据拟合，能从实际参数中拆解出剩余值和主体值，主体值则反映了某一要素的空间分布趋势和分布特征。

由于地理要素空间分布比较复杂，通常呈现的是不规则曲面，为此在精确的求解曲面方程时很难实现，因此用算法实际计算时，应采用多项式进行拟合。现假定某一要素的实测值为

$z_i(x_i, y_i)(i=1, 2, \cdots, n)$，趋势值拟合值为 $\hat{z}_i(x_i, y_i)$，则有

$$z_i(x_i, y_i) = \hat{z}_i(x_i, y_i) + \varepsilon_i \tag{1-39}$$

式中，ε_i 为剩余值（残差值）。

显然，当（x_i，y_i）在三维空间发生移动时，式（1-39）的计算值就表达了地理要素实际分布曲面、趋势面和剩余面三者之间的变化规律。

当推算趋势面时，通常设定为回归分析法进行计算，以残差平方和最小为约束条件。即

$$Q = \sum_{i=1}^{n}\varepsilon^2 = \sum_{i=1}^{n}[z_i(x_i, y_i) - \hat{z}_i(x_i, y_i)]^2 \rightarrow \min$$

1. 常用趋势面数学计算原理

（1）一阶趋势模型函数

$$z = a_0 + a_1 x + a_2 y \tag{1-40}$$

（2）二阶趋势模型函数

$$z = a_0 + a_1 x + a_2 y + a_3 x^2 + a_4 xy + a_5 y^2 \tag{1-41}$$

（3）三阶趋势模型函数

$$z = a_0 + a_1 x + a_2 y + a_3 x^2 + a_4 xy + a_5 y^2 + a_6 x^3 + a_7 x^2 y + a_8 xy^2 + a_9 y^3 \tag{1-42}$$

2. 常用趋势面分析模型的参数检验

常用趋势面分析模型的参数检验一般通过计算 z_i，x_i，$y_i(i=1, 2, \cdots, n)$，来进一步计算多项式系数 a_0，a_1，…，a_p，基本的思想是使多项式残差平方和最小。具体过程是如下。

设定：① $x_1 = x$，$x_2 = y$，$x_3 = x^2$，$x_4 = xy$，$x_5 = y^2$，…；

② $\hat{z} = a_0 + a_1 x_1 + a_2 x_2 + \cdots + a_p x_p$ 。

计算其残差平方和

$$Q = \sum_{i=1}^{n} (z_i - \hat{z}_i)^2 = \sum_{i=1}^{n} [z_i - (a_0 + a_1 x_{1i} + a_2 x_{2i} + \cdots + a_p x_{pi})]^2 \tag{1-43}$$

求 Q 对 a_0，a_1，…，a_p 的一阶偏导，并令一阶偏导数等于 0，得到方程组如下。

$$\begin{cases} n a_0 + a_1 \sum_{i=1}^{n} x_{1i} + \cdots + a_p \sum_{i=1}^{n} x_{pi} = \sum_{i=1}^{n} z_i \\ a_0 \sum_{i=1}^{n} x_{1i} + a_1 \sum_{i=1}^{n} x_{1i} x_{1i} + \cdots + a_p \sum_{i=1}^{n} x_{pi} x_{1i} = \sum_{i=1}^{n} x_{1i} z_i \\ \quad \vdots \qquad\qquad \vdots \qquad\qquad \cdots \qquad\qquad \vdots \qquad\qquad \vdots \\ a_0 \sum_{i=1}^{n} x_{pi} + a_1 \sum_{i=1}^{n} x_{1i} x_{pi} + \cdots + a_p \sum_{i=1}^{n} x_{pi} x_{pi} = \sum_{i=1}^{n} x_{pi} z_i \end{cases}$$

表达式写成矩阵：

$$X^{\mathrm{T}} X A = X^{\mathrm{T}} Z \tag{1-44}$$

其中：

$$X = \begin{bmatrix} 1 & x_{11} & x_{21} & \cdots & x_{p1} \\ 1 & x_{12} & x_{22} & \cdots & x_{p2} \\ \vdots & \vdots & \vdots & \vdots & \vdots \\ 1 & x_{1n} & x_{2n} & \cdots & x_{pn} \end{bmatrix} \qquad Z = \begin{bmatrix} z_0 \\ z_1 \\ \vdots \\ z_n \end{bmatrix} \qquad A = \begin{bmatrix} a_0 \\ a_1 \\ \vdots \\ a_p \end{bmatrix}$$

当设定趋势面为二元多项式时，其模型的数学计算公式为

$$z = a_0 + a_1 x + a_2 y + a_3 x^2 + a_4 xy + a_5 y^2 \tag{1-45}$$

$$\begin{bmatrix} 1 & 1 & \cdots & 1 \\ x_1 & x_2 & \cdots & x_n \\ y_1 & y_2 & \cdots & y_n \\ x_1^2 & x_2^2 & \cdots & x_n^2 \\ x_1y_1 & x_2y_2 & \cdots & x_ny_n \\ y_1^2 & y_2^2 & \cdots & y_n^2 \end{bmatrix} \begin{bmatrix} 1 & x_1 & y_1 & x_1^2 & x_1y_1 & y_1^2 \\ 1 & x_2 & y_2 & x_2^2 & x_2y_2 & y_2^2 \\ \vdots & \vdots & \vdots & \vdots & \vdots & \vdots \\ 1 & x_n & y_n & x_n^2 & x_ny_n & y_n^2 \end{bmatrix} \begin{bmatrix} a_0 \\ a_1 \\ a_2 \\ a_3 \\ a_4 \\ a_5 \end{bmatrix}$$

$$= \begin{bmatrix} 1 & 1 & \cdots & 1 \\ x_1 & x_2 & \cdots & x_n \\ y_1 & y_2 & \cdots & y_n \\ x_1^2 & x_2^2 & \cdots & x_n^2 \\ x_1y_1 & x_2y_2 & \cdots & x_ny_n \\ y_1^2 & y_2^2 & \cdots & y_n^2 \end{bmatrix} \begin{bmatrix} z_0 \\ z_1 \\ \vdots \\ z_n \end{bmatrix} \tag{1-46}$$

3. 检查趋势面分析模型的适度性

(1) 趋势面适度性拟合的 R^2 检验

检查理论趋势面与客观面间的适度系数 R^2，这是检验趋势面计算模型拟合效果优劣的关键指标。通常采用变量的总离差平方和所占的比重来衡量回归计算的拟合效果。即

$$SS_T = \sum_{i=1}^{n}(z_i - \hat{z}_i)^2 + \sum_{i=1}^{n}(\hat{z}_i - \bar{z})^2 = SS_D + SS_R \tag{1-47}$$

若计算得到的 SS_R 大（SS_D 小）则表明因果变量间的相关度大。表现出的拟合规律性与实际变化的规律越接近，拟合效果越好，结果更为可靠。若计算决定系数，则

$$R^2 = \frac{SS_R}{SS_T} = 1 - \frac{SS_D}{SS_T} \tag{1-48}$$

决定系数 R^2 越大，则表明理论计算的趋势面与实际地理参数的拟合度越高。

(2) 显著性 F 检验趋势面适度性

F 检验趋势面拟合的适度性是对该模型整体回归的显著性进行检验。可确定因变量 z 与自变量 x、y 值之间是否有显著的相关关系，计算时需要通过求得因变量 z 的剩余平方和（总离差平方和中的一部分）与回归平方和的比值来确定 F 值。即

$$F = \frac{SS_R/p}{SS_D/(n-p-1)} \tag{1-49}$$

当某显著性水平为 α 时，则由 F 分布表可查到 F_α。当 $F > F_\alpha$ 时，趋势面分析模型的拟合效果显著；反之，则判断为不显著。

(3) 逐次检验趋势面分析适度性

利用回归多项式方程的次数高低来判别，也就是说，高次多项式的回归效果要

高于低次多项式的拟合效果。所以，首先计算出相邻的高次与低次多项式的回归平方和，并取差值，将该差值除以回归方程平方和间的自由度差值，得到多项式增高次数而出现的均方差。利用这个均方差与高次多项式的剩余均方差，计算出相应的适度性比较检验值 F。此时若 F 值为显著，则说明多项式增高使回归效果增强；反之则说明无新贡献，不用再增大多项式次数。

(五) 空间聚类方法

在植被研究中，类别细化是非常重要的一项工作，尤其是在尊重现代森林培育的“适地适树”规律方面，但是它也有局限性，当研究尺度变大，在大范围制定造林决策等方案时，则需要宏观的大类。为此，通过 FM-SOTER 数据库信息提取，旨在提出全国尺度的植被变异规律，因而引入空间聚类原理开展研究。

1. 采样数据标准化

建立矩阵的方法如下。

设论域 $U=\{x_1, x_2, \cdots, x_n\}$ 为土壤类别，每种土壤有 m 个形状指标，即

$$x_i=\{x_{i1}, x_{i2}, \cdots, x_{im}\}(i=1, 2, 3, \cdots, n) \tag{1-50}$$

则可建立土壤的原始矩阵为

$$U=\begin{bmatrix} x_{11} & x_{12} & \cdots x_{1m} \\ x_{21} & x_{22} & \cdots x_{2m} \\ \vdots & \vdots & \vdots \\ x_{n1} & x_{n2} & \cdots x_{nm} \end{bmatrix} \tag{1-51}$$

式中，x_{nm} 为第 n 个分类对象的第 m 个指标。

2. 数据标准化过程

标准化的过程其实是将数据压缩到区间 [0，1] 上。其变换形式有以下几种。

(1) 平移-标准差变换

$$x'_{ik}=\frac{x_{ik}-\bar{x}_k}{S_k} \quad (i=1,2,\cdots,n;k=1,2,\cdots,m) \tag{1-52}$$

其中：$\bar{x}_k=\frac{1}{n}\sum_{i=1}^{n}x_{ik}$，$S_k=\sqrt{\frac{1}{n}\sum_{i=1}^{n}(x_{ik}-\bar{x}_k)^2}$

(2) 平移-极差变换

$$x''_{ik}=\frac{x'_{ik}-\min\limits_{1\leqslant i\leqslant n}\{x'_{ik}\}}{\max\limits_{1\leqslant i\leqslant n}\{x'_{ik}\}-\min\limits_{1\leqslant i\leqslant n}\{x'_{ik}\}} \quad (k=1, 2, \cdots, m) \tag{1-53}$$

(3) 对数变换

$$x'_{ik}=\lg x_{ik}(i=1, 2, \cdots, n; \quad k=1, 2, \cdots, m) \tag{1-54}$$

3. 标定（建立模糊相似矩阵）

设 $U=\{x_1, x_2, \cdots, x_n\}$，其中 $x_i=\{x_{i1}, x_{i2}, \cdots, x_{im}\}$，确定聚类的相似系数 r_{ij} 值，$r_{ij}=R(x_i, x_j)$ 求解可由下面的公式计算。

$$r_{ij}=\frac{\sum_{k=1}^{m}x_{ik}x_{jk}}{\sqrt{\sum_{k=1}^{m}x_{ik}^{2}\sum_{k=1}^{m}x_{jk}^{2}}} \tag{1-55}$$

4. 实现动态聚类图的聚类

（1）等价矩阵模糊聚类

① 传递闭包法。将模糊矩阵 R 变换为模糊矩阵的等价矩阵 R^*，求解 R 的传递闭包函数，则可得到 $t(R)=R^*$。令 λ 从大降小，实现动态聚类图的绘制。

② Boole 矩阵法。该方法基于 Boole 定理，即设 R 是 $U=\{x_1, x_2, \cdots, x_n\}$ 的相似 Boole 矩阵，它在一定条件下等价于形如 $\begin{pmatrix}1&1\\1&0\end{pmatrix}$，$\begin{pmatrix}1&1\\0&1\end{pmatrix}$，$\begin{pmatrix}1&0\\1&1\end{pmatrix}$，$\begin{pmatrix}0&1\\1&1\end{pmatrix}$ 的特殊子矩阵。具体计算步骤如下。

首先计算模糊相似矩阵的 λ 截矩阵 R_λ。然后根据 Boole 矩阵的定理判别等价性，并得到 U 在 λ 的划类，当判定的 R_λ 是不等价矩阵时，则可以把 R_λ 矩阵中的“0”全部替换为“1”，反复循环检验，当不产生上述形式的子矩阵时则停止计算。当解算出 R_λ^* 的等价矩阵时，认为 R_λ^* 可得 λ 水平的聚类。

（2）直接聚类法

通过模糊相似矩阵的识读，直接得到聚类图，步骤如下。

① 取最大值 $\lambda_1=1$，对每个 x_i 进行相似类检验 $[x_i]_R$，且要求 $[x_i]_R=\{x_j \mid r_{ij}=1\}$，其实是把满足 $r_{ij}=1$ 条件的所有 x_i 与 x_j 归为一类，构成相似类集。当出现：$[x_i]_R=\{x_i, x_k\}$，$[x_i]_R=\{x_j, x_k\}$，$[x_i]\cap[x_j]\neq\emptyset$ 时，可把具有公共元素的相似类进行合并归集，这样就能得到 $\lambda_1=1$ 水平的等价聚类。

② 取次大值 λ_2 带入计算，直接从 R 中搜寻相似度为 λ_2 的元素所对应 (x_i, x_j)（即 $r_{ij}=\lambda_2$），把相应的 $\lambda_1=1$ 的等价聚类里的 x_i 归属类与 x_j 归属聚类合并，然后就能得到相对于 λ_2 的等价分类集。

③ 取第三大值 λ_3 带入计算，直接从 R 中搜寻相似度是 λ_3 的元素所对应 (x_i, x_j)（即 $r_{ij}=\lambda_3$），把相应的 λ_2 的等价聚类里的 x_i 归属类与 x_j 归属类进行合并，然后就能得到相对应 λ_3 的等价分类集。

④ 按照 λ_i 依次减小的取值，带入计算，最终将 U 合并为 1 个聚类为止。

5. 选定最佳阈值

在实际工程中，我们需要选定一个具体的 λ 值，进而得到一个比较理想的聚类结果。通常有两种方法确定。

（1）专家经验法

此时根据专家丰富的经验，结合专业理论和专业知识来确定阈值，这样在动态聚类中，即可得到 λ 水平的等价聚类，这种方法其实是人为地调整 λ 值，而无须预算的估计。

（2）由 F 统计参数确定最优阈值 λ

当样本总数为 n，设样本空间的论域 $U=\{x_1, x_2, \cdots, x_n\}$，而单一样本 x_i 的 m 个特征值分别为：$x_i=\{x_{i1}, x_{i2}, \cdots, x_{im}\}$ $(i=1, 2, \cdots, n)$。现令：$\bar{x}_k=\frac{1}{n}\sum_{i=1}^{n}x_{ik}(k=1, 2, \cdots, m)$，$\bar{x}$ 为总体的中心向量。

这样就建立了原始数据矩阵，列出如下。

样本	指标					
	1	2	$\cdots$	k	$\cdots$	m
x_1	x_{11}	x_{12}	$\cdots$	x_{1k}	$\cdots$	x_{1m}
x_2	x_{21}	x_{22}	$\cdots$	x_{2k}	$\cdots$	x_{2m}
$\vdots$	$\vdots$	$\vdots$		$\vdots$		$\vdots$
x_i	x_{i1}	x_{i2}	$\cdots$	x_{ik}	$\cdots$	x_{im}
$\vdots$	$\vdots$	$\vdots$		$\vdots$		$\vdots$
x_n	x_{n1}	x_{n2}	$\cdots$	x_{nk}	$\cdots$	x_{nm}
$\bar{x}$	$(\bar{x}_1$	$\bar{x}_2$	$\cdots$	$\bar{x}_k$	$\cdots$	$\bar{x}_m)$

设 λ 值的聚类数为 r，第 j 类的样本数为 n_j，则第 j 类的样本集可表示为 $[x_1^{(j)}, x_2^{(j)}, \cdots, x_{n_j}^{(j)}]$；第 j 类的聚类中心为向量 $\bar{x}^{(j)}=(\bar{x}_1^{(j)}, \bar{x}_2^{(j)}, \cdots, \bar{x}_m^{(j)})$，其中 $\bar{x}^{(j)}$ 为第 k 个特征的平均值。即

$$\bar{x}_1^{(j)}=\frac{1}{n}\sum_{i=1}^{n_j}x_{ik}^{(j)}(k=1, 2, \cdots, m) \tag{1-56}$$

作 F 统计量

$$F=\frac{\sum_{j=1}^{r}n_j\,||\bar{x}^{(j)}-\bar{x}||/(r-1)}{\sum_{j=1}^{r}\sum_{i=1}^{n_j}||\bar{x}_i^{(j)}-\bar{x}^{(j)}||/(n-r)} \tag{1-57}$$

其中 $||\bar{x}^{(j)}-\bar{x}||=\sqrt{\sum_{k=1}^{m}(\bar{x}_i^{(j)}-\bar{x}^{(j)})^2}$

其值为 $\bar{x}_i^{(j)}$ 与 $\bar{x}$ 间的距离，$||\bar{x}_i^{(j)}-\bar{x}^{(j)}||$ 为第 j 类中第 i 个样本 $x^{(j)}$ 与其中心 $\bar{x}^{(j)}$ 间的距离，称为 F 统计量。F 统计量的关联遵从自由度 $(r-1)/(n-r)$ 的值。分子表达了类与类间的距离，分母则表示类样本内部数据之间的距离。因此，F 值增大，表明类与类的距离越大，距离越大，说明差异性越显著，这样的分类结果也就越好。

根据数理统计方差分析理论可知，若 $F>F_\alpha(r-1, m-r)(\alpha=0.05)$，则表明类与类的差异是显著的，分类结果比较理想。但是，当满足不等式 $F>F_\alpha(r-1, m-r)(\alpha=0.05)$ 的 F 值有两个及两个以上时，则需要进一步比较 $(F-F_\alpha)$ 的

差值，选最大值确定满意的 F 值。

(六) 人工神经网络

1982 年，美国物理学家 J. J. Hopfield 提出 Hopfield 模型。它是一个互联的非线性动力学网络，它解决问题的方法是一种反复运算的动态过程，这是符号逻辑处理方法所不具备的性质。

人工神经网络（Artificial Neural Network，ANN）技术是近 30 年来发展起来的一门新兴技术，也简称为神经网络或称作连接模型。它是一种模仿动物神经网络行为特征，进行分布式并行信息处理的算法数学模型。这种网络依靠系统的复杂程度，通过调整内部大量节点之间相互连接的关系，从而达到处理信息的目的。人工神经网络具有自学习和自适应的能力，可以通过预先提供的一批相互对应的输入、输出数据，分析掌握两者之间潜在的规律，最终根据这些规律，用新的输入数据来推算输出结果。这种学习分析的过程被称为“训练”。

人工神经网络是由大量处理单元互联组成的非线性、自适应的信息处理系统。它是在现代神经科学研究成果的基础上提出的，试图通过模拟大脑神经网络处理和记忆信息的方式进行信息处理。人工神经网络具有以下四个基本特征。

(1) 非线性

非线性关系是自然界的普遍特性。大脑的智慧就是一种非线性现象。人工神经元处于激活或抑制两种不同的状态，这种行为在数学上表现为一种非线性的人工神经网络关系，通过阈值神经元构成的网络，具有更好的性能，可以提高容错性和存储容量。

(2) 非局限性

一个神经网络通常由多个神经元广泛连接而成。一个系统的整体行为不仅取决于单个神经元的特征，而是由单元之间的相互作用、相互连接所决定的。通过单元之间的大量连接，能够模拟大脑的非局限性。联想记忆是非局限性的典型例子。

(3) 非常定性

人工神经网络具有自适应、自组织、自学习的能力。神经网络不但处理的信息可以有各种变化，而且在处理信息的同时，非线性动力系统本身也在不断变化。经常采用迭代过程描写动力系统的演化过程。

(4) 非凸性

一个系统的演化方向，在一定条件下将取决于某个特定的状态函数，例如能量函数。非凸性是指这种函数有多个极值，故系统具有多个较稳定的平衡态，这将导致系统演化的多样性。

在人工神经网络中，神经元处理单元可表示不同的对象，如特征、字母、概念，或者是一些有意义的抽象模式。人工神经网络中处理单元的类型分为三种：输入单元、输出单元和隐单元。输入单元接受外部世界的信号与数据；输出单元实现系统处理结果的输出；隐单元是处在输入和输出单元之间的类型。神经元间的连接权值反映了单元间的连接强度，信息的表示和处理体现在网络处理单元的连接关系中。人工神经网络是一种非程序化、适应性、大脑风格的信息处理系统，其本质是通过网络的变换和动力学行为得到一种并行分布式的信息处理功能，并在不同程度和层次上模仿人脑神经系统的信息处理功能。它是涉及神经科学、思维科学、人工智能、计算机科学等多个领域的交叉学科。

人工神经网络是并行分布式系统，采用了与传统人工智能和信息处理技术完全不同的机理，克服了传统的、基于逻辑符号的人工智能在处理直觉和非结构化信息方面的缺陷，具有自适应、自组织和实时学习的特点。

若干神经元连接形成网络，其中的一个神经元可以接受多个输入信号，按照一定的规则将其转换为输出信号。由于神经网络中神经元间复杂的连接关系和各神经元传递信号的非线性方式，输入和输出信号间可以构建出各种各样的关系，因此可以用来作为黑箱模型，表达那些用机理模型还无法精确描述、但输入和输出之间确实存在的客观的、确定性的或模糊性的规律。因此，人工神经网络作为经验模型的一种，在各学科的生产、研究和开发中得到了越来越多的用途。

学习是人工神经网络研究的一个重要内容，它的适应性是通过学习实现的。根据环境的变化，对权值进行调整，改善系统的行为。由 Hebb 提出的 Hebb 学习规则，为人工神经网络的学习算法奠定了基础。Hebb 学习规则认为学习过程最终发生在神经元之间的突触部位，突触的联系强度随着突触前后神经元的活动而变化。在此基础上，人们提出了各种学习规则和算法，以适应不同网络模型的需要。有效的学习算法，使得人工神经网络能够通过连接权值的调整，构造客观世界的内在表示，形成具有特色的信息处理方法，使信息的存储和处理体现在网络的连接中。

根据学习环境不同，人工神经网络的学习方式可分为监督学习和非监督学习。在监督学习中，将训练样本的数据加到网络输入端，同时将相应的期望输出与网络输出相比较，得到误差信号，以此控制权值连接强度的调整，经多次训练后收敛到一个确定的权值。当样本情况发生变化时，经学习可以修改权值以适应新的环境。使用监督学习的人工神经网络模型有反传网络、感知器等。非监督学习时，事先不给定标准样本，直接将网络置于环境之中，学习阶段与工作阶段成为一体。此时，学习规律的变化服从连接权值的演变方程。非监督学习最简单的例子是 Hebb 学习规则。竞争学习规则是一个更复杂的非监督学习的例子，它是根据已建立的聚类进行权值调整。自组织映射、适应谐振理论网络等都是与竞争学习有关的典型模型。

研究人工神经网络的非线性动力学性质，主要采用动力学系统理论、非线性规划理论和统计理论，分析神经网络的演化过程和吸引子的性质，探索神经网络的协同行为和集体计算功能，了解神经信息处理的机制。为了探讨人工神经网络在整体性和模糊性方面处理信息的可能，混沌理论的概念和方法将会发挥作用。混沌是一个相当难以精确定义的数学概念。一般而言，“混沌”是指由确定性方程描述的动力学系统中表现出的非确定性行为，或称之为确定的随机性。“确定性”是因为它由内在的原因而不是外来的噪声或干扰所产生的，而“随机性”是指其不规则的、不可预测的行为，只能用统计的方法来描述。

混沌动力学系统的主要特征是其状态对初始条件的灵敏依赖性，混沌反映其内在的随机性。混沌理论是指描述具有混沌行为的非线性动力学系统的基本理论、概念和方法，它把动力学系统的复杂行为理解为其自身与其在同外界进行物质、能量和信息交换过程中内在的有结构的行为，而不是外来的和偶然行为。混沌状态是一种定态。混沌动力学系统的定态包括：静止、平稳量、周期性、准同期性和混沌解。混沌轨线是整体上稳定与局部不稳定相结合的结果，称之为奇异吸引子。一个奇异吸引子有如下一些特征：

① 奇异吸引子是一个吸引子，但它既不是不动点，也不是周期解；

② 奇异吸引子是不可分割的，即不能分为两个及两个以上的吸引子；

③ 它对初始值十分敏感，不同的初始值会导致极为不相同的结果。

人工神经网络的特点和优越性，主要表现在三个方面。

① 具有自学习功能。例如实现图像识别时，只要先把许多不同的图像样板和对应的识别结果输入人工神经网络，网络就会通过自学习功能，慢慢学会识别类似的图像。自学习功能对于预测有特别重要的意义。预期未来的人工神经网络计算机，将为人类提供经济预测、市场预测和效益预测，其应用前景十分广阔。

② 具有联想存储功能。用人工神经网络的反馈网络就可以实现这种功能。

③ 具有高速寻找优化解的能力。寻找一个复杂问题的优化解，往往需要很大的计算量，利用一个针对某问题而设计的反馈型人工神经网络，发挥计算机的高速运算能力，可能很快找到优化解。

神经网络的研究可以分为理论研究和应用研究两大方面。理论研究可分为以下两类：

① 利用神经生理与认知科学研究人类思维和智能机理；

② 利用神经基础理论的研究成果，以数理方法探索功能更加完善、性能更加优越的神经网络模型。

理论研究首先深化了研究网络算法和性能，如稳定性、收敛性、容错性、鲁棒性等；其次，可以开发新的网络数理理论，如神经网络动力学、非线性神经场等。

应用研究可分为以下两类：

① 神经网络的软件模拟和硬件实现的研究；

② 神经网络在各个领域中应用的研究。

这些领域主要包括：模式识别、信号处理、知识工程、专家系统、优化组合、机器人控制等。随着人工神经网络理论本身以及相关理论、相关技术的不断发展，人工神经网络的应用前景必将更加深入和广阔。

人工神经网络特有的非线性适应性信息处理能力，克服了传统人工智能方法对于直觉，如模式、语音识别、非结构化信息处理等方面的缺陷，使之在神经专家系统、模式识别、智能控制、组合优化、预测等领域得到了成功应用。人工神经网络与其他传统方法相结合，将推动人工智能和信息处理技术的不断发展。近年来，人工神经网络正向模拟人类认知的道路上不断深入发展，与模糊系统、遗传算法、进化机制等结合，形成了计算智能，成为人工智能的一个重要方向，并在实际的应用中得到发展。将信息几何应用于人工神经网络的研究，为人工神经网络的理论研究开辟了新的途径。神经计算机的研究发展十分迅速，已有产品进入市场。光电结合的神经计算机为人工神经网络的发展提供了良好的条件。

神经网络近来越来越受到人们的关注，因为它为解决大复杂度问题提供了一种相对来说比较有效的简单方法。神经网络可以很容易地解决具有上百个参数的问题(当然实际生物体中存在的神经网络要比我们这里所说的程序模拟的神经网络要复杂得多)。神经网络常用于解决两类问题：分类和回归。在结构上，可以把一个神经网络划分为输入层、输出层和隐含层。输入层的每个节点对应一个个的预测变量。输出层的节点对应目标变量，可有多个。在输入层和输出层之间是隐含层（对神经网络使用者来说不可见)，隐含层的层数和每层节点的个数决定了神经网络的复杂度。

除了输入层的节点，神经网络的每个节点都与很多在它前面的节点（称为此节点的输入节点）连接在一起，每个连接对应一个权重 W_{xy}。此节点的值就是通过它所有输入节点的值与对应连接权重乘积的和作为一个函数的输入而得到。我们把这个函数称为活动函数或挤压函数。

调整节点间连接的权重就是在建立（也称训练）神经网络时要做的工作。最早的也是最基本的权重调整方法是错误回馈法，现在较新的有变化坡度法、类牛顿法、Levenberg-Marquardt 法和遗传算法等。无论采用哪种训练方法，都需要有一些参数来控制训练的过程，如防止训练过度和控制训练的速度。

决定神经网络拓扑结构（或体系结构）的是隐含层及其所含节点的个数，以及节点之间的连接方式。要从头开始设计一个神经网络，必须要决定隐含层和节点的数目、活动函数的形式以及对权重做哪些限制等。当然，如果采用成熟软件工具的话，将会帮你决定这些事情。在诸多类型的神经网络中，最常用的是前向传播式神经网络。为讨论方便，假定只含有一层隐含节点，可以认为错误回馈式训练法是变化坡度法的简化，其过程如下。

前向传播：数据从输入到输出的过程是一个从前向后的传播过程，后一节点的值通过它前面相连的节点传过来，然后把值按照各个连接权重的大小加权输入活动函数再得到新的值，进一步传播到下一个节点。

回馈：当节点的输出值与预期的值不同，也就是发生错误时，神经网络就要“学习”（从错误中学习)。我们可以把节点间连接的权重看成后一节点对前一节点的“信任”程度（它自己向下一节点的输出更容易受前面那个节点输入的影响）。学习的方法是采用惩罚的方法，过程如下：如果一节点输出发生错误，那么要看它的错误是受哪个（些）输入节点的影响而造成的，是不是它最信任的节点（权重最高的节点）陷害了它（使它出错），如果是，则要降低对他的信任值（降低权重），惩罚它们，同时升高那些做出正确建议节点的信任值。对那些受到惩罚的节点来说，也需要用同样的方法来进一步惩罚它前面的节点。就这样把惩罚一步步向前传播直到输入节点为止。

对训练集中的每一条记录都要重复这个步骤，用前向传播得到输出值，如果发生错误，则用回馈法进行学习。当把训练集中的每一条记录都运行过一遍后，称为完成一个训练周期。要完成神经网络的训练可能需要很多个训练周期，经常是几百个。训练完成之后得到的神经网络就是在通过训练集发现的模型，描述了训练集中响应变量受预测变量影响的变化规律。由于神经网络隐含层中的可变参数太多，如果训练时间足够长的话，神经网络很可能把训练集的所有细节信息都“记”下来，而不是建立一个忽略细节只具有规律性的模型，这种情况称为训练过度。显然这种“模型”对训练集会有很高的准确率，而一旦离开训练集应用到其他数据，很可能准确度急剧下降。为了防止这种训练过度的情况，人们必须知道在什么时候要停止训练。在有些软件实现中会在训练的同时用一个测试集来计算神经网络在此测试集上的正确率，一旦这个正确率不再升高甚至开始下降时，那么就认为现在神经网络已经达到最好的状态了，就可以停止训练。训练集和测试集的错误率在一开始都随着训练周期的增加而不断降低，而测试集的错误率在达到一个谷底后反而开始上升，人们认为这个开始上升的时刻就是应该停止训练的时刻。神经网络在训练周期增加时准确度的变化情况，神经元网络和统计方法在本质上有很多差别。神经网络的参数可以比统计方法多很多。由于参数如此之多，参数通过各种各样的组合方式来影响输出结果，以至于很难对一个神经网络表示的模型做出直观的解释。实际上神经网络也正是当作“黑盒”来用的，不用去管“盒子”里面是什么，只管用就行了。在大部分情况下，这种限制条件是可以接受的。比如银行可能需要一个笔迹识别软件，但它没必要知道为什么这些线条组合在一起就是一个人的签名，而另外一个相似的则不是。在很多复杂度很高的问题如化学试验、机器人、金融市场的模拟和语言图像的识别等领域，神经网络都取得了很好的效果。

神经网络的另一个优点是很容易在并行计算机上实现，可以把它的节点分配到不同的中央处理器上并行计算。在使用神经网络时有几点需要注意。第一，神经网络很难解释，目前还没有能对神经网络做出显而易见解释的方法学。第二，神经网络会学习过度，在训练神经网络时一定要恰当地使用一些能严格衡量神经网络的方法，如前面提到的测试集方法和交叉验证法等。这主要是由于神经网络太灵活、可变参数太多，如果给足够的时间，它几乎可以“记住”任何事情。第三，除非问题非常简单，训练一个神经网络可能需要相当可观的时间才能完成。当然，一旦神经网络建立好了，在用它做预测时运行还是相当快的。第四，建立神经网络需要做的数据准备工作量很大。一个很有误导性的神话，就是不管用什么数据神经网络都能很好地工作并做出准确的预测。这是不确切的，要想得到准确度高的模型必须认真地进行数据清洗、整理、转换、选择等工作，对任何数据的挖掘技术都是这样，神经网络尤其注重这一点。比如神经网络要求所有的输入变量都必须是 0～1（或－1～＋1）之间的实数，因此像“地区”之类的文本数据必须先做必要的处理之后才能进行神经网络的输入。

第二章

研究区概况与数据预处理

第一节　研究区概况

本书以中国陆地疆域为研究对象。

一、气象概况

气象与植被的关系异常密切，在中国东部季风区域气象对植被的影响中，通常以全年≥10℃天数、≥10℃积温和1月平均温度为界值（表2-1）。在青藏高原特殊的气象带，主要以全年≥10℃天数和最热月平均气温为界值，划分植被类型（表2-2）。水分对植被的影响，一般通过干燥度系数来划分植被类型，中国从南到北、从东到西呈现出由湿润到极干旱的变化趋势（表2-3）。青藏高原地区对干燥度和水分指标的划分见表2-4。

⊡表2-1　植被类型与热量指标

气象带	热量指标			植被类型
	≥10℃天数/天	≥10℃积温/℃	1月平均温度/℃	
高寒带	＜100	＜1600	＜－30	针叶林
中温带	100～171	1600～3400	－30至－12～6	针阔叶混交林
暖温带	171～218	3400～4800	－12～－6至0	落叶阔叶林
北亚热带	218～239	4800～5300	0～4	落叶常绿阔叶混交林
		3500～4000	3至5～6	落叶常绿阔叶混交林
中亚热带	239～285	5100～6500	4～10	常绿阔叶林
		4000～5000	5～6至9～10	常绿阔叶林
南亚热带	285～365	6400～8000	10～15	季风常绿阔叶林
		5000～7500	9～10至13～15	季风常绿阔叶林
边缘热带	365	8000～9000	15～20	热带季风林
		7500～8000	＞13～15	热带季风林

续表

气象带	热量指标			植被类型
	≥10℃天数/天	≥10℃积温/℃	1月平均温度/℃	
中热带	365	9000～10000	20～26	热带雨林
赤道热带	365	＞10000	＞26	热带雨林

表 2-2 青藏高原热量指标与植被类型

气象带	热量指标		植被类型
	≥10℃天数/天	最热月平均气温/℃	
高原寒带	0	＜6	寒漠
高原亚寒带	＜50	6～11	高山草甸、草原
高原温带	50～180	12～17	落叶阔叶林、针叶林
高原亚热带山地	180～350	18～24	常绿阔叶林
高原热带北缘山地	＞350	＞24	热带雨林

表 2-3 水分指标与植被景观

序号	年干燥度系数 μ	水分指标	植被类型
1	＜1.0	湿润	纯森林
2	≥1.0,且＜1.6	半湿润	森林混交草原
3	≥1.6,且＜3.5	半干旱	纯草原
4	≥3.5,且＜16.0	干旱	半荒漠化
5	≥16.0	极干旱	荒漠化

表 2-4 青藏高原水分指标与植被景观

序号	年干燥度系数 μ	水分指标	植被类型
1	＜1.0	湿润	常绿阔叶林
2	≥1.0,且＜1.6	半湿润	针叶林灌丛草甸
3	≥1.6,且＜5.0	半干旱	草原
4	≥5.0,且＜15.0	干旱	半荒漠
5	≥15.0	极干旱	荒漠戈壁

二、森林植被概况

1. 中国森林资源

第九次全国森林资源清查（2014—2019 年）结果表明，在全国约 960 万平方千米的国土上，森林面积为 2.20 亿公顷，森林覆盖率为 22.96%，其中人工林的面积继续居世界首位。中国历次森林资源清查的数据见表 2-5。

⊡表 2-5 中国历次森林资源清查数据统计

次数	清查时间	活立木蓄积量/亿立方米	森林面积/亿公顷	森林蓄积量/亿立方米	森林覆盖率/%
1	1973—1976	95.32	1.22	86.56	12.70
2	1977—1981	102.61	1.15	90.28	12.00
3	1984—1988	105.72	1.25	91.41	12.98
4	1989—1993	117.85	1.34	101.37	13.92
5	1994—1998	124.88	1.59	112.67	16.55
6	1999—2003	138.18	1.75	124.56	18.21
7	2004—2008	149.13	1.95	137.21	20.36
8	2009—2013	151.37	2.08	147.79	22.63
9	2014—2019	190.07	2.20	175.60	22.96

2. 中国森林植被

据统计，在地球上总计的 2 万多种木本森林植被中，中国约有 8000 多种，约占全部的 40%，所以说中国是一个植物多样性丰富的国家。在常绿植物中，中国唯一和特有的几个属有水杉属、银杉属、金钱松属、水松属、福建柏属、台湾杉属、油杉属和杉木属。中国特有的阔叶树种类更为丰富，达 260 属之多，包括杜仲属、珙桐属、旱莲属、香果树属、银鹊树属等，均为其他国家所罕见。此外还有油杉、白豆杉、柳杉、水松、福建柏，珙桐、连香树、香果树、银鹊树、桃花心木、坡垒、绿楠、杜仲等，这些树种大部分生长在中国南方林区，一般是多树种混生分布。

三、森林土壤概况

森林土壤是林业生产的基础，是林木赖以生存的重要自然资源。森林土壤不同于其他类型的土壤表现在以下方面：

① 由于落叶、枯枝、根系比较多，因而土壤的腐殖质和腐朽物较多；

② 依赖于森林植被存活的土壤生物量大；

③ 由于人类活动相对较少，对土壤剖面的扰动较小，土壤剖面保持相对完整。

这就是说，一方面在一定条件下，有一定的土壤类型分布；另一方面，各种不同的土壤类型，又都有与它相适应的地理空间位置。在一定的条件下，有与之相适应的土壤分布，而不同的土壤类型，土壤理化性质不同，适生的树种也不同。充分认识土壤分布的规律性，对林业生产有很重要的意义。

由于生物、气象等成土因素具有三维空间的立体变化，因此作为成土因素综合作用的产物，土壤必然有三维空间的分布状态，其分布模型的表达式如下。

$$S=f(W, J, G)$$

式中，W 为纬度地带性；J 为经度地带性；G 为垂直地带性；S 为土壤三维空间分布状态。

森林土壤主要包括灰土、淋溶土、富铁土、铁铝土等。中国各类森林土壤的关键特征见表 2-6。

表 2-6 中国各类森林土壤的关键特征

土纲	关键分布及属性特征值
灰土	分布于北半球高纬度地区，即寒温带针叶林气候区。在欧亚大陆北部和北美大陆北部呈现纬向地带性分布。在中国，灰土分布区相对较小，主要集中分布于大兴安岭北端。中国灰土区属于重要的原始林区，由于初夏大量冰雪融水与降雨注入土壤，再加土壤心的土层还处于冻结状态，极易造成严重的土壤侵蚀，导致针叶林-灰土生态系统的崩溃(图 2-1、图 2-2)
淋溶土	分布于温带湿润气候区，淋溶土约占全球陆地面积的 14.7%，横跨了 5 个自然带。中国的淋溶土从寒温带、温带、暖温带到亚热带均有分布，约占中国土地面积的 13%。淋溶土具有淀积黏化和次生黏化作用。淋溶土的土体构型为 O-Ah-Bt-C。土壤剖面通体无石灰反应，土壤呈微酸性至酸性，pH 值多为 6.0～7.0，土壤阳离子代换量较高，淋溶土质地黏重，次生黏土矿物以 2∶1 型水云母、蛭石为主(图 2-3、图 2-4)
富铁土	广泛分布于世界亚热带地区。在中国，富铁土则广泛分布在江苏、江西、浙江、安徽、湖南、湖北、四川、福建等大部分地区，以及广东、广西、海南、台湾、贵州、云南、西藏等部分地区。其主导成土过程有：中度风化作用、强烈盐基淋失作用、明显脱硅和铁铝氧化物富集作用。土壤剖面通体呈酸性或强酸性，土壤质地黏重，黏粒硅铝率为 2.0～2.4，黏土矿物以高岭石为主(图 2-5、图 2-6)
铁铝土	分布于世界热带雨林气候区、热带季雨林气候区和热带海洋性气候区。在中国，铁铝土分布于海南、广东、广西、福建、台湾及云南等地区。其主导成土过程包括：土壤矿物的高度风化分解、盐基元素强烈淋失、硅酸强烈淋失，以及氧化铁、氧化铝的相对富集和强烈的生物富集过程。其 pH 值为 4.5～5.0，潜在酸度较强，质地黏重，黏粒含量大于 50%，黏粒硅铝率为 1.5～1.8(图 2-7、图 2-8)

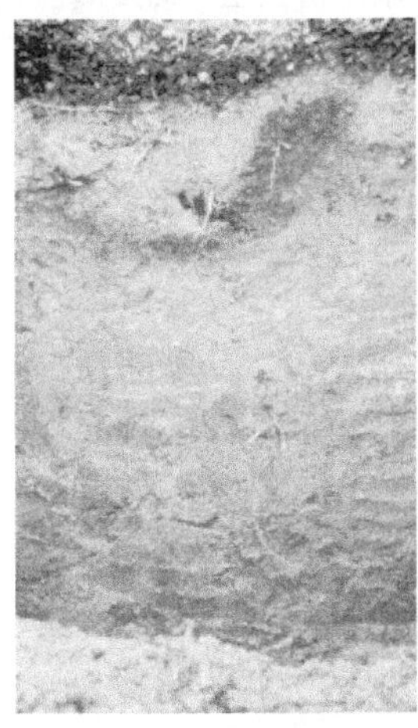

图 2-1 灰土剖面图

图 2-2 中国灰土剖面及其性状图

图 2-3 淋溶土剖面图

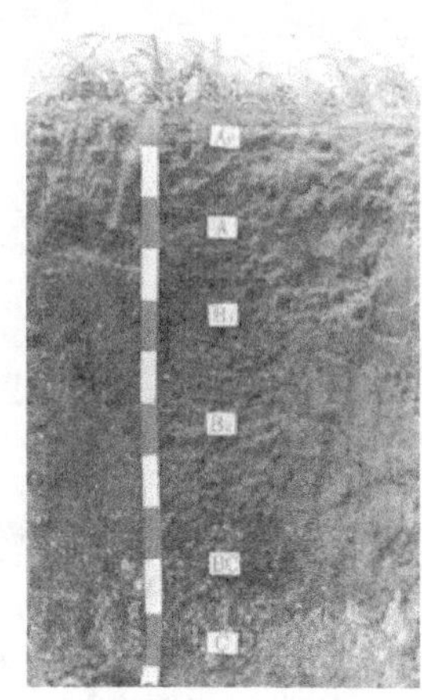

图 2-4 中国淋溶土剖面及其性状图

图 2-5 富铁土剖面图

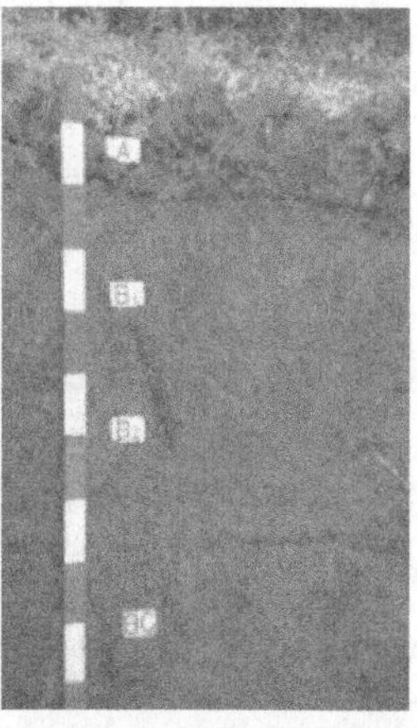

2-6 中国富铁土剖面及其性状图

图 2-7 铁铝土剖面图

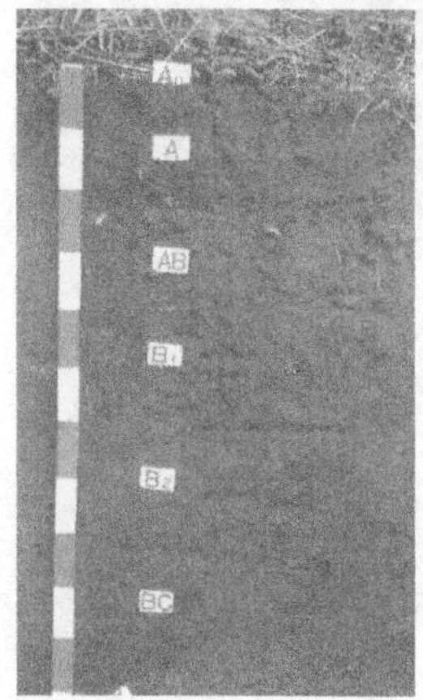

图 2-8 中国铁铝土剖面及其性状图

四、地形地貌概况

各类地貌所占全国总面积的百分比如图 2-9 所示。比重最大的山地面积占 33%，其次是高原面积占 26%。由此可见中国是一个山地和丘陵较多的国家，两者之和约占国土面积的 2/3。而以海拔高度计算，500m 以下面积占全国总面积的 16%，500～1000m 占 19%，1000～2000m 占 28%，2000～5000m 占 18%，5000m 以上占 19%。

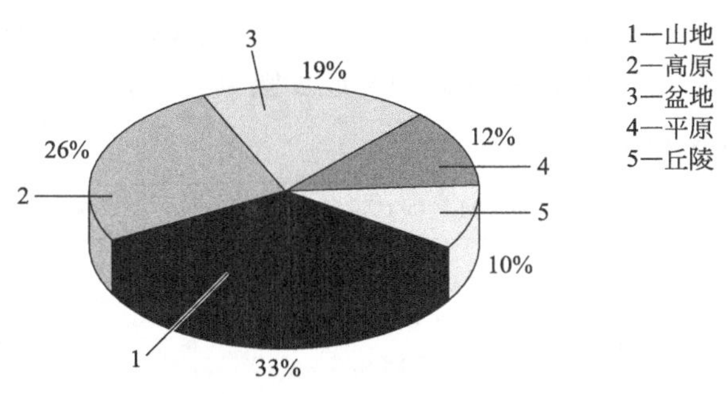

图 2-9 中国各类地貌面积比重

表征地形体的要素主要包括地貌、海拔、坡向等参数。其中，地貌可以影响气象，致使气象复杂、多样，对森林分布的影响主要表现在山体高度、山脉走向。海拔高度同地理纬度一样，对气温影响很大，随山体高度的变化，森林植被也出现了相应的垂直分布带谱。按照气温随海拔变化的规律，海拔升高，温度降低，湿度增大，进而造成水分和温度情况的差异。在中国，不同的纬度地带和经度地带，山地森林植被的结构不同，除此以外，地势的变化是影响山地森林植被垂直分布的重要因素。

第二节　遥感数据及其预处理

一、MODIS 森林植被盖度数据

本书研究采用的遥感影像数据是 2013 年 7～8 月间的 MODIS 数据，在提取云量小于 5%的国际科学数据服务平台进行下载，利用 ENVI、ERDAS 和 ArcGIS 软件进行校正、裁剪、目视解译和边缘拼接，进而对拼接好的数据在 ArcGIS 上进行森林植被分类，提取林地的 NDVI 值，反演计算森林植被盖度 C，对森林植被盖度进行整体分析，并导入 ArcGIS 数据库，建立空间相关模型。

二、中国地形 SRTM 数据获取

航天飞机雷达地形测绘使命（Shuttle Radar Topography Mission，SRTM），是由美国国家航空航天局（NASA）、美国国防部国家测绘局（NIMA）及德国与意大利航天机构共同完成的联合测量任务。本书得到的是空间分辨率为 30m×30m 的数据。中国境内的 SRTM 数据在目录文件 Eurasia 下，按经纬方格网划分，每个文件的命名规则是 X1X2X3X4. hgt. zip，X1 用 S 或 N 代表南北方向，X2 代表下方纬度值，X3 用 E 或 W 代表东西方向，X4 是左方经度值。

SRTM 获取的 C 波段数据由美国处理，而 X 波段数据则由德国处理。SRTM 高程数据的精度见表 2-7。C 波段数据的处理步骤见图 2-10。

表 2-7 SRTM 高程数据精度

项目	SRTM 数据 C 波段/m	SRTM 数据 X 波段/m
水平精度	±20	±20
水平精度	±15	±15
高程精度	±16	±16
高程精度	±10	±10
空间分辨率	30×30	30×30

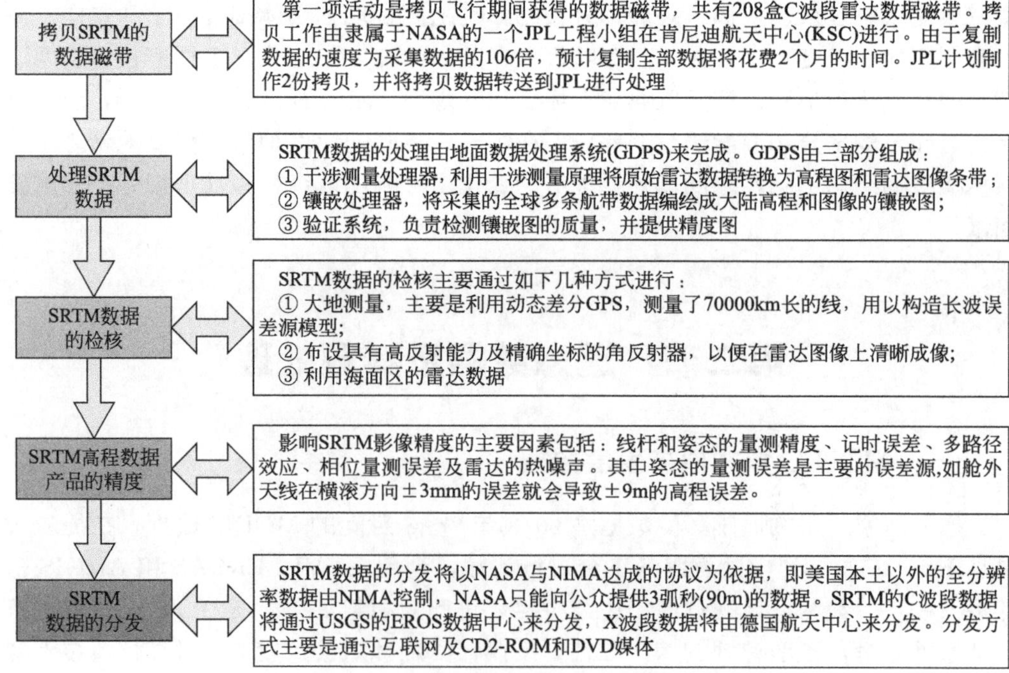

图 2-10 SRTM 数据 C 波段处理流程

第三节　气象、土壤数据及其预处理

一、气象资料属性

本书研究所用的气象资料由国家气象信息中心数据应用服务室提供。基本情况如下。

（1）数据集实体文件名

中国地面气象站资料月值数据集，获取数据后将文件命名为：SURF _ CLI _ CHN _ MUL _ MON－YYYY. txt。文件按年份拆分，其中数据集代码的格式为“SURF _ CLI _ CHN _ MUL _ MON”，文件名中的“YYYY”表示年份。

（2）数据集内容概要说明

气象数据集来源于中国 752 个基本、基准地面气象观测站及自动站获得的自 1951 年之后的月值气象资料，各单项数据按照国家规范和标准获取并成集，其要素项目及其精度指标见表 2-8。文件类型为 ASCII 码文件。

表 2-8　中国气象数据集主要要素精度

要素	单位、精度	要素	单位、精度
平均本站气压	0.1hPa	平均风速	0.1m/s
极端最高本站气压	0.1hPa	降水量	0.1mm
极端最低本站气压	0.1hPa	最大风速的风向	16 个方位
平均气温	0.1℃	最大风速	0.1m/s
极端最高气温	0.1℃	极大风速的风向	16 个方位
极端最低气温	0.1℃	极大风速	0.1m/s
平均相对湿度	1%	日照时数	0.1h
最小相对湿度	1%		

（3）特征值说明及编码

数据集其他特征值说明见表 2-9，并根据表 2-10 的编码规则对中国气象数据的风向进行编码，方便以后的量化计算。

表 2-9　中国气象数据集特征值说明

序号	特征值	相关要素	含义
1	32744	所有要素	空白或现象未出现
2	32766	所有要素	缺测
3	300+×××	相对湿度	最小相对湿度取自定时值时，在原值上加 300
4	1000+×××	风速	当风速≥×××值时，在原值上加 1000
5	100+×	风向	当表示风向为八风向时，在原值上加 100
6	90+×	风向	当表示风向个数时，在原值上加 90
7	95+×	风向	当表示风向 x 个以上时，在原值上加 95

⊡表 2-10 中国气象数据集风向编码

方位	符号	编码	方位	符号	编码
北	N	1	南西南	SSW	10
北东北	NNE	2	西南	SW	11
东北	NE	3	西西南	WSW	12
东东北	ENE	4	西	W	13
东	E	5	西西北	WNW	14
东东南	ESE	6	西北	NW	15
东南	SE	7	北西北	NNW	16
南东南	SSE	8	静风(风速≤0.2m/s)	C	17
南	S	9			

二、时间属性

数据集关于时间范围的设定为，起始时间开始于 195101，终止于 999999；时间最小分辨率是“月值”。

三、空间属性

数据集关于空间地理范围的设定为“中国”。

台站信息：见" documents" 目录下" 中国地面气象资料月值数据集台站信息"，文件名为“SURF _ CLI _ CHN _ MUL _ MON _ station. doc”。

空间分辨率：全国 756 个站点。垂直范围和投影方式均显示“无”。

四、观测仪器及方法

气象数据的观测严格依据《地面气象观测规范》（QX/T 46—2007）的要求观测，由专业气象站实施数据采集和上报。依据《全国地面气候资料(1961—1990)统计方法》开展数据处理。存储路径及文件名为 SURF _ CLI _ CHN _ MUL _ MON _ station. doc。

五、数据质量检核

（1）质量控制方法

中国地面月报信息化文件经过严格和系统的检查过程，数据质量有保证。将中国 752 个站点在 1971～2000 年间的统计数据，进行严格的数理统计检验，并采用人工抽查的方式进行时间序列一致性检验，数据质量良好。

（2）质量状况

数据经过质量控制，质量良好。数据集在审核中发现了 3 个个案。

① 位于江西省吉安站（57799）的地温资料（1971-1-8)，该资料由于仪器在测

量时粗差没有消除，导致了 40cm 处的测量值普遍比平均值偏高，因此在予以剔除。

② 因为某些超乎寻常的风速，致使大于 50m/s 的极大风速值被视为超刻度数据，在原始记录中按错误处理，但实际可能存在这样的超大风速。

③ 位于四川省阿坝站（56171）的降水量资料，其中有一组记录数据显示，1954 年 5 月的当月平均降水量达到 913.0mm，该数据相当异常。而且根据有关资料显示，该站直到 1958 年 8 月时才有报表，那么 1954 年 5 月的数据真实与否，很难判别。

（3）数据完整性

除去上述个案中的数据外，其他数据的时间序列和分项记录完整，所有数据可通过附加文件——中国地面气象站资料月值数据集进行查询和引用。数据的漏测漏报资料可在 SURF _ CLI _ CHN _ MUL _ MON _ station. doc 文件中获得佐证。

第四节　森林植被属性的赋值

通过对 MODIS 数据的遥感解译及地面既有 1∶1000000 森林植被分布图的矢量化空间分析，得到国内各坐标点的森林植被类别。为了研究方便，分别对所涉及的森林植被类型进行赋值，其编码记为 F_i，ID 值分别为 1，2，3，…，i，后文中涉及 F_i 时，即指各自的森林植被类别（表 2-11）。

表 2-11　森林植被类别编码及赋值表

森林植被类别	类别编码	类别赋值
冰川雪被	F1	1
单(双)季稻或一年三季旱作，亚热带常绿果树、经济林	F2	2
高寒草甸	F3	3
高寒草原	F4	4
高寒一年一熟作物	F5	5
高山垫状森林植被	F6	6
高山落叶灌丛	F7	7
过渡性热带常绿阔叶林	F8	8
热带常绿阔叶雨林	F9	9
热带红树林	F10	10
热带石灰岩半常绿阔叶季雨林	F11	11
热带酸性砖红壤半常绿季雨林	F12	12
双季稻连作喜温冬季作物和热带经济林、果树	F13	13
水旱一年两熟和过渡性亚热带落叶、常绿果树	F14	14
温带、暖温带落叶阔叶林	F15	15

续表

森林植被类别	类别编码	类别赋值
稀树灌木草原	F16	16
亚高山常绿革质叶灌丛	F17	17
亚热带、热带常绿、落叶灌丛和疏林	F18	18
亚热带、热带亚高山常绿针叶林	F19	19
亚热带常绿阔叶杂木林	F20	20
亚热带常绿栎林	F21	21
亚热带常绿针叶林与灌丛(包括竹林)	F22	22
亚热带山地酸性黄棕壤落叶、常绿阔叶混交林	F23	23
亚热带石灰岩落叶阔叶、常绿阔叶混交林	F24	24
亚热带硬叶常绿栎疏林	F25	25

第五节 创建 FM-SOTER 数据库

FM-SOTER 数据库，数据种类主要有气象资料数据 7 项，地形体数据 3 项，森林土壤数据 10 项和森林植被覆盖度 NDVI 数据 3 项。通过这些数据集，利用 ArcGIS 建立了 FM-SOTER 数据库。由于所有数据都基于 ArcGIS 技术，因此所有数据均具有准确的位置坐标数值。

一、数据种类及来源

数据种类及来源见表 2-12。

表 2-12 数据种类及来源

序号	数据种类	数据来源	序号	数据种类	数据来源
1	降水量最小值	矢量化	13	最高气温	矢量化
2	降水量最大值	矢量化	14	降水量	矢量化
3	森林植被类型名	矢量化	15	土壤名称	矢量化
4	最大高程	DEM 提取	16	土壤类型	矢量化
5	最小高程	DEM 提取	17	有机质最小值	矢量化
6	高程平均值	DEM 提取	18	有机质最大值	矢量化
7	NDVI 最大值	网络下载数据	19	磷最大值	矢量化
8	NDVI 最小值	网络下载数据	20	全磷等级	矢量化
9	NDVI 均值	网络下载数据	21	钾最大值	矢量化
10	平均气温	点数据插值栅格	22	钾最小值	矢量化
11	平均湿度	矢量化	23	森林植被大类	矢量化
12	最低气温	矢量化	24	磷最小值	矢量化

二、数据参数

数据参数见表 2-13。

表 2-13 数据参数

序号	参 数
1	Shape_Length
2	Shape_Area
3	Projection：Transverse_Mercator//地理坐标系投影
4	False_Easting：500000.000000
5	False_Northing：0.000000
6	Central_Meridian：99.000000
7	Scale_Factor：0.999600
8	Latitude_Of_Origin：0.000000
9	Linear Unit：Meter (1.000000)
10	Geographic Coordinate System：GCS_WGS_1984//投影坐标系
11	Angular Unit：Degree(0.017453292519943299)
12	Prime Meridian：Greenwich (0.000000000000000000)
13	Datum：D_WGS_1984
14	Spheroid：WGS_1984
15	Semimajor Axis：6378137.000000000000000000
16	Semiminor Axis：6356752.314245179300000000
17	Inverse Flattening：298.257223563000030000

三、数据矢量化

1. 数据配准

扫描的数据通常需要配准后才能进行矢量化操作。利用 ArcGIS 的空间配准工具进行扫描数据的配准，本项目中使用经纬网焦点作为配准参考点，如图 2-11 所示。

2. 配准变换模型

采用二阶多项式进行变换，通过对 X 源和 Y 源的分别配准，可以得到配准后的地图，即 X 地图和 Y 地图，并对其残差进行计算，均方根总误差值 RMS 为 0.49910 单位，其值相当精准，如图 2-12 所示。

3. 数据纠正

有关资料和数据是对地理实体图数据资料进行矢量化提取出来的，但是在提取过程中，因为纸张的变形、定向的误差和矢量化后产生各种粗差，致使很多提取数据和要素产生了系统误差、偶然误差和仪器误差。误差的客观性导致了元数据在转

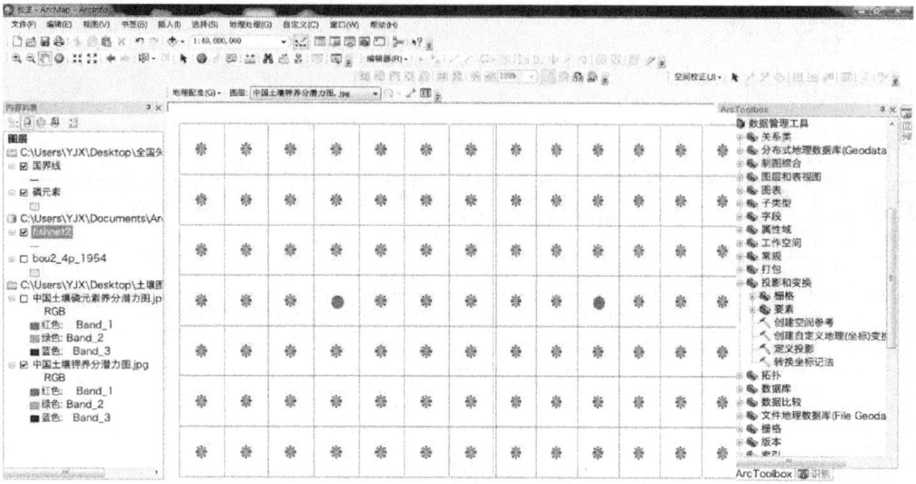

图 2-11 数据配准

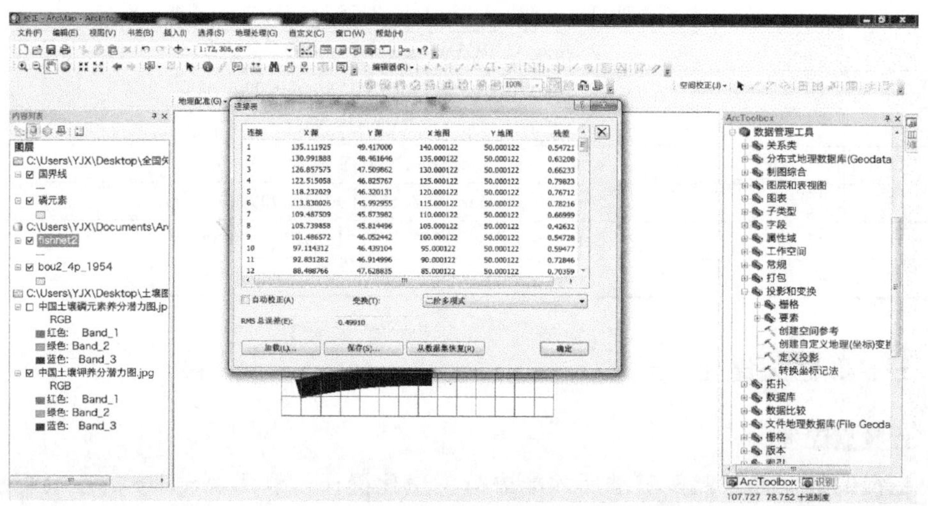

图 2-12 配准变换过程

换为图形时很难完全吻合，一般会出现的问题是时间数据难以精准对接，使得相邻的某些图幅难以拼接。为了消除这些变形及误差带来的数据隐患，在对地图进行网格处理时必须加以纠正，这样才能满足生产要求，进行生产应用及入库。数据纠正如图 2-13 所示。

四、1：10000 地图分幅及网格划分

本书研究将每幅 1：10000 地形图按经差 3′45″、纬差 2′30″的网格进行分幅。共分为 73280 个图幅，每个图幅即为一个点，每个点包括该点的坐标数据、地形体、

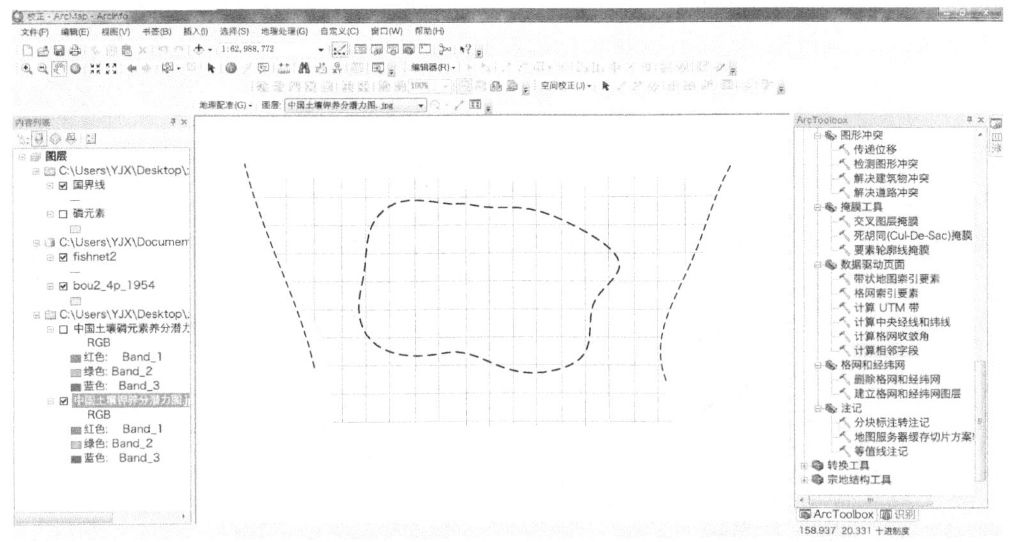

图 2-13　数据纠正

气象、土壤和森林植被等属性数据。将其导入 ArcGIS 软件中，利用栅格数据统计分析，求得各像元统计值，得到相关的量化数据。FM-SOTER 地图网格划分如图 2-14 所示。

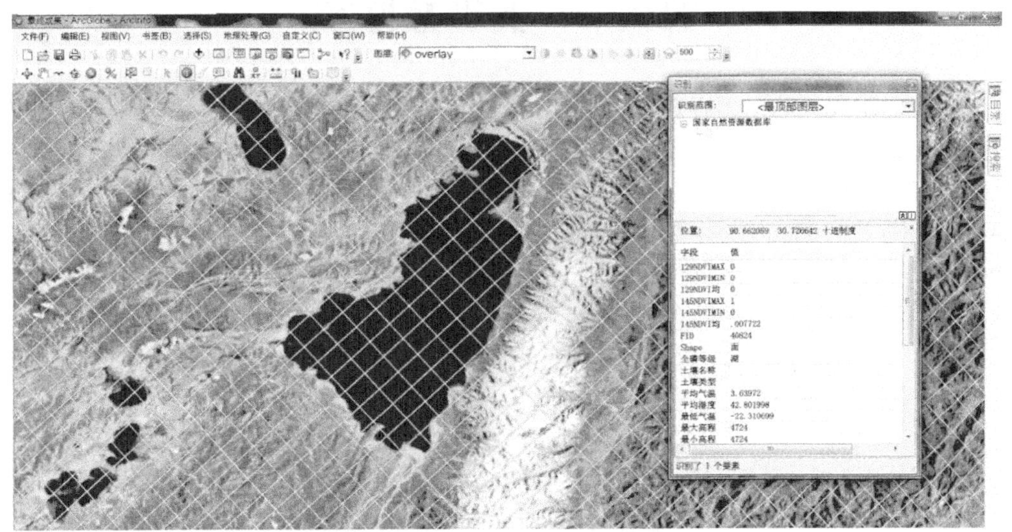

图 2-14　FM-SOTER 地图网格划分

五、矩形网格数据的识别

将 Google Earth 数据加载在该数据库中后，可以增加高程数据信息，得到如图

2-15 的 FM-SOTER 空间数据资源库。图中任何矩形网格的数据均可利用 ArcGIS 中的识别工具进行识别提取，也可以成规模导出。

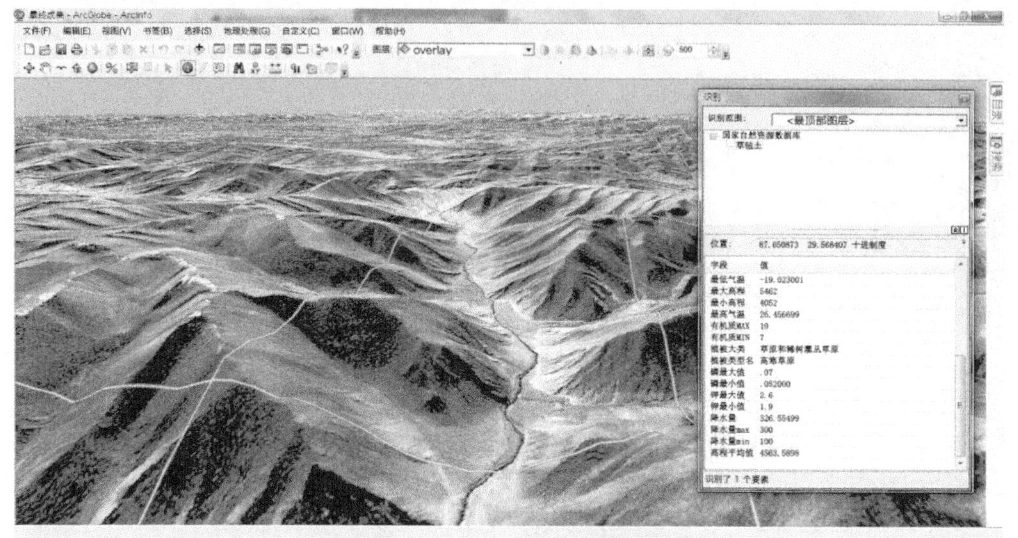

图 2-15 矩形网格信息识别

第六节 关键数据表

本章对研究区的范围界定、气象概况、土壤概况、森林植被和地形分别做了导入式介绍，然后详细说明了各类研究数据的来源和获取方式，还说明了遥感数据 MODIS 和地形数据的处理细节。获取到气象、土壤、植被和地形四大生境因子数据后，以全国 1∶10000 地形图分幅并进行矩形网格划分，创建了 FM-SOTER 数据库，如表 2-14 所示。节选数据库部分数据，通过 ArcGIS 识别验证，区域内所有矩形网格的数据均可识别提取，也可以成规模导出，为后续研究奠定了数据基础。

⊡ 表 2-14 FM-SOTER 数据库部分数据（扫码阅读）

第三章

气象因子的经纬度空间变异

前面提到了趋势面分析（Trend Surface Analysis），它是一种以多元回归分析理论为依据的统计分析方法。本章用这种方法分析导致森林植被特殊分布的气象因子与经度、纬度之间的趋势问题。在 ArcGIS 软件的支持下，利用“地统计分析”模块中的趋势分析功能，生成各种森林气象因子随经纬度的变化趋势图，并利用 SPSS 软件，拟合各阶趋势线的拟合函数，界面如图 3-1 所示。

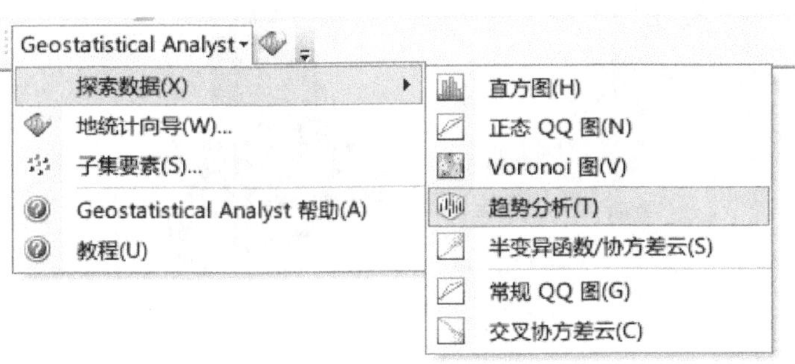

图 3-1 趋势分析路径图

其中，“趋势分析”工具提供数据的三维透视图。以平面投影坐标系进行趋势拟合，设定经度方向的变化趋势由 x 轴表示，纬度方向的变化趋势由 y 轴表示。根据网格的划分及采样点的布设，研究区所有的数据点将落在（x，y）平面上，而研究对象的属性值则设定为 z 值，这样采样点与平面（x，y）构成了物面混交的三维体系。利用 ArcGIS 趋势面分析工具，可将（x，y，z）构成的点，投影到（x，z）面和（y，z）面上，可将其视为三维数据在正立面和侧立面形成的正向与侧向透视图。然后由相应面上的散点图进行多阶多项式拟合，进一步通过数据旋转、改变整图视角、更改点和线的大小及色彩，来分离出方向趋势。根据拟合度的精度分析，可选择不同阶数的多项式来拟合散点图。在（x，z）和（y，z）平面中所绘制出的趋势线，分别代表了不同的生境因子在经度和纬度方向上的变化趋势拟合函数线。

精度的控制参数之一是变异系数。它是衡量两组数据间离散程度的度量方法，消除了不同量纲之间的隔阂并按照数据均数大小进行标准化以期进行可观的比较。与极差、标准差、方差相同，变异系数也是反映数据离散程度的绝对值。变异系数数值的大小受多方面因素的影响，主要是数据的离散程度和数据的均值。变异系数的计算式如下。

$$C_V = \frac{\sigma}{\bar{x}_i} \times 100\% \tag{3-1}$$

式中，C_V 为变异系数；σ 为标准偏差；$\bar{x}_i$ 为统计平均值。

本书研究趋势面在经度、纬度方向投影面上的离散程度，故变异系数的原始数据值为与经度或者纬度构成的点与均值点间的欧氏距离 ρ，由式（3-2）计算。

$$\rho = \sqrt{(x_1 - x_2)^2 + (y_1 - y_2)^2} \tag{3-2}$$

为了研究各因子在空间的变异度，分别用一阶、二阶和三阶趋势函数来研究各因子的空间变异特征。在软件操作中，可以通过对选项的操控来进行图形显示和更改阶数，如图 3-2 所示。

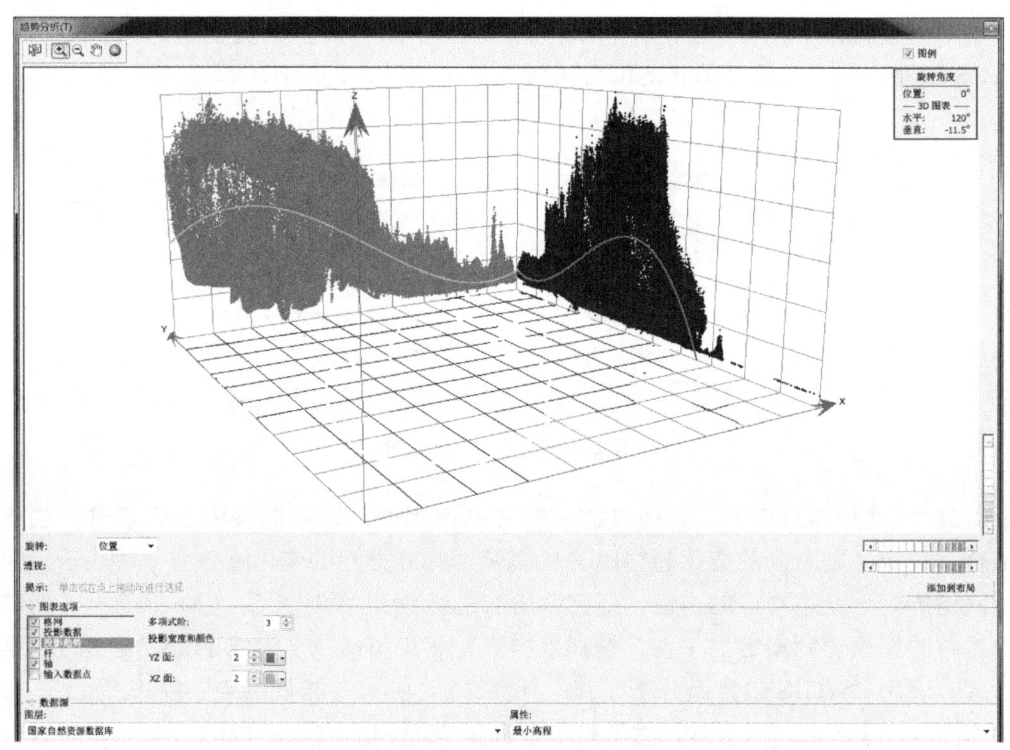

图 3-2 趋势分析选项操控

对所研究的气象因子如平均降水量 P_{avg}、降水量极小值 P_{min}、降水量极大值 P_{max}、平均气温 T_{avg}、平均湿度 H_{avg} 等数据进行统计计算，数据资料齐全，在所有的网格中均有趋势，无缺失，并将统计参数的均值、均值的标准、中值、众数、标准差、方差、全距、极值，以及25%、50%、75%等三个百分位数值均进行了计算，列于表3-1。

表3-1 元数据统计参数

统计参数		P_{avg}/mm	P_{min}/mm	P_{max}/mm	T_{avg}/℃	H_{avg}/%
数据 N	有效	737280	737280	737280	737280	737280
	缺失	0	0	0	0	0
均值		615.0254	489.0000	716.7000	8.6223	57.4227
均值的标准误		0.8662	0.8260	1.0980	0.0101	0.0228
中值		488.0740	400.0000	500.0000	7.6190	56.9428
众数		1117.4500	500.0000	750.0000	10.6346	51.5362
标准差		529.7584	505.3860	671.5650	6.1761	13.9579
方差		280643.9410	255415.3500	450999.6870	38.1440	194.8220
全距		2963.1200	5000.0000	6000.0000	32.3762	88.7016
极小值		0.0000	0.0000	0.0000	−4.8595	0.0000
极大值		2963.1200	5000.0000	6000.0000	27.5167	88.7016
百分位数	25%	197.4570	100.0000	300.0000	3.8631	45.6496
	50%	488.0740	400.0000	500.0000	7.6190	56.9428
	75%	797.5270	750.0000	1000.0000	13.1350	68.9684

第一节 平均降水量空间变异分析

一、平均降水量的空间变异度

平均降水量 P_{avg} 反映了一个矩形区域内所对应的最大降水量 P_{max} 与最小降水量 P_{min} 的均值，反映了降水量的平均情况。由趋势图可以分析得出，一阶趋势方程拟合的趋势线表达了我国总体的平均降水量趋势，即由西向东降水量逐渐增加，由北向南降水量逐渐增加；二阶、三阶拟合趋势线则更加细化了降水量的变化趋势，即在总体由西向东降水量逐渐增加，由北向南降水量逐渐增加的大趋势下经度方向西部降水量变化较快，中东部地区降水量趋于平缓并达最大值，纬度方向北方处于最低值之后向南快速增加。

经度方向的变异度由欧氏距离 $\rho^x_{P_{avg}}$ 计算所得为86.0，统计字段和频数趋势如图3-3所示。

$$\rho^x_{P_{avg}}=\sqrt{(P^x_{avg}-615)(P^x_{avg}-615)+(x_{double}-36)(x_{double}-36)}$$

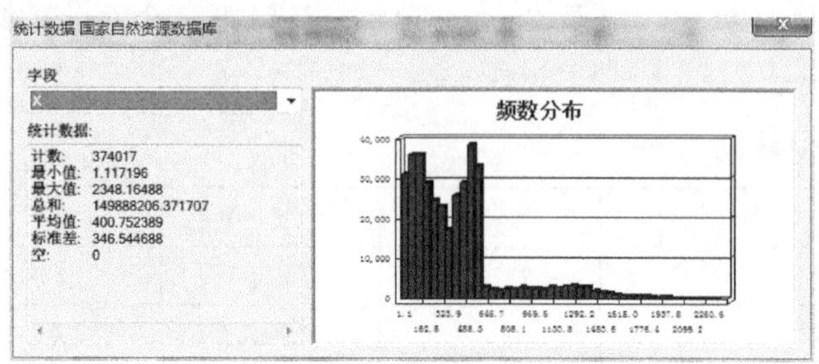

图 3-3 经度方向统计字段和频数趋势

纬度方向的变异度由欧氏距离 $\rho^{y}_{P_{avg}}$ 计算所得为 86.2，统计字段和频数趋势如图 3-4 所示。

$$\rho^{y}_{P_{avg}}=\sqrt{(P^{y}_{avg}-615)(P^{y}_{avg}-615)+(y_{double}-103.89)(y_{double}-103.89)}$$

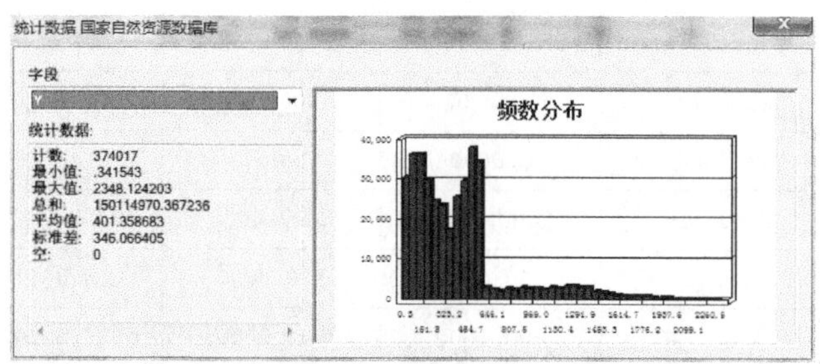

图 3-4 纬度方向统计字段和频数趋势

二、平均降水量一阶趋势模型

由网格的数据库资料可以提取出每个网格的平均降水量 P_{avg} 的值和该网格的中心点坐标值，其值代表网格划分中十进制的经纬度值。其中，y 是纬度坐标值，x 是经度坐标值，利用 SPSS 软件，建立全国范围的平均降水量 P^{y1}_{avg} 在纬度方向的一阶趋势模型为

$$P^{y1}_{avg}=-43.483y+2199.199$$

该模型的 t 检验、相关性和共线性统计量见表 3-2。

表 3-2 纬向 t 检验、相关性和共线性统计量

模型	t	P	相关性			共线性统计量	
			零阶相关	偏相关	部分相关	容差	VIF
（常量）	−265.857	0.000					
y_{double}	384.733	0.000	0.532	0.532	0.532	1.0	0.00

全国范围的平均降水量 $P^{x^1}_{avg}$ 在经度方向的一阶趋势模型为

$$P_{avg}^{x1}=19.580x-1419.007$$

该模型的 t 检验、相关性和共线性统计量见表 3-3。

表 3-3　经向 t 检验、相关性和共线性统计量

模型	t	P	相关性			共线性统计量	
			零阶相关	偏相关	部分相关	容差	VIF
(常量)	614.416	0.000					
x_{double}	−451.228	0.000	−0.594	−0.594	−0.594	1.00	1

全国范围的平均降水量 P_{avg} 在经度和纬度方向的一阶趋势模型为直线，如图 3-5 所示。该模型的拟合精度不高，在纬度 y 方向的模型拟合相关系数仅为 0.532；在经度 x 方向的模型拟合相关系数为−0.594。

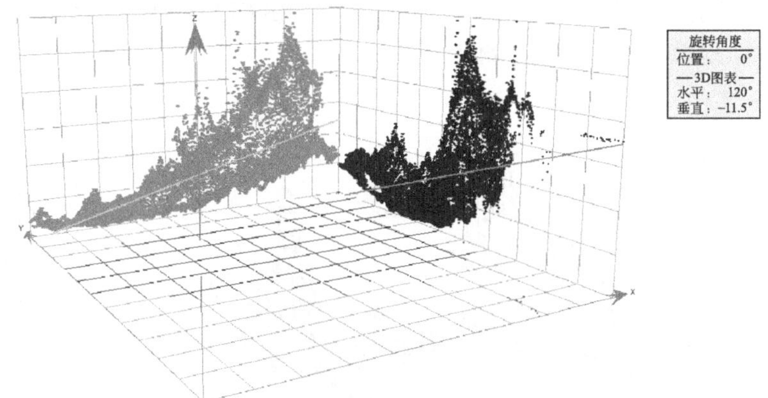

图 3-5　平均降水量一阶趋势模型

三、平均降水量二阶趋势模型

从网格的 FM-SOTER 数据库中可以提取出每个网格的平均降水量 P_{avg} 的值和该网格的中心点坐标值，其值代表网格划分中十进制的经纬度值。其中，y 是纬度坐标值，x 是经度坐标值。利用 SPSS 软件，建立全国范围的平均降水量 P_{avg}^{y2} 在纬度方向的二阶趋势模型，模型函数拟合参数估计值列于表 3-4 中。

$$P_{avg}^{y2}=7.777y^2-318.068y+6994.636$$

表 3-4　纬向模型函数拟合参数估计值

参数	估计值	标准误	95%置信区间	
			下限	上限
a	3.775	0.010	3.756	3.795
b	−318.068	0.731	−319.501	−316.635
c	6994.636	13.047	6969.065	7020.208

建立全国范围的平均降水量 P_{avg}^{x2} 在经度方向的二阶趋势模型，模型函数拟合参数估计值列于表 3-5 中。

$$P_{avg}^{x2}=-0.580x^2+139.523x-7497.762$$

表 3-5 经向模型函数拟合参数估计值

参数	估计值	标准误	95% 置信区间	
			下限	上限
a	−0.580	0.004	−0.587	−0.573
b	139.523	0.730	138.092	140.954
c	−7497.762	37.278	−7570.826	−7424.698

全国范围的平均降水量 P_{avg} 在经度和纬度方向的二阶趋势模型为抛物线，如图 3-6 所示。该模型的拟合精度较高，在纬度 y 方向的模型参数 a 的标准误为 0.010，在经度 x 方向的模型参数 a 的标准误仅为 0.004。

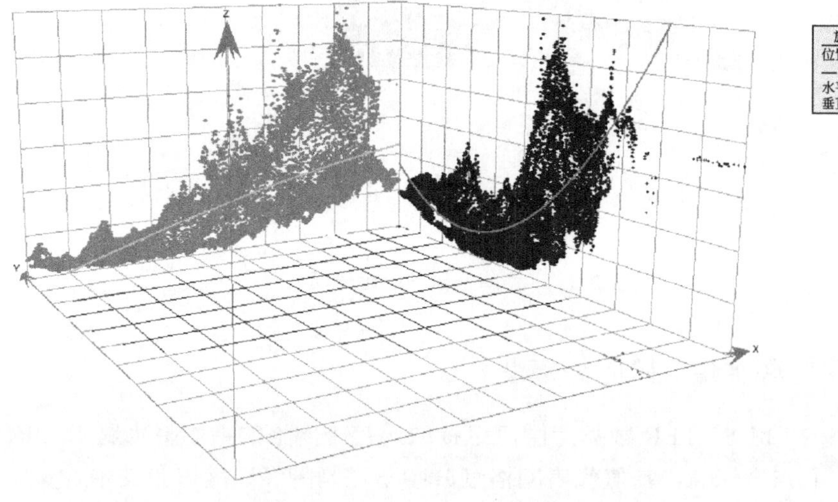

图 3-6 平均降水量二阶趋势模型

四、平均降水量三阶趋势模型

从网格的数据库资料中可以提取出每个网格的平均降水量 P_{avg} 的值和该网格的中心点坐标值，其值代表网格划分中十进制的经纬度值。其中，y 是纬度坐标值，x 是经度坐标值。利用 SPSS 软件，建立全国范围的平均降水量 P_{avg}^{y3} 在纬度方向的三阶趋势模型，模型函数拟合参数估计值列于表 3-6 中。

$$P_{avg}^{y3}=0.038y^3-0.36y^2-1134.836y+35531.059$$

表 3-6　纬向模型函数拟合参数估计值

参数	估计值	标准误	95% 置信区间	
			下限	上限
a	−0.040	0.000	−0.040	−0.039
b	11.835	0.069	11.699	11.972
c	−1134.836	7.155	−1148.860	−1120.812
d	35531.059	243.081	35054.627	36007.491

建立全国范围的平均降水量 P_{avg}^{x3} 在经度方向的三阶趋势模型，模型函数拟合参数估计值列于表 3-7 中。

$$P_{avg}^{x3} = -0.04x^3 + 11.835x^2 - 1134.836x + 35531.059$$

表 3-7　经向模型函数拟合参数估计值

参数	估计值	标准误	95% 置信区间	
			下限	上限
a	0.038	0.001	0.036	0.040
b	−0.362	0.119	−0.595	−0.129
c	−171.909	4.251	−180.241	−163.578
d	5330.364	49.433	5233.476	5427.252

全国范围的平均降水量 P_{avg} 在经度和纬度的三阶趋势模型如图 3-7 所示。该模型的拟合精度较高，在纬度 y 方向的模型参数 a 的标准误为 0.000，在经度 x 方向的模型参数 a 的标准误仅为 0.001。

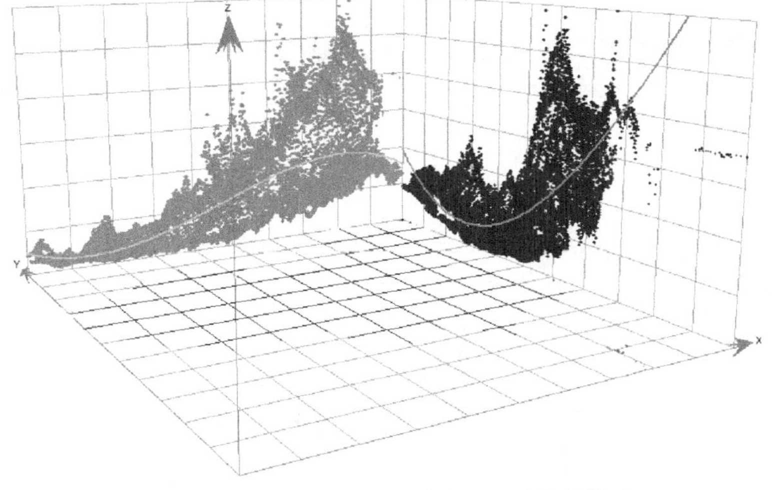

图 3-7　平均降水量三阶趋势模型

第二节　最大降水量空间变异分析

一、最大降水量空间变异度

最大降水量 $P_{\max}$ 表示了矩形区域内的对应年最大降水量值，是表达地区降水的一种最大极值的表示量，反映一个地区所接受的降水量的最大程度。从一阶拟合趋势线分析得出，最大降水量由西向东逐渐增加，由北向南逐渐增加；二阶和三阶拟合趋势线细化表达，反映出了与平均降水量几乎一致的线性趋势：经度方向西部降水量变化较快，中东部地区降水量趋于平缓并达最大值，纬度方向北方处于最低值之后向南快速增加。

经度变异度由欧氏距离 $\rho_{P_{\max}}^{x}$ 所得为 91.4。统计字段和频数趋势如图 3-8 所示。

$$\rho_{P_{\max}}^{x}=\sqrt{(P_{\max}^{x}-716)(P_{\max}^{x}-716)+(x_{\text{double}}-36)(x_{\text{double}}-36)}$$

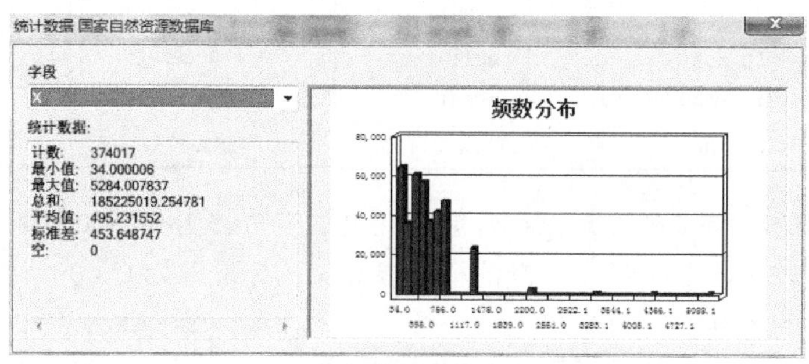

图 3-8　经向统计字段和频数趋势

纬度变异度由欧氏距离 $\rho_{P_{\max}}^{y}$ 所得为 91.6，该值略微比经度变异度 91.4 大，说明在纬度方向的降雨量差异比经度方向要大，这也与工程实际情况一致。统计字段和频数趋势如图 3-9 所示。

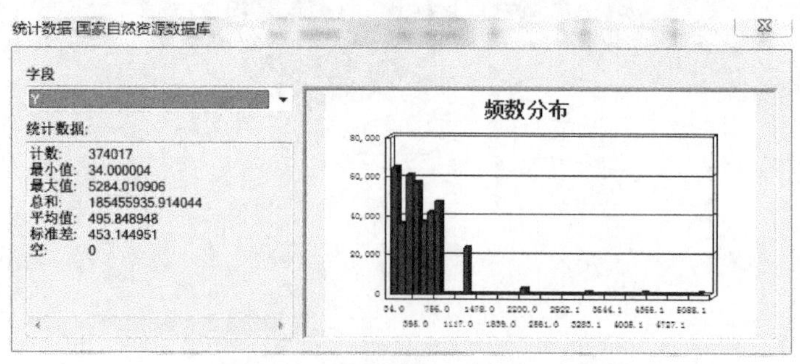

图 3-9　纬向统计字段和频数趋势

$$\rho^{y}_{P_{max}} = \sqrt{(P^{y}_{max} - 716) \times (P^{y}_{max} - 716) + (y_{double} - 103.89) \times (y_{double} - 103.89)}$$

二、最大降水量一阶趋势模型

从网格的数据库资料中可以提取出每个网格的最大降水量 P_{max} 的值和该网格的中心点坐标值，其值代表网格划分中十进制的经纬度值。其中，y 是纬度坐标值，x 是经度坐标值，利用 SPSS 软件，建立全国范围的最大降水量 P^{y1}_{max} 在纬度方向的一阶趋势模型。

$$P^{y1}_{max} = -56.550y + 277.985$$

该模型的 t 检验、相关性和共线性统计量见表 3-8。

⊡ **表 3-8　纬向 t 检验、相关性和共线性统计量**

模型	t	P	相关性			共线性统计量	
			零阶相关	偏相关	部分相关	容差	VIF
（常量）	−186.016	0.000					
y_{double}	287.835	0.000	0.426	0.426	0.426	1.000	1.000

全国范围的最大降水量 P^{x1}_{max} 在经度方向的一阶趋势模型如下。

$$P^{x1}_{max} = 19.850x - 1345.4$$

该模型的 t 检验、相关性和共线性统计量见表 3-9。

⊡ **表 3-9　经向 t 检验、相关性和共线性统计量**

模型	t	P	相关性			共线性统计量	
			零阶相关	偏相关	部分相关	容差	VIF
（常量）	620.944	0.000					
x_{double}	−469.678	0.000	−0.609	−0.609	−0.609	1.000	1.000

全国范围的最大降水量 P_{max} 在经度和纬度方向的一阶趋势模型为直线，如图 3-10 所示。该模型的拟合精度不高，在纬度 y 方向的模型拟合相关系数仅为 0.426，在经度 x 方向的模型拟合相关系数为−0.609。

三、最大降水量二阶趋势模型

从网格的数据库资料中可以提取出每个网格的最大降水量 P_{max} 的值和该网格的中心点坐标值，其值代表网格划分中十进制的经纬度值。其中，y 是纬度坐标值，x 是经度坐标值，利用 SPSS 软件，建立全国范围的最大降水量 P^{y2}_{max} 在纬度方向的二阶趋势模型。模型函数拟合参数估计值列于表 3-10 中。

$$P^{y2}_{max} = 4.525y^2 - 385.674y + 8524.855$$

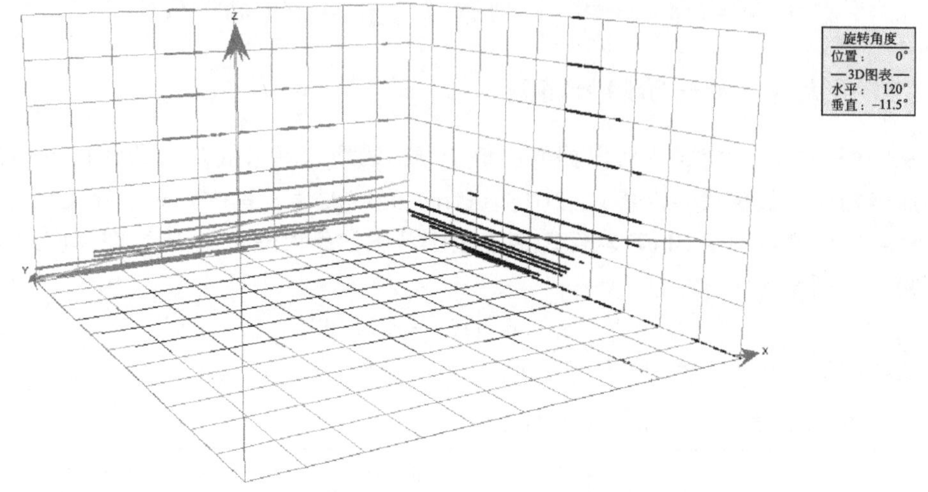

图 3-10 最大降水量一阶趋势模型

⊡ 表 3-10 纬向模型函数拟合参数估计值

参数	估计值	标准误	95% 置信区间	
			下限	上限
a	4.525	0.013	4.500	4.550
b	−385.674	0.927	−387.491	−383.856
c	8524.855	16.548	8492.422	8557.288

建立全国范围的最大降水量 P_{max}^{x2} 在经度方向的二阶趋势模型。模型函数拟合参数估计值列于表 3-11 中。

$$P_{max}^{x2} = -0.874x^2 + 200.465x - 10499.021$$

⊡ 表 3-11 经向模型函数拟合参数估计值

参数	估计值	标准误	95% 置信区间	
			下限	上限
a	−0.874	0.005	−0.883	−0.864
b	200.465	0.981	198.542	202.388
c	−10499.021	50.083	−10597.182	−10400.860

全国范围的最大降水量 P_{max} 在经度和纬度方向的二阶趋势模型为抛物线，如图 3-11 所示。该模型的拟合精度较高，在纬度 y 方向的模型参数 a 的标准误为 0.013，在经度 x 方向的模型参数 a 的标准误仅为 0.005。

四、最大降水量三阶趋势模型

从网格的数据库资料中可以提取出每个网格的最大降水量 P_{max} 的值和该网格的

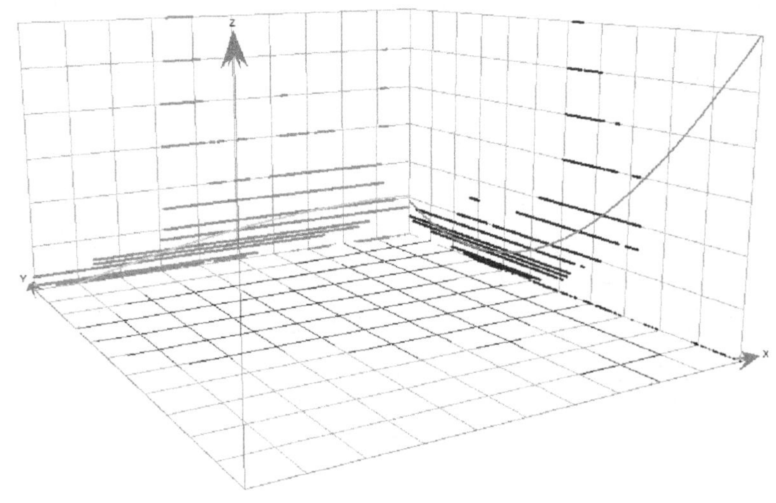

图 3-11 最大降水量二阶趋势模型

中心点坐标值，其值代表网格划分中十进制的经纬度值。其中，y 是纬度坐标值，x 是经度坐标值，利用 SPSS 软件，建立全国范围的最大降水量 P_{max}^{y3} 在纬度方向的三阶趋势模型。模型函数拟合参数估计值列于表 3-12 中。

$$P_{max}^{y3}=0.066y^3-2.695y^2-130.59y+5620.281$$

表 3-12 纬向模型函数拟合参数估计值

参数	估计值	标准误	95% 置信区间	
			下限	上限
a	−0.034	0.000	−0.035	−0.034
b	9.781	0.096	9.593	9.968
c	−893.138	9.854	−912.451	−873.826
d	26426.563	334.755	25770.454	27082.673

建立全国范围的最大降水量 P_{max}^{x3} 在经度方向的三阶趋势模型。模型函数拟合参数估计值列于表 3-13 中。

$$P_{max}^{x3}=-0.034x^3+9.781x^2-893.138x+26426.563$$

表 3-13 经向模型函数拟合参数估计值

参数	估计值	标准误	95% 置信区间	
			下限	上限
a	0.066	0.001	0.063	0.069
b	−2.695	0.151	−2.991	−2.400
c	−130.590	5.384	−141.142	−120.038
d	5620.281	62.606	5497.576	5742.986

全国范围的最大降水量 P_{max} 在经度和纬度方向的三阶趋势模型为抛物线，如图 3-12 所示。该模型的拟合精度较高，在纬度 y 方向的模型参数 a 的标准误为 0.000，在经度 x 方向的模型参数 a 的标准误仅为 0.001。

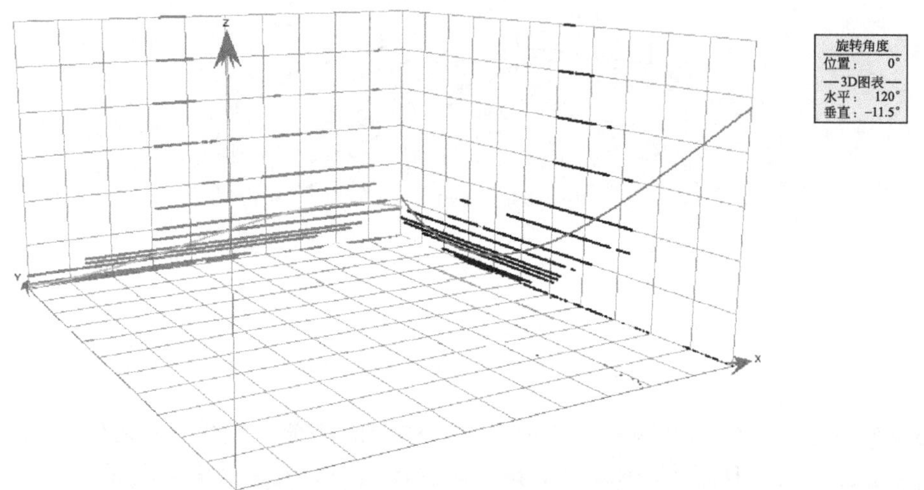

图 3-12 最大降水量三阶趋势模型

第三节 最小降水量空间变异分析

一、最小降水量空间变异度

最小降水量 P_{min} 表示了矩形区域内的对应年最小降水值，是表达地区降水的一种最小极值的表示量，反映一个地区所接受的降水量的最低程度。从一阶拟合趋势线分析得出，趋势上和最大降水量、平均降水量一致，由西向东逐渐增加，由北向南逐渐增加，二阶、三阶拟合趋势线细化表达，同样反映出了与平均降水量几乎一致的线性趋势，经度方向西部降水量变化较快，中东部地区降水量趋于平缓并达最大值，纬度方向北方处于最低值之后向南快速增加。

经度变异度由欧氏距离 $\rho^{x}_{P_{min}}$ 求得为 97.9，统计字段和频数趋势见图 3-13。

$$\rho^{x}_{P_{min}}=\sqrt{(P^{x}_{min}-489)(P^{x}_{min}-489)+(x_{double}-36)(x_{double}-36)}$$

纬度变异度由欧氏距离 $\rho^{y}_{P_{min}}$ 求得为 97.3，该值略微比经度变异度小，说明最小降水量的变异波动在经度方向比纬度方向更大，这与经度方向的地形起伏较大有直接关系。统计字段和频数趋势如图 3-13 和图 3-14 所示。

$$\rho^{y}_{P_{min}}=\sqrt{(P^{y}_{min}-489)(P^{y}_{min}-489)+(y_{double}-103.89)(y_{double}-103.89)}$$

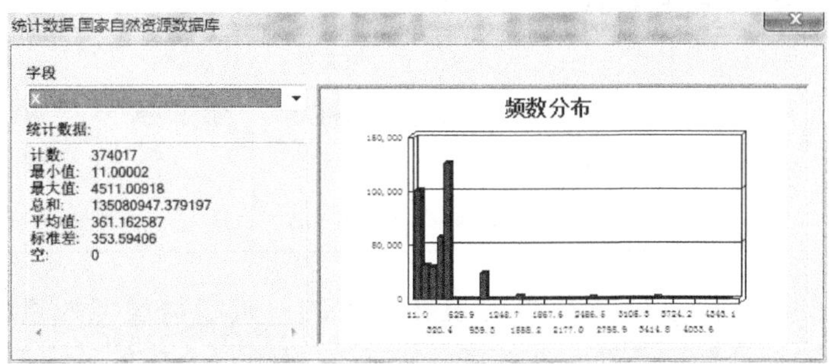

图 3-13 经向统计字段和频数趋势

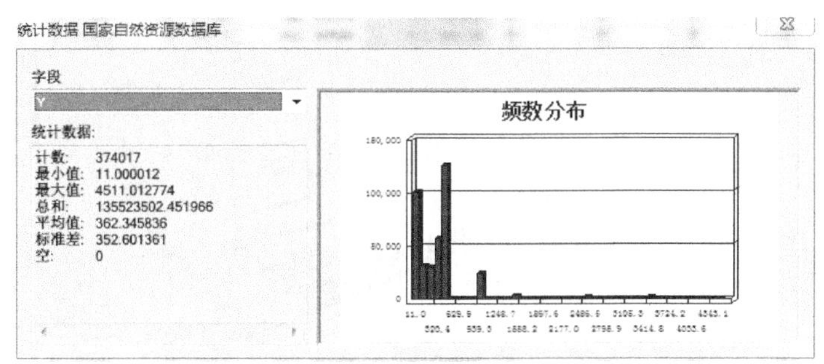

图 3-14 纬向统计字段和频数趋势

二、最小降水量一阶趋势模型

从网格的数据库资料中可以提取出每个网格的最小降水量 $P_{\min}$ 的值和该网格的中心点坐标值，其值代表网格划分中十进制的经纬度值。其中，y 是纬度坐标值，x 是经度坐标值，利用 SPSS 软件，建立全国范围的最小降水量 $P_{\min}^{y1}$ 在纬度方向的一阶趋势模型。

$$P_{\min}^{y1}=15.086y-1078.197$$

该模型的 t 检验、相关性和共线性统计量见表 3-14。

表 3-14 纬向 t 检验、相关性和共线性统计量

模型	t	P	相关性			共线性统计量	
			零阶相关	偏相关	部分相关	容差	VIF
（常量）	−198.527	0					
y_{double}	291.329	0	0.430	0.430	0.430	1.000	1.000

建立全国范围的最小降水量 $P_{\min}^{x1}$ 在经度方向的一阶趋势模型。

$$P_{\min}^{x1}=-41.014x+1983.233$$

该模型的 t 检验、相关性和共线性统计量如表 3-15 所示。

⊡表 3-15 经向 t 检验、相关性和共线性统计量

模型	t	P	相关性			共线性统计量	
			零阶相关	偏相关	部分相关	容差	VIF
（常量）	577.282	0.000					
x_{double}	−443.432	0.000	−0.587	−0.587	−0.587	1.000	1.000

全国范围的最小降水量 P_{min} 在经度和纬度的一阶趋势模型为直线，如图 3-15 所示。该模型的拟合精度不高，在纬度 y 方向的模型拟合相关系数仅为 0.430，在经度 x 方向的模型拟合相关系数为−0.587。

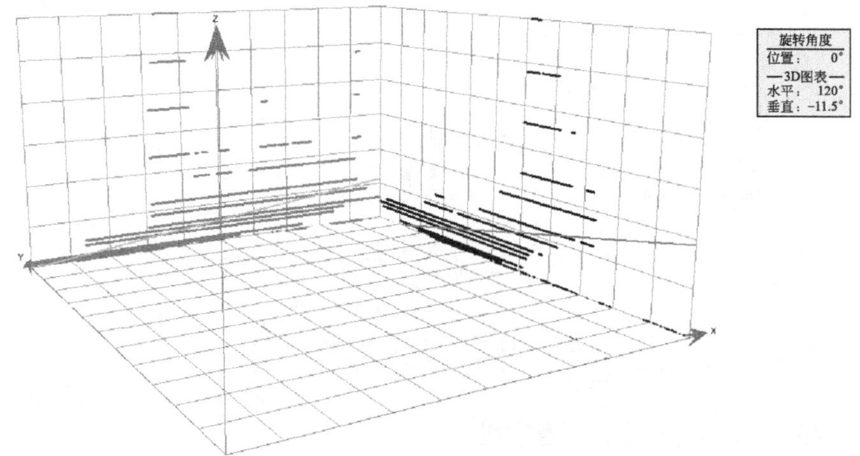

图 3-15 最小降水量一阶趋势模型

三、最小降水量二阶趋势模型

从网格的数据库资料中可以提取出每个网格的最小降水量 P_{min} 的值和该网格的中心点坐标值，其值代表网格划分中十进制的经纬度值。其中，y 是纬度坐标值，x 是经度坐标值，利用 SPSS 软件，建立全国范围的最小降水量 P_{min}^{y2} 在纬度方向的二阶趋势模型。模型函数拟合参数估计值列于表 3-16 中。

$$P_{min}^{y2} = -0.617y^2 + 142.582y - 7539.704$$

⊡表 3-16 纬向模型函数拟合参数估计值

参数	估计值	标准误	95% 置信区间	
			下限	上限
a	3.412	0.010	3.393	3.431
b	−289.188	0.717	−290.593	−287.783
c	6317.411	12.791	6292.341	6342.480

建立全国范围的最小降水量 $P_{\min}^{x2}$ 在经度方向的二阶趋势模型。模型函数拟合参数估计值列于表 3-17 中。

$$P_{\min}^{x2}=3.142x^2-289.188x+6317.411$$

表 3-17　经向模型函数拟合参数估计值

参数	估计值	标准误	95% 置信区间	
			下限	上限
a	−0.617	0.004	−0.624	−0.610
b	142.582	0.740	141.130	144.033
c	−7539.704	37.805	−7613.801	−7465.607

全国范围的最小降水量 $P_{\min}$ 在经度和纬度方向的二阶趋势模型为抛物线，如图 3-16 所示。该模型的拟合精度较高，在纬度 y 方向的模型参数 a 的标准误为 0.010，在经度 x 方向的模型参数 a 的标准误仅为 0.004。

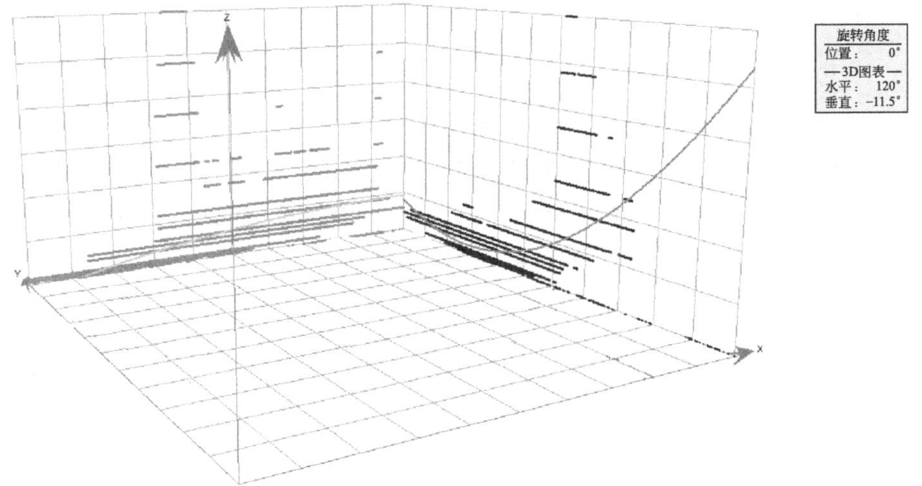

图 3-16　最小降水量二阶趋势模型

四、最小降水量三阶趋势模型

从网格的数据库资料中可以提取出每个网格的最小降水量 $P_{\min}$ 的值和该网格的中心点坐标值，其值代表网格划分中十进制的经纬度值。其中，y 是纬度坐标值，x 是经度坐标值。利用 SPSS 软件，建立全国范围的最小降水量 $P_{\min}^{y3}$ 在纬度方向的三阶趋势模型。模型函数拟合参数估计值列于表 3-18 中。

$$P_{\min}^{y3}=0.57y^3-2.812y^2-69.299y+3813.599$$

表 3-18　纬向模型函数拟合参数估计值

参数	估计值	标准误	95% 置信区间	
			下限	上限
a	−0.026	0.000	−0.026	−0.025
b	7.390	0.072	7.249	7.532
c	−679.281	7.439	−693.862	−664.701
d	20210.535	252.728	19715.196	20705.874

建立全国范围的最小降水量 $P_{\min}^{x3}$ 在经度方向的三阶趋势模型。模型函数拟合参数估计值列于表 3-19 中。

$$P_{\min}^{x3} = -0.026x^3 + 7.39x^2 - 679.281x + 20210.535$$

表 3-19　经向模型函数拟合参数估计值

参数	估计值	标准误	95% 置信区间	
			下限	上限
a	0.057	0.001	0.055	0.059
b	−2.812	0.116	−3.040	−2.584
c	−69.299	4.158	−77.449	−61.149
d	3813.599	48.355	3718.825	3908.373

全国范围的最小降水量 $P_{\min}$ 在经度和纬度方向的三阶趋势模型为曲线，如图 3-17 所示。该模型的拟合精度较高，在纬度 y 方向的模型参数 a 的标准误为 0.000，在经度 x 方向的模型参数 a 的标准误仅为 0.001。

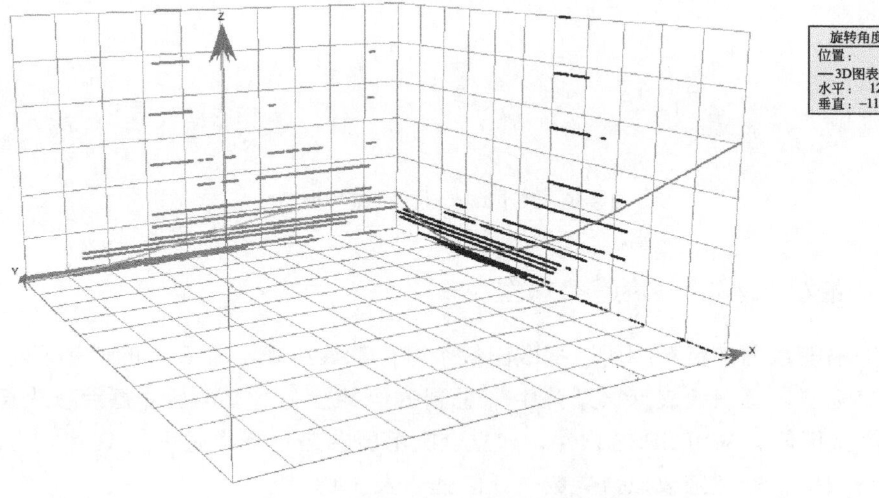

图 3-17　最小降水量三阶趋势模型曲线

第四节　平均气温空间变异分析

一、平均气温的变异度

平均气温 T_{avg} 表达了矩形区域中最高与最低温度的平均值，反映了该地域的温度平均情况。从一阶拟合趋势线分析得出，平均气温值形体上呈现由西向东逐渐增加，由北向南逐渐增加的趋势，从经纬度方向上看，经度方向平均气温值变化相对较缓，而沿纬度方向平均气温变化剧烈，这与我们所认识的情况一致。二阶、三阶细化趋势，反映出在满足总体变化趋势的前提下，西部地区平均气温最低，增长到中东部地区达到最大值，而纬度方向北方平均温度增长较缓慢，向南平均气温迅速增加。

经度变异度由欧氏距离 $\rho^{x}_{T_{\mathrm{avg}}}$ 求得为 46.9，统计字段和频数趋势如图 3-18 所示。

$$\rho^{x}_{T_{\mathrm{avg}}}=\sqrt{(T^{x}_{\mathrm{avg}}-8.6)(T^{x}_{\mathrm{avg}}-8.6)+(x_{\mathrm{double}}-36)(x_{\mathrm{double}}-36)}$$

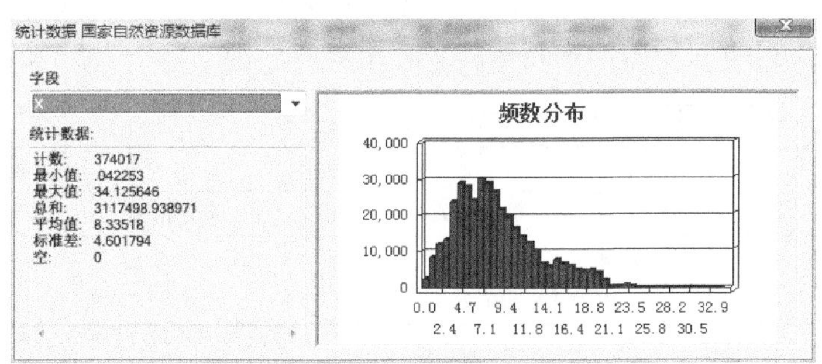

图 3-18　经向统计字段和频数趋势

纬度变异度由欧氏距离 $\rho^{y}_{T_{\mathrm{avg}}}$ 求得为 55.2，该值比经度方向的变异度大，说明平均温度的变异波动在纬度方向比经度方向更大，这与中国南方地域分界以及从南到北温度逐渐降低的规律是一致的。统计字段和频数趋势如图 3-19 所示。

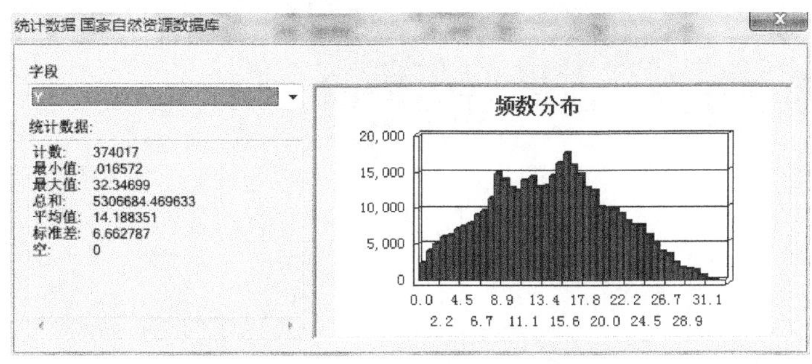

图 3-19　纬向统计字段和频数趋势

二、平均气温一阶趋势模型

从网格的数据库资料中可以提取出每个网格的平均气温 T_{avg} 的值和该网格的中心点坐标值，其值代表网格划分中十进制的经纬度值。其中，y 是纬度坐标值，x 是经度坐标值。利用 SPSS 软件，建立全国范围的平均温度 T_{avg}^{y1} 在纬度方向的一阶趋势模型。

$$T_{avg}^{y1} = -0.612y + 30.906$$

该模型的 t 检验、相关性和共线性统计量见表 3-20。

表 3-20　纬向 t 检验、相关性和共线性统计量

模型	t	P	相关性			共线性统计量	
			零阶相关	偏相关	部分相关	容差	VIF
(常量)	61.585	0.000					
y_{double}	56.742	0.000	0.092	0.092	0.092	1.000	1.000

建立全国范围的平均气温 T_{avg}^{x1} 在经度方向的一阶趋势模型。

$$T_{avg}^{x1} = 0.4x + 4.508$$

该模型的 t 检验、相关性和共线性统计量见表 3-21。

表 3-21　经向 t 检验、相关性和共线性统计量

模型	t	P	相关性			共线性统计量	
			零阶相关	偏相关	部分相关	容差	VIF
(常量)	854.112	0.000					
x_{double}	−627.845	0.000	−0.716	−0.716	−0.716	1.000	1.000

全国范围的平均气温 T_{avg} 在经度和纬度方向的一阶趋势模型为直线，如图 3-20 所示。该模型的拟合精度不高，在纬度 y 方向的模型拟合相关系数仅为 0.092，相关性非常差；在经度 x 方向的模型拟合相关系数为−0.716，相关性较好。

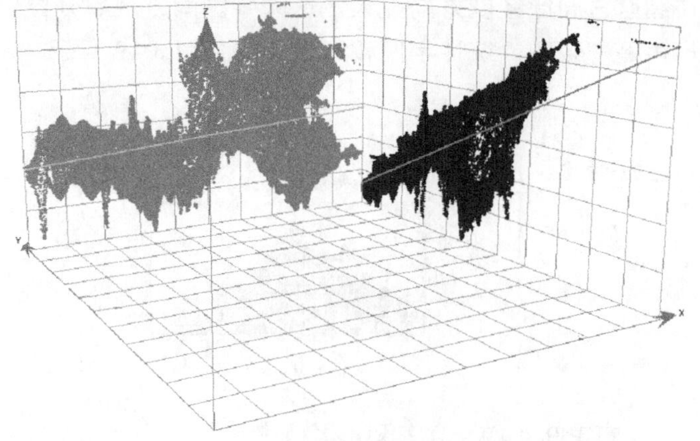

图 3-20　平均气温一阶趋势模型

三、平均气温二阶趋势模型

从网格的数据库资料中可以提取出每个网格的平均气温 T_{avg} 的值和该网格的中心点坐标值，其值代表网格划分中十进制的经纬度值。其中，y 是纬度坐标值，x 是经度坐标值。利用 SPSS 软件，建立全国范围的最大降水量 T_{avg}^{y2} 在纬度方向的二阶趋势模型，模型函数拟合参数估计值列于表 3-22 中。

$$T_{avg}^{y2}=0.14y^2-1.626y+48.627$$

表 3-22　纬向模型函数拟合参数估计值

参数	估计值	标准误	95%置信区间	
			下限	上限
a	0.014	0.000	0.014	0.014
b	−1.626	0.009	−1.643	−1.610
c	48.627	0.152	48.329	48.925

建立全国范围的平均气温 T_{avg}^{x2} 在经度方向的二阶趋势模型。模型函数拟合参数估计值列于表 3-23 中。

$$T_{avg}^{x2}=-0.01x^2+2.043x-97.044$$

表 3-23　经向模型函数拟合参数估计值

参数	估计值	标准误	95%置信区间	
			下限	上限
a	−0.010	0.000	−0.010	−0.010
b	2.043	0.010	2.024	2.063
c	−97.044	0.502	−98.028	−96.059

全国范围的平均气温 T_{avg} 在经度和纬度方向的二阶趋势模型为抛物线，如图 3-21 所示。该模型的拟合精度较高，在纬度 y 方向的模型参数 a 的标准误为 0.000，在经度 x 方向的模型参数 a 的标准误为 0.000。

四、平均气温三阶趋势模型

从网格的数据库资料中可以提取出每个网格的平均气温 T_{avg} 的值和该网格的中心点坐标值，其值代表网格划分中十进制的经纬度值。其中，y 是纬度坐标值，x 是经度坐标值。

利用 SPSS 软件，建立全国范围的平均气温 T_{avg}^{y3} 在纬度方向的三阶趋势模型。模型函数拟合参数估计值列于表 3-24 中。

$$T_{avg}^{y3}=-0.003y^3+0.302y^2-11.81y+164.59$$

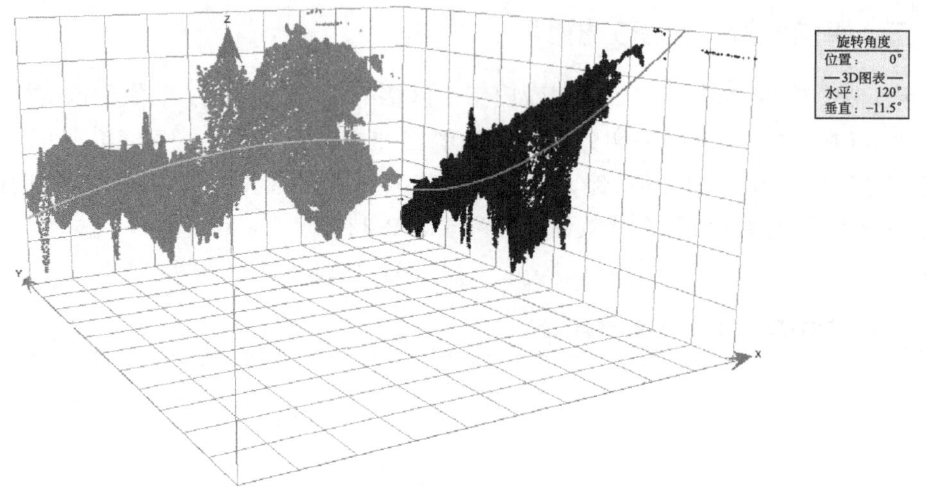

图 3-21 平均温度二阶趋势模型

□ 表 3-24 纬向模型函数拟合参数估计值

参数	估计值	标准误	95%置信区间	
			下限	上限
a	−0.001	0.000	−0.001	−0.001
b	0.225	0.001	0.223	0.227
c	−22.039	0.092	−22.220	−21.858
d	716.086	3.136	709.939	722.233

利用 SPSS 软件，建立全国范围的平均气温 T_{avg}^{x3} 在经度方向的三阶趋势模型。模型函数拟合参数估计值列于表 3-25 中。

$$T_{avg}^{x3} = -0.001x^3 + 0.225x^2 - 22.039x + 716.086$$

□ 表 3-25 经向模型函数拟合参数估计值

参数	估计值	标准误	95%置信区间	
			下限	上限
a	−0.003	0.000	−0.003	−0.003
b	0.302	0.001	0.300	0.305
c	−11.810	0.047	−11.902	−11.719
d	164.590	0.543	163.525	165.654

全国范围的平均气温 T_{avg} 在经度和纬度方向的三阶趋势模型为曲线，如图 3-22 所示。该模型的拟合精度较高，在纬度 y 方向的模型参数 a 的标准误为 0.000，在经度 x 方向的模型参数 a 的标准误为 0.000。

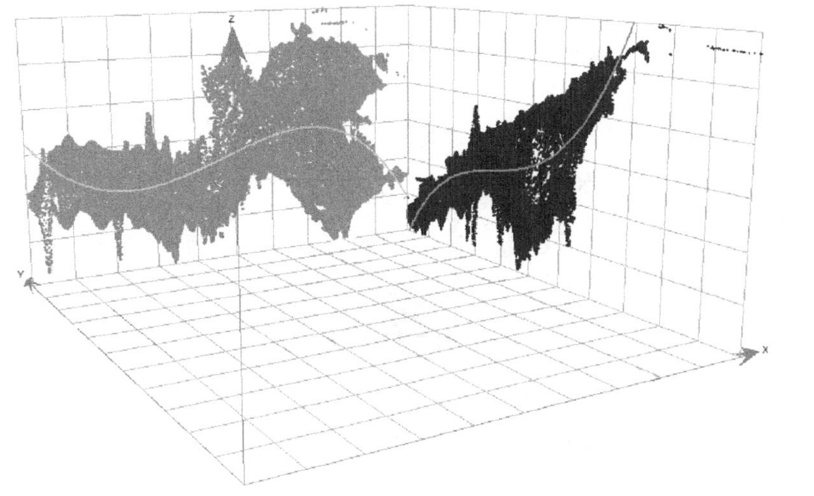

图 3-22　平均温度三阶趋势模型

第五节　全国范围平均湿度空间变异分析

一、平均湿度空间变异度

平均湿度 H_{avg} 反映了矩形区域所对应的最大和最小湿度的平均值，反映了该区域的湿度均值情况。根据一阶拟合趋势线可以分析出，整体上平均湿度在经纬度方向上呈现由西向东逐渐增加，由北向南逐渐增加的趋势，二阶、三阶拟合趋势线可以分析出，在变化的程度上，东西方向变化相对缓慢，而南北方向变化剧烈，由北向南呈现两端高中间低的态势，中部地区的平均湿度达到最低。

经度变异度由欧氏距离 $\rho^x_{H_{avg}}$ 求得为 38.4，统计字段和频数趋势见图 3-23。

$$\rho^x_{H_{avg}}=\sqrt{(H^x_{avg}-57.4)(H^x_{avg}-57.4)+(x_{double}-36)(x_{double}-36)}$$

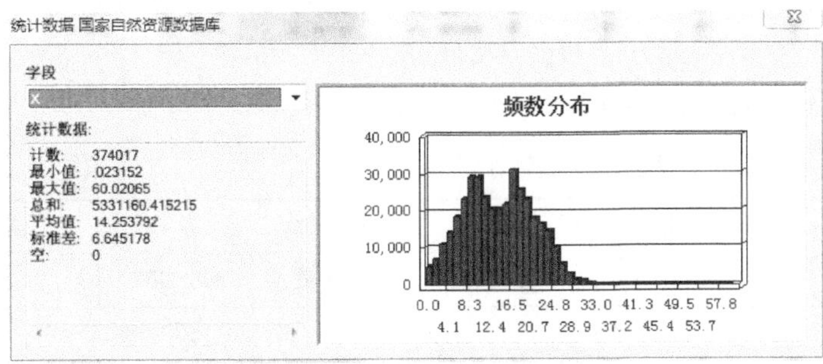

图 3-23　经向统计字段和频数趋势

纬度变异度由欧氏距离 $\rho^{y}_{H_{avg}}$ 求得为 46.6，统计字段和频数趋势见图 3-24。

$$\rho^{y}_{H_{avg}}=\sqrt{(H^{y}_{avg}-57.4)(H^{y}_{avg}-57.4)+(y_{double}-103.89)(y_{double}-103.89)}$$

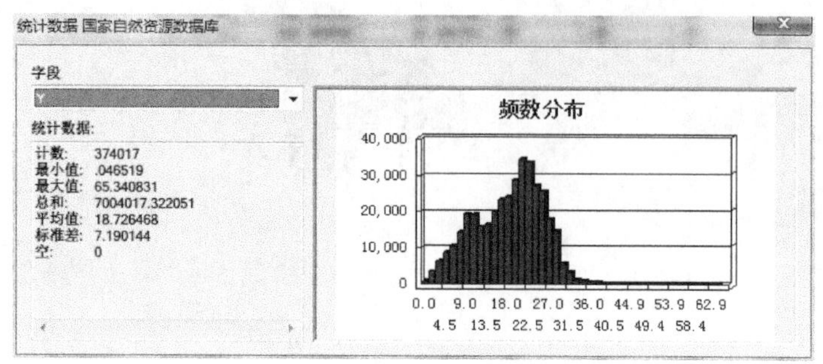

图 3-24 纬向统计字段和频数趋势

二、平均湿度一阶趋势模型

从网格的数据库资料中可以提取出每个网格的平均湿度 H_{avg} 的值和该网格的中心点坐标值，其值代表网格划分中十进制的经纬度值。其中，y 是纬度坐标值，x 是经度坐标值。

利用 SPSS 软件，建立全国范围的平均湿度 H^{y1}_{avg} 在纬度方向的一阶趋势模型。

$$H^{y1}_{avg}=-0.621y+80.033$$

该模型的 t 检验、相关性和共线性统计量见表 3-26。

表 3-26 纬向 t 检验、相关性和共线性统计量

模型	t	P	相关性			共线性统计量	
			零阶相关	偏相关	部分相关	容差	VIF
(常量)	−80.425	0.000					
y_{double}	550.769	0.000	0.669	0.669	0.669	1.000	1.000

利用 SPSS 软件，建立全国范围的平均湿度 H^{x1}_{avg} 在经度方向的一阶趋势模型。

$$H^{x1}_{avg}=0.648x-9.929$$

该模型的 t 检验、相关性和共线性统计量见表 3-27。

表 3-27 经向 t 检验、相关性和共线性统计量

模型	t	P	相关性			共线性统计量	
			零阶相关	偏相关	部分相关	容差	VIF
(常量)	721.208	0.000					
x_{double}	−207.729	0.000	−0.322	−0.322	−0.322	1.000	1.000

全国范围的平均湿度 H_{avg} 在经度和纬度方向的一阶趋势模型为直线，如图 3-25 所示。该模型的拟合精度不高，在纬度 y 方向的模型拟合相关系数为 0.669，在经度 x 方向的模型拟合相关系数为－0.332，其相关性在纬度方向比经度方向要好。

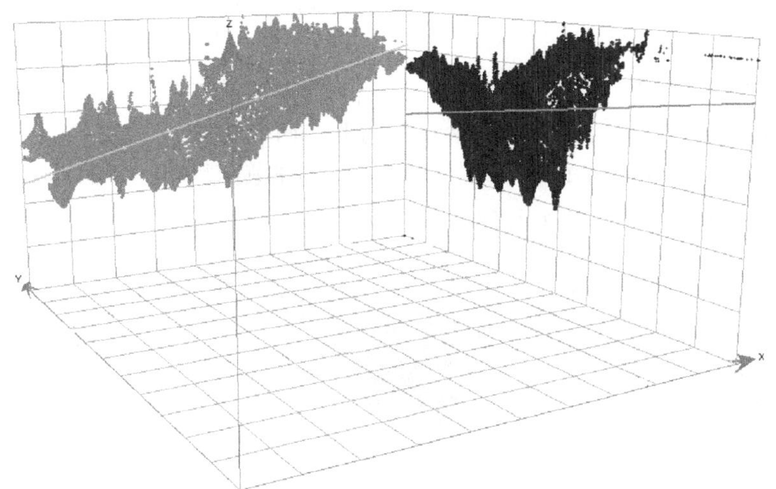

图 3-25 平均湿度一阶趋势模型

三、平均湿度二阶趋势模型

从网格的数据库资料中可以提取出每个网格的平均湿度 H_{avg} 的值和该网格的中心点坐标值，其值代表网格划分中十进制的经纬度值。其中 y 是纬度坐标值，x 是经度坐标值。

利用 SPSS 软件，建立全国范围的平均湿度 H_{avg}^{y2} 在纬度方向的二阶趋势模型。

$$H_{avg}^{y2}=0.124y^2-9.67y+238.070$$

该模型的纬向模型函数拟合参数估计值见表 3-28。

表 3-28 纬向模型函数拟合参数估计值

参数	估计值	标准误	95% 置信区间	
			下限	上限
a	0.124	0.000	0.124	0.125
b	−9.670	0.022	−9.713	−9.626
c	238.070	0.394	237.297	238.843

利用 SPSS 软件，建立全国范围的平均湿度 H_{avg}^{x2} 在经度方向的二阶趋势模型。

$$H_{avg}^{x2}=-0.006x^2+1.818x-69.205$$

该模型的经向模型函数拟合参数估计值见表 3-29。

表 3-29 经向模型函数拟合参数估计值

参数	估计值	标准误	95% 置信区间	
			下限	上限
a	−0.006	0.000	−0.006	−0.005
b	1.818	0.017	1.784	1.852
c	−69.205	0.888	−70.945	−67.466

全国范围的平均湿度 H_{avg} 在经度和纬度方向的二阶趋势模型为抛物线，如图 3-26 所示。该模型的拟合精度较高，在纬度 y 方向的模型参数 a 的标准误为 0.000，在经度 x 方向的模型参数 a 的标准误为 0.000。

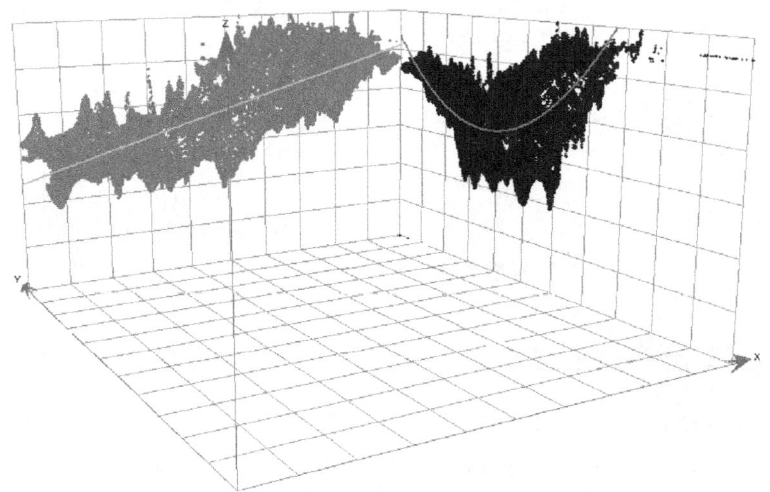

图 3-26 平均湿度二阶趋势模型

四、平均湿度三阶趋势模型

利用 SPSS 软件，建立全国范围的平均湿度 H_{avg}^{y3} 在纬度方向的三阶趋势模型。

$$H_{avg}^{y3}=0.002y^{3}-0.143y^{2}-0.212y+130.737$$

该模型的纬向模型函数拟合参数估计值见表 3-30。

表 3-30 纬向模型函数拟合参数估计值

参数	估计值	标准误	95% 置信区间	
			下限	上限
a	−0.001	0.000	−0.001	−0.001
b	0.287	0.002	0.283	0.290
c	−28.177	0.171	−28.511	−27.843
d	943.585	5.793	932.231	954.940

利用 SPSS 软件，建立全国范围的平均湿度 H_{avg}^{x3} 在经度方向的三阶趋势模型。

$$H_{avg}^{x3}=-0.001x^3+2.87x^2-28.177x+943.585$$

该模型的经向模型函数拟合参数估计值见表 3-31。

表 3-31 经向模型函数拟合参数估计值

参数	估计值	标准误	95% 置信区间	
			下限	上限
a	0.002	0.000	0.002	0.003
b	−0.143	0.004	−0.150	−0.136
c	−0.212	0.128	−0.462	0.039
d	130.373	1.485	127.461	133.284

全国范围的平均湿度 H_{avg} 在经度和纬度方向的三阶趋势模型为曲线，如图 3-27 所示。该模型的拟合精度较高，在纬度 y 方向的模型参数 a 的标准误为 0.000，在经度 x 方向的模型参数 a 的标准误为 0.000，三阶趋势模型能够很好地呈现出 H_{avg} 的趋势规律。

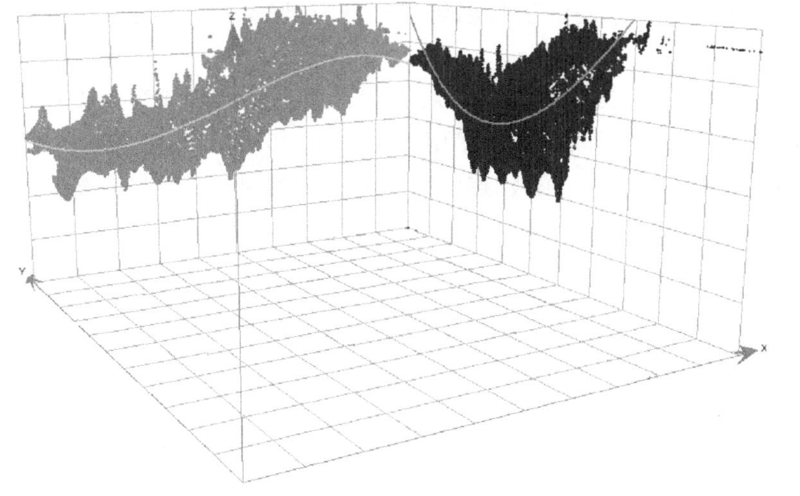

图 3-27 平均湿度三阶趋势模型

第六节 本章小结

① 通过调用 FM-SOTER 数据库中的网格数据，得到中国森林生境气象因子的空间趋势数据集，利用 ArcGIS 空间分析工具箱中的趋势分析功能，对各森林气象因子的空间变异规律分别进行逐阶建模研究。通过定量研究森林气象因子空间趋势变异模型，从而精确掌握各因子的空间变异度。

② 对全国范围平均降水量 P_{avg} 的空间网格分析结果表明，该值在经向的变异度（欧氏距离）$\rho^{x}_{P_{avg}}$ 为 86.0，纬向空间变异度（欧氏距离）$\rho^{y}_{P_{avg}}$ 为 86.2；对平均降水量的空间数据分别建立经向和纬向的趋势模型并进行参数分析发现，全国范围平均降水量的三阶趋势模型比较准确地反映了平均降水量 P_{avg} 的空间趋势规律。其特点是经向和纬向各向异性。

③ 最大降水量 P_{max} 则反映出该地区降水强度和土壤水分状况。据此要充分发挥适地适树的原则，防止旱灾或涝灾抑制了森林植被的生长。最大降水量 P^{x3}_{max} 的三阶趋势模型拟合精度较高，而且在纬度方向精准，标准误为 0。

④ 最小降水量 P_{min} 直接关系到网格区域的水量丰缺，对规划设计和移植培育耐旱林木森林植被具有非常重要的现实意义。P_{min} 纬向变异度由欧氏距离 $\rho^{y}_{P_{min}}$ 解算为 97.3，略微比经度变异度 97.9 小，说明在纬度方向的降雨量差异比经度方向要小，最后通过对一、二、三阶趋势模型的参数解算表明，三阶趋势模型能精准地描述空间趋势规律。

⑤ 平均气温 T_{avg} 的经度变异度由欧氏距离 $\rho^{x}_{T_{avg}}$ 解算为 46.9，纬度变异度（欧氏距离）$\rho^{y}_{T_{avg}}$ 求得是 55.2，平均温度的变异波动在纬度方向比经度方向更大。全国范围的平均气温 T^{y3}_{avg} 在纬度方向的三阶趋势模型能反映国家尺度的平均气温空间规律。

⑥ 平均湿度 H_{avg} 在东西方向的变化相对缓慢，而在南北方向变化剧烈。计算结果证明，平均湿度的经度变异度（欧氏距离）$\rho^{x}_{H_{avg}}$ 为 38.4；纬度变异度（欧氏距离）$\rho^{y}_{H_{avg}}$ 为 46.6。通过对一、二、三阶趋势模型的对比发现，三阶趋势模型更加适合对平均湿度的空间描述。

第四章

潜在蒸散发 ET_0 在时间尺度的分形

本章旨在研究各气象要素变化趋势的显著性、持续性及其复杂性。R/S（Rescaled Range Analysis）分析是自仿射分形衍生出来的时间序列分析方法。对于具有非线性统计特性的数据系统，采用 R/S 分析法可以很好地揭示其变化过程中的内在规律性，并可对其分形特征进行定量描述。但是，如何运用相关分形理论描述潜在蒸散发等水文气象要素时间序列在全国范围内的分形特征及长程相关性研究尚少。

为此，本章以全国 631 个气象台站的年时间序列潜在蒸散发、太阳辐射、降水等为基本数据，针对全国范围，应用 R/S 分析方法和基于地统计理论的普通克里格插值方法，对全国潜在蒸散发及气象要素分形特征和长程相关性特征进行了研究。

第一节　蒸散发 ET_0 在时间尺度的单重分形

一、单重分形理论

分形（ Fractal）一词，原本具有不规则、支离破碎等含义，分形几何学是一门以非规则几何形态为研究对象的几何学。由于不规则现象在自然界是普遍存在的，因此分形几何学又称为描述大自然的几何学。但目前分形还没有一个确切的定义，一般来说，分形是对没有特征长度但有某种意义下的自相似性的形体和结构的总称。

分形理论用于研究复杂系统的自相似性，具有指定信息少、计算容易和重现精度高的特点。一般而言，分形结构有两个明显特征：

① 自相似形，即系统或结构的局部性质或局部结构与整体性质或整体结构

相似；

② 标度不变性，在分形上任选一个局部区域，对它进行放大，得到的放大图又会显示原图的形态特性。

根据分形的基本概念，对于分维的确定，如果具有大于 r 的特征尺度的客体数目 $N(r)$ 满足关系式

$$N(r) \propto r^{-D}, \ D = \lim_{r \to 0} \frac{\lg N(r)}{\lg(l/r)} \tag{4-1}$$

则定义了一个分形集合，式中 D 为客体的分维。

二、R/S 重标极差分析法

重标极差分析法，R/S 是一种非线性的科学预测方法，是英国水文学家 Hurst 于 20 世纪 50 年代在总结尼罗河多年水文观测资料时提出的一种分析方法，后来 Mandelbort 和 Wallis 又在理论上对该方法进行了补充和完善，将其发展成为研究时间序列的分形理论，其在分形理论中具有重要作用。R/S 分析法的基本原理如下。

对于时间序列 $[x(t)]$，$t=1, 2, \cdots, n$，对于任意正整数 $\tau \geqslant 1$ 定义均值序列

$$x_\tau = \frac{1}{\tau}\sum_{i=1}^{\tau} x(t) \tau = 1, \ 2, \ \cdots, \ n \tag{4-2}$$

累积离差

$$X(t, \ \tau) = \sum_{k=1}^{t} [x(k) - x_\tau] \quad 1 \leqslant t \leqslant \tau \tag{4-3}$$

极差序列

$$R(\tau) = \max X(t, \ \tau) - \min X(t, \ \tau) t = 1, \ 2, \ \cdots, \ n \tag{4-4}$$

极准差序列

$$S(\tau) = \sqrt{\frac{1}{\tau}\sum_{t=1}^{\tau} [x(t) - x_\tau]^2} \tag{4-5}$$

对于比值 $R(\tau)/S(\tau) \equiv R/S$，如果存在如下关系

$$\frac{R}{S} \propto T^H \tag{4-6}$$

则说明时间序列$\{x(t)\}$,$t=1,2,\cdots,n$,存在 Hurst 现象,H 称为 Hurst 指数,H 值可根据计算出的(τ ,R/S)的值,在双对数坐标系[$\ln(\tau)$,$\ln(R/S)$]中用最小二乘法拟合。

H 值的取值范围为 [0，1]，可根据 H 值的大小判断时间序列趋势成分是表现为持续性，还是反持续性。对应于不同的 H 值，其意义如下。

① 当 $0<H<0.5$ 时，表示时间序列的反持续性，即将来变化的总趋势与过去相反，过程具有反持续性。从平均的观点来看，过去的减少趋势预示将来的增加趋

势，过去的增加趋势暗示将来的减少趋势。H 值越小，其反持续性越强。

② 当 $H=0.5$ 时，表示时间序列为相互独立的布朗运动，即任意时刻 t 的数值与过去无关，表明时间序列变化是随机的。

③ 当 $0.5<H<1$ 时，表示时间序列的持续性，即将来的变化与过去的变化相同。从平均的观点来看，过去的减少趋势预示将来的减少趋势，过去的增加趋势暗示将来的增加趋势。H 值越小，其反持续性越强；H 值越大，其持续性越强。从以上分析可知，Hurst 指数能够比较好地揭示出时间序列中的趋势性成分。经验表明，用 R/S 分析法估计的 Hurst 指数比理论值偏高，且时间序列的长度越长，估计的精度也越高。

Feder 等论证了时间序列的分形维数 D 与 Hurst 现象的 H 指数之间的关系为

$$D=2-H \tag{4-7}$$

第二节　数据处理方法

数据的栅格化是本书的基础和重要内容。在原始资料获取和处理的基础上，在 ArcGIS 操作界面中选择合适的插值方法对数据进行空间化与计算。本书中的数据包括测站资料（测站高程、测站纬度、风速测量高程）和气象资料（日最高气温、日最低气温、日平均气温、日平均风速、日平均相对湿度、日照时数）。

首先，在 excel 表中对所有气象数据以及潜在蒸散发进行分析和整理；然后对部分缺测和不合理的数据进行坏数剔除和缺失插补；最后，对于小于 30 年的站点未计入插值过程，各要素用于插值的站点最终为 631。

常用的空间插值方法有普通克里格法、反距离权重法和样条插值法。国内外不同学者曾分别用以上插值法对气象要素进行分析，其中基于地统计学的普通克里格法应用最为广泛。

一、普通克里格插值法

普通克里格插值法（Ordinary Kriging，OK）又称空间局部插值法。是克里格法中应用最广泛的一种。它是以变异函数理论和结构分析为基础，在有限的区域内对区域化变量进行无偏最优估计的一种方法。其基本原理为：假设 $Z(x)$ 为区域化变量，满足二阶平稳和随机性，其数学期望、协方差和变异函数存在，已知样本点赋权重来求得未知样本点的值，其公式如下。

$$Z(x_0)=\sum_{i=1}^{n}\lambda_i Z(x_i) \tag{4-8}$$

式中，$Z(x_0)$ 为未知样本点的值；$Z(x_i)$ 为未知样本点周围的已知样本点的值；λ_i 为第 i 个已知样本点对未知样本点的权重；n 为已知样本点的个数。

二、反距离权重插值法

反距离权重插值法（Inverse Distance Weighted，IDW）通过对邻近区域的每个单元值平均运算来获得单元值。加权与距离成反比，距离预测单元中心越近的点，其权重越大。其计算公式如下。

$$Z(x_0)=\sum_{i=1}^{n}\lambda_i Z(x_i) \tag{4-9}$$

式中，$Z(x_0)$ 为 x_0 处的预测值；n 为预测计算过程中要使用的预测点周围样本点的数量；λ_i 为预测计算过程中使用的各样点的权重，该值随着样本点与预测点之间距离的增加而减少；$Z(x_i)$ 是在 x_i 处获得的测量值。

确定权重的计算公式如下。

$$\lambda_i=\frac{d_{i0}^{-p}}{\sum_{i=1}^{n}d_{i0}^{-p}} \quad （其中，\sum_{i=1}^{n}\lambda_i=1） \tag{4-10}$$

式中，p 为指数值，它显著影响内插的结果，通常情况下默认为 2；d_{i0} 是预测点 x_0 与已知样点 x_i 之间的距离。

反距离权重插值法比较适合应用于样本点较多且分布均匀的情况，但该法没有考虑数据变化的趋势。例如一个实际表面在南北方向比在东西方向的变化要剧烈，其插值结果平均了这种差别，没有维持这种趋势。因此，反距离权重插值法不会生成比最大值大、比最小值小的结果，使谷峰之间比较平滑。

三、样条插值法

样条插值法（Spline）通过将一个使表面整体曲率减为最小的数学函数来估算单元值，所得表面较为平滑，其拟合表面通过已知点。样条插值法就如同拉伸一张橡皮膜使之通过所有样本点，并保证整体曲率最小。这种方法适用于变化的表面，在样本点没有包含最大、最小值时的适用性较好。但是当样本距离较近，并且样本值之间差异较大时，拟合效果不好。因此该方法常用于高程、水位高度或污染物浓度这样的渐变曲面。其公式表示如下。

$$Z=\sum_{i=1}^{n}A_i d_i^2 \lg d_i + a + bx + cy \tag{4-11}$$

式中，Z 为未知点预测值；d_i 为插值点到第 i 个样本点的距离；$\sum_{i=1}^{n}A_i d_i^2 \lg d_i$ 为一个基础函数，通过它可以获得最小化表面的曲率；$a+bx+cy$ 为气象要素的局部趋势函数；x、y 为插值点的地理坐标；n 为用于插值的样本点的个数。

样条插值法又分为正则化样条插值法和张力样条插值法。正则化样条插值法将生成一个平滑、渐变的表面，插值结果可能超出样本点的取值范围；张力样条插值法根据模拟现象的特征来调整表面的硬度，将生成一个相对不光滑的表面，但其内插值更接近于样本点的值域范围。

四、检验方法

利用以上三种方法分别对气象数据进行空间插值并对插值结果进行对比分析，通过移去一个已知样本点的气象数据，用其他站点的数据来生成该点，以此来检验三种插值方法的精度。经检验，普通克里格插值法的均方根预测误差最小，标准平均值最接近 0。插值方法精度排序为 OK＞IDW＞Spline。因此最终选用 ArcGIS 中地统模块下的普通克里格插值法。

第三节　潜在蒸散发 ET_0 分形特征分析

一、潜在蒸散发 ET_0 变化的持续性

针对全国 631 个气象台站（1960～2009 年）的年时间序列潜在蒸散发、太阳辐射、降水，应用基于地统计理论的普通克里格插值方法分析其全国分维数和 Hurst 指数的空间格局。

潜在蒸散发、年太阳辐射、年降水的 Hurst 指数全国空间分布可以在很多文献中查到专题图，此处不再赘述。年尺度下的全国潜在蒸散发 Hurst 指数在 0.68～0.93 范围内，均大于 0.5。可以看出潜在蒸散发年序列存在着明显的 Hurst 现象，逐年变化存在着持续性，意味着 ET_0 年序列在将来一段时间仍然保持与过去相一致的变化趋势。西北的青藏高原，吉林、辽宁、内蒙古、黑龙江、贵州的东北部，以及江苏的 Hurst 指数都在 0.86 以上，潜在蒸散发的持续性最强。年尺度下全国太阳辐射 Hurst 指数在 0.54～0.81 范围内，也都是在 0.5 以上。太阳辐射年序列也存在着明显的 Hurst 现象，在全国范围内的逐年变化存在着持续性，变化趋势在将来一段时间内与过去保持一致。从 Hurst 指数值分布来看，年尺度下太阳辐射与潜在蒸散发相比有些差异，太阳辐射 Hurst 指数总体比潜在蒸散发小，持续性较潜在蒸散发略弱。从 Hurst 指数空间分布来看，西北 Hurst 指数高值区（0.71～0.81）从青藏高原延伸至西藏中部、青海，以及甘肃和新疆的交界处，东北高值区范围缩小，只有黑龙江西部。年尺度下，全国降水 Hurst 指数空间分布在 0.38～0.92 范围内。黑龙江西部、内蒙古中部在 0.5 以下，降水逐年变化存在着反持续性，在将来一段时间内变化趋势与过去相反。西北的新疆东部、甘肃西北部、青海的 Hurst 指数都在 0.79 以上，持续性最强。

二、潜在蒸散发 ET_0 的分形特征

分形维数的不同，表明气象要素等在不同时间尺度上的变化情况不同。分形维

数越大，表明在该时间尺度上气象要素及潜在蒸散发的变化趋势越不显著，反之亦然。对于同一要素，不同的分形维数表明在不同时间尺度上的分形特征与复杂性。分形维数越大，要素在该尺度上越复杂。年尺度下全国潜在蒸散发、太阳辐射分形维数分别介于1.07～1.32、1.19～1.50，各区域均都不大于1.5。潜在蒸散发、太阳辐射年序列的分形维数变化不大，意味着各区域的潜在蒸散发、太阳辐射年序列变化趋势显著性大，持续性强，而复杂性小，差异不大。年尺度下全国降水分形维数介于1.08～1.62，只有黑龙江西部、内蒙古中部、贵州西部等区域分形维数大于1.5。

分形维数的确定，可以反映气象要素及潜在蒸散发在不同时间尺度上的复杂性。就年序列各气象要素及潜在蒸散发的复杂性而言全国范围内，潜在蒸散发的变化复杂性最小；在中国西部，太阳辐射分形维数大于降水，年尺度变化复杂性大于降水；在中国东部，太阳辐射分形维数小于降水，年尺度变化复杂性小于降水。

三、潜在蒸散发 ET_0 分形维数与经纬度和海拔的关系

气象要素和 ET_0 的变化受到很多因素的影响。主要影响因素有大气环流、太阳辐射、地面状况（地形、反射率、热容量）、洋流等。本部分主要讨论气象要素和 ET_0 的变化与经纬度和海拔的关系。通过中科院提供的全国90m分辨率的DEM，根据各站点的经纬度提取出各站点的高程，并使用多元线性回归分析，分析各站点的潜在蒸散发、年太阳辐射、年降水的分形维数与相应站点的经纬度、海拔的关系。由于站点数据较多且位于不同气候带，数据之间的变化差异较大，因此在此分析显著性检验的结果判断经纬度以及海拔是否会对气象要素及 ET_0 分形特征产生影响。

对于潜在蒸散发的分形维数，通过了 F 检验，显著性水平达到了0.01；通过 t 检验得到纬度和海拔显著性水平达到了0.01，而经度没有通过显著性检验，说明经纬度和海拔对潜在蒸散发的分形维数有显著影响，而经度的影响相对较弱。

对于太阳辐射的分形维数，通过了 F 检验，显著性 $P=0.012$，没有通过显著性检验；通过 t 检验得到经度 $P=0.249$，纬度 $P=0.149$，海拔 $P=0.02$，说明只有海拔因素通过了显著性0.05的检验。对太阳辐射分形维数而言，海拔的影响较强。

对于降水的分形维数，通过了 F 检验，显著性水平达到了0.01；通过 t 检验得到经度和海拔的显著性水平达到了0.05，纬度的显著性水平达到了0.01，说明经纬度和海拔都对降水分形维数产生了较强影响。

第四节　潜在蒸散发 ET_0 在时间尺度的多重分形

本节探讨了气象要素及潜在蒸散发在时间尺度的单重分形研究，并且分析了相

对湿度、太阳辐射和潜在蒸散发量的单重分形。但是 R/S 分析方法分析的只是气象要素波动的一个整体情况，而气象要素的变化是一个很复杂的过程，不同大小（层次）的要素和不同的时间间隔镶嵌其中。并且由于风速、气温没有明显的单重分形趋势，不能利用 R/S 分析法进行分析，所以为了进一步探明这个复杂结构，本章采用了 q 阶波动函数 $F_q(s)$，也就是基于趋势消除基础上的多重分形方法（MF-DFA）。针对不同的气象要素，本章以北京站为例分析其多重分形规律，并对其余各个典型站点使用同样的方法，旨在完善和补充单重分形的不足之处，全面地分析分形特征，旨在为预报、模拟水文变量，计算田间作物需水量，以及研究流域水分和能量平衡的农业生产提供科学依据。

一、基本原理及公式

1. MF-DFA 方法

Kantelhardt 等提出多重分型消除趋势波动分析（MF-DFA）方法是验证一个非平稳时间序列是否具有多重分形性的有效方法。对于给定长度为 N 的序列 $\{x_i\}$，$i=1, 2, \cdots, N$，MF-DFA 的步骤如下。

① 求序列对于均值的累计离差 $Y(i)$

$$Y(i)=\sum_{k=1}^{i}(x_k-x),\ i=1,\ 2,\ \cdots,\ N \tag{4-12}$$

式中，$x=\dfrac{1}{N}\sum_{i=1}^{N}x_i$

② 把 $Y(i)$ 等分成长度为 s 的 $N_s\equiv \mathrm{int}(N/s)$ 个互不重叠的部分。如果长度 N 不是 s 的整数倍，那么从序列尾部重复这一分割过程，由此得到 $2N_s$ 个部分。

③ 通过最小二乘法拟合每一小段 v 上的局部趋势函数 $P_v(i)$，$v=1, 2, \cdots, 2N_s$。$P_v(i)$ 为第 v 段上的拟合多项式函数，它可以是线性的、二次或者高阶多项式。消除每一段的趋势，得到残差平方和。

$$F^2(s,\ v)=\frac{1}{s}\sum_{i=1}^{s}[Y((v-1)s+i)-P_v(i)]^2,\ v=1,\ 2,\ \cdots,\ N \tag{4-13}$$

或

$$F^2(s,\ v)=\frac{1}{s}\sum_{i=1}^{s}[Y(N-(v-N_s)s+i)-P_v(i)]^2,\ v=N_s+1,\ \cdots,\ 2N_s \tag{4-14}$$

显然，$F^2(s, v)$ 与 s、v 以及 MF-DFAm 的阶数 m 有关，不同 m 消除趋势的能力不同。

④ 计算序列的 q 阶波动函数 $F_q(s)$ 如下。

$$F_q(s)=\left\{\frac{1}{2N_s}\sum_{v=1}^{2N_s}[F^2(s,\ v)]^{\frac{q}{2}}\right\}^{\frac{1}{q}} \tag{4-15}$$

其中，q 为实数且不为 0。$F_q(s)$ 函数与 s、q 有关，对于给定的 q，$F_q(s)$ 随着时间标度 s 变化：s 增加，$F_q(s)$ 也增加，其拟合的残差平方和增大；当 $q<0$ 时，波动函数 $F_q(s)$ 取决于最小的波动（涨落）偏差 $F^2(v, s)$；当 $q>0$ 时，波动函数 $F_q(s)$ 取决于大的波动（涨落）偏差 $F^2(v, s)$。若重复步骤 2～4，对于不同的 s 可得到对应的 $F_q(s)$。

⑤ 给定阶数 q，通过双对数图，分析波动函数 $F_q(s)$ 与时间标度 s 的关系。一般来说，式中的标度指数 $h(q)$ 与 q 有关。当 $h(q)$ 与 q 无关时，时间序列是单重分形的；当 $h(q)$ 与 q 有关时，时间序列是多重分形的。对于平稳时间序列，$h(q)$ 就是 Hurst 指数 H。因此，我们称 $h(q)$ 为广义 Hurst 指数。

2. 多重分形谱分析方法

多重分形系统的奇异程度以及其分形结构的概率分布常用多重分形谱函数进行描述。本节采用统计物理学中的盒计数法，其步骤如下。

先将研究的样本序列当作一维平面上的点集，用尺度为 ε（$\varepsilon \leqslant 1$）的“盒子”对序列进行覆盖，将单位时间标度 ε 将序列等分为 N 个互不重叠的小区间。

记 $P_i(\varepsilon)$ 为时间标度 ε 时第 i 个区间样本值之和的归一化变量，则

$$P_i(\varepsilon)=\frac{I_i(\varepsilon)}{\sum_{j=1}^{N} I_j(\varepsilon)}, \quad v=1, 2, \cdots, N \tag{4-16}$$

式中，I_i 为第 i 个区间中各项数之和；$\sum_{j=1}^{N} P_i(\varepsilon)=1$。

若序列具有多重分形特征，则在无标度区间内满足幂律关系：

$$P_i(\varepsilon) \propto \varepsilon^{\alpha} \tag{4-17}$$

式中，α 为第 i 个区间所对应的标志 P_i 大小的奇异指数，反映 P_i 随 ε 变化的各个子集的奇异程度；用 α 表示的分形本身的维数就是多重分形谱函数。

若把具有 α 奇异指数的元数据具有相同概率的区间记为 N_α（ε），则在无标度区间内满足的幂律关系为：

$$N_\alpha(\varepsilon) \propto \varepsilon^{-f(\alpha)} (\varepsilon \rightarrow 0) \tag{4-18}$$

式中，$f(\alpha)$ 为各个 P_i 中具有相同 α 子集元素数目随 ε 减小而增大的速度，反映波动分布的均匀程度。

定义 q 阶配分函数 x_q（ε）为

$$x_q(\varepsilon)=\sum_{i=1}^{N} P_i^q(\varepsilon) \tag{4-19}$$

由分形自相似性可推得

$$\lg x_q(\varepsilon)=\tau(q)\lg\varepsilon+C \tag{4-20}$$

式中，C 为常数。利用最小二乘法拟合双对数曲线 $\lg x_q(\varepsilon)$ 与 $\lg\varepsilon$ 的散点图，拟合直线的斜率 $\tau(q)$ 为序列的质量指数。

根据测度的 q 阶距，可以定义广义 Renyi 维 D_q。D_q 随阶数 q 变化的曲线称为

Renyi 谱或者广义维数谱。质量指数 $\tau(q)$ 与广义 Renyi 维 D_q 有如下关系。

$$D_q=\begin{cases}\dfrac{\tau(q)}{q-1}, & q\neq 1\\ \tau'(1), & q=1\end{cases} \tag{4-21}$$

当 $f(\alpha)$ 和 $\tau(q)$ 可微时，根据统计物理学中的勒让德变换可得 $f(\alpha)$ 和 α 之间的如下函数关系。

$$\begin{cases}\alpha=\tau'(q)=\dfrac{\mathrm{d}\tau(q)}{\mathrm{d}t}\\ f(\alpha)=q\alpha-\tau(q)\end{cases} \tag{4-22}$$

由此可得到多重分形谱特征参数奇异指数 α 和谱函数 $f(\alpha)$ 的关系图。其中，奇异谱的宽度 $\Delta\alpha=\alpha_{\max}-\alpha_{\min}$，表明多重分形的强弱；而奇异谱 $f(\alpha)$ 的极大值标识波动的连续性，对称性描述不同层次波动所出现的概率。

二、典型气象站的气象要素多重分形分析

1. 气温的多重分形特征分析

为了描述气温序列不同层次的波动，采用 MF-DFA 方法，用 $k=2$ 阶多项式消除趋势，对北京站点 1960～2011 年的逐日平均气温序列进行计算分析。图 4-1 绘出北京站点的波动函数 $F_q(s)$：在大于一定尺度 s 时（约 20d），双对数坐标下 $F_q(s)$ 与 s 成明显的直线关系，$F_q(s)$ 随 s 单调递增；当 q 值在 $[-10, 10]$ 之间变化时，各直线斜率 $h(q)$ 明显递减，其范围是 0.9～1.4。因此，气温时间序列是一个多重分形分布。

为了探寻多重分形性质是由气候、水文动力系统的自组织行为所导致的，而不是由序列数据的某种奇异分布所引起的，现对北京站 1960～2011 年的逐日平均气温序列 $\{z(i)\}$ 进行随机重组。其方法是：产生区域 $[1, N]$ 内的两个随机整数 i 和 j（N 是序列的长度），交换 $z(i)$ 和 $z(j)$ 的位置，如此重复 20N 次（本书研究设定重复 50 万次），即形成随机重组序列。随机重组序列与原序列 $\{z(i)\}$ 具有相同的分布（均值、方差等统计量），但失去了原序列的连续结构。

对于随机重组序列，大于 20d 尺度时，双对数坐标下的 $F_q(s)$ 与 s 也成明显的直线关系，但是不同的 q 值，各直线近似平行，且斜率为 0.5。由此说明随机重组后，温度的多重分形性质被消除。所以温度的多重分形性质是由气候、水文动力系统的自组织行为所导致的，而不是由序列数据的某种奇异分布所引起。

利用公式对广义 Hurst 指数 $h(q)$ 最小二乘拟合。

$$h(q)=\frac{1}{q}-\frac{\ln(a^q+b^q)}{q\ln 2} \tag{4-23}$$

式中，a、b 为拟合参数，令 $a\geqslant b$。

该式是广泛运用于水文、气象序列的二项倍增串级模型。

对北京站气温的广义 Hurst 指数 $h(q)$ 进行拟合。当式（4-23）中 $h(q)=0.5$ 时，则 $a=b=0.707$，因此 a、b 被认为是多重分形的标识参数。北京站的气温的 $a=0.745$，$b=0.482$，表明其气温符合多重分形变化规律，单重分形不能完全刻画。

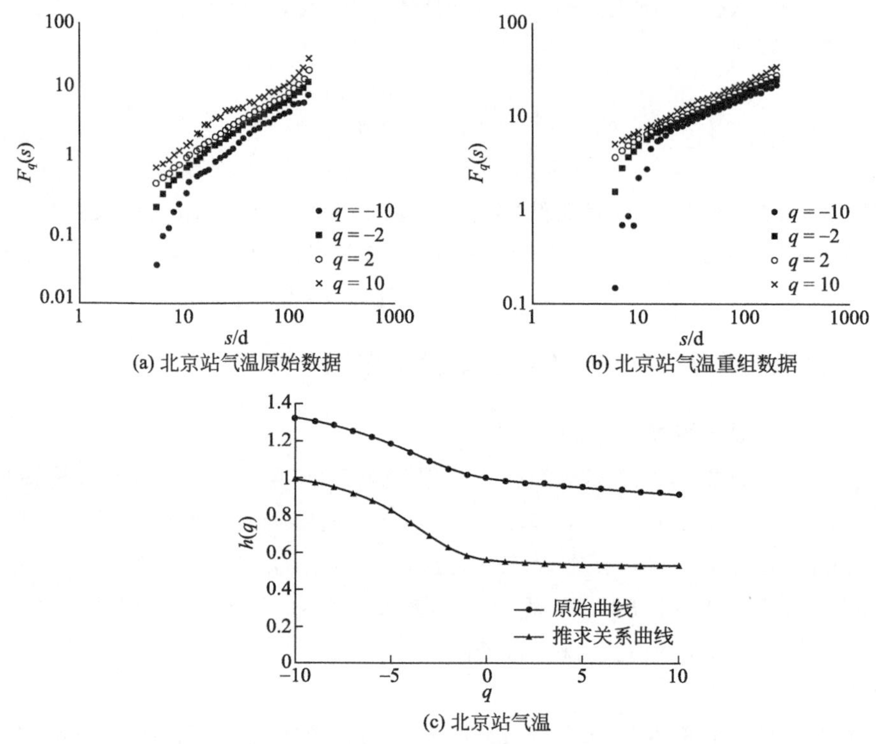

图 4-1 北京站点气温的广义 Hurst 指数 h(q)求解过程

图 4-1（a）为原始序列 q 阶波动函数 $F_q(s)$；图（b）为随机重组序列的 q 阶波动函数 $F_q(s)$；图（c）为原始序列 $h(q)$ 和 q 的关系曲线）。从图 4-1 可以看出，北京气温的 $h(q)$ 都随 q 的变化而变化，且远大于 0.5，说明它们都不是单重分形序列，都具有多重分形性。当 $q>0$ 时，$h(q)>1$ 时，它们都表现出负长程相关性；当 $q<0$ 时，$1<h(q)<1.5$ 时，它们都表现出介于 $1/f$ 和布朗噪声之间的行为。

图 4-2 所示为典型站点气温的多重分形奇异谱 $f(\alpha)$。在多重分形谱的各项参数中，$f(\alpha)_{max}$ 实际上等于气温的简单维数 D，它是气温特征的总体性的综合近似表征。经计算，北京站的气温 $f(\alpha)=1.01$，其结果较大，说明气温波动占据是一个连续性的区间，并且气温的变化整体比较复杂。α_{max} 和 α_{min} 表示最大气温分布概率和最小气温分布概率变化的奇异指数。经过计算可得 $\alpha_{max}=1.443$，$\alpha_{min}=0.842$，因此奇异指数的跨度 $\Delta\alpha$ 为 0.601。其中能够定量描述气温分布概率的不均匀性，这表明北京站气温的变化差异性变化不大，分布较为规则。气温的多重分形谱形状为右钩形状，即 $\Delta f>0$，此谱的顶端较为圆滑，这时概率最大子集的数目小于概率

最小子集的数目。表示指数处于最高日平均气温的机会比处于最低日平均气温的机会大。

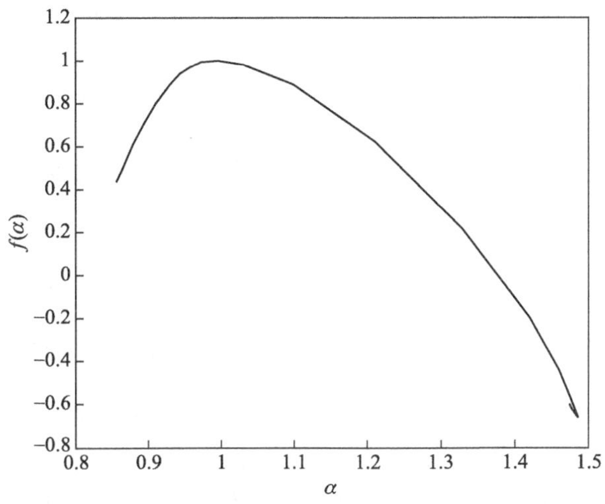

图 4-2 北京站气温多重分形奇异谱

通过类似北京站的气温计算分析方法，可以得到哈尔滨、乌鲁木齐、厦门、广州、武汉、成都的气温多重分形 q-$h(q)$ 曲线（图 4-3），并利用公式对广义 Hurst 指数 $h(q)$ 最小二乘拟合（表 4-1）。从图 4-3 中，可得到广义分形维数 Hurst 指数在各个典型气象站都不是一个常数，它表示气温变化的不均匀度，$h(q)$ 是一个随 q 增大而减小的函数，说明 $h(q)$ 具有多重分形的特征。需要特别指出的是，当 $q=0$ 时所对应的容量维数分别为 1.022、1.120、0.957、0.988、1.056 和 1.064。从表 4-1 中可以看出，各个站的多重分形标识参数 a、b 均不相等，表明其气温符合多重分形变化规律，单重分形不能完全刻画。

表 4-1 典型站点气温的多重分形及多重分形谱的标识参数

典型站点	北京	哈尔滨	乌鲁木齐	厦门	广州	武汉	成都
a	0.745	0.775	0.777	0.857	0.808	0.789	0.651
b	0.482	0.455	0.424	0.447	0.466	0.443	0.471

从图 4-3 可以看出典型站点气温的 $h(q)$ 都随 q 的变化而变化，都远大于 0.5，说明它们都不是单重分形序列，都具有多重分形性。当 $q>0$ 时，$0.8<h(q)<1$，它们都表现出正长程相关性，而乌鲁木齐最强，厦门最弱；当 $q<0$ 时，$1<h(q)<1.6$，它们都表现出介于 $1/f$ 和布朗噪声之间的行为。表明成都气温的局部涨落变化较强，乌鲁木齐气温的涨幅变化较小。

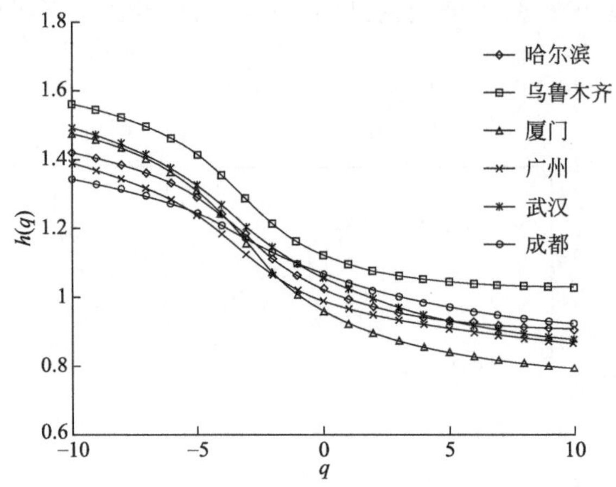

图 4-3 典型站点气温原始序列 h (q) 和 q 的关系曲线

各个典型气象站的 $f(\alpha)_{max}$ 均在 1.0 左右，表明气温变化是一个连续的过程。从表 4-2 可以得到，不同气候带站点气温的奇异谱宽度 $\Delta\alpha$ 有较大差异，范围为 0.727～1.695，最大值出现在干旱气候的乌鲁木齐，最小值出现在海洋季风气候的厦门。成都的 $\Delta\alpha$ 变化范围较窄，表明处于湿润季风气候的成都站的气温变化均匀性强，其分布相对其他站点更有规律。而厦门的 $\Delta\alpha$ 变化范围较宽，表明海洋季风气候代表站点的气温变化疏密程度差异大，均匀性较其他站点，分布不规则，且其多重分形特征更明显。各站点的多重分形明显程度为：厦门（海洋季风气候）＞武汉（湿润季风气候）＞广州（湿润气候）＞乌鲁木齐（干旱气候）＞哈尔滨（季风气候）＞北京（半干旱气候）＞成都（湿润季风气候）。武汉和成都的 $\Delta\alpha$ 差异可能是因为所处的气候带不同而影响较大的，武汉位于北亚热带地区，而成都位于中温带。

表 4-2 典型站点气温的多重分形谱参数

典型站点	北京	哈尔滨	乌鲁木齐	厦门	广州	武汉	成都
α_{max}	1.443	1.536	1.695	1.617	1.519	1.649	1.436
α_{min}	0.842	0.853	0.993	0.727	0.805	0.805	0.852
$\Delta\alpha$	0.601	0.683	0.702	0.89	0.714	0.844	0.584

图 4-4 所示为典型站点的多重分形谱，从图中可以看出，典型站点的气温的多重分形谱线均为左钩形状，即 $\Delta f>0$。此谱的顶端较为圆滑，这时概率最大子集的数目小于概率最小子集的数目。表示指数处于最高日平均气温的机会比处于最低日平均气温的机会大。

气温时间序列为多重分形，这一点对于建立温度预测模型具有重要意义。因为，若时间序列为线性，则应建立线性预测模型；若时间序列为单重分形，则应建立单重分形预测模型。而我们的结果就意味着：运用多重分形知识建立模型，对气温时间序列进行预测会发现温度的突变时间段，可以提前预防气温突变对人们生活带来的影响。

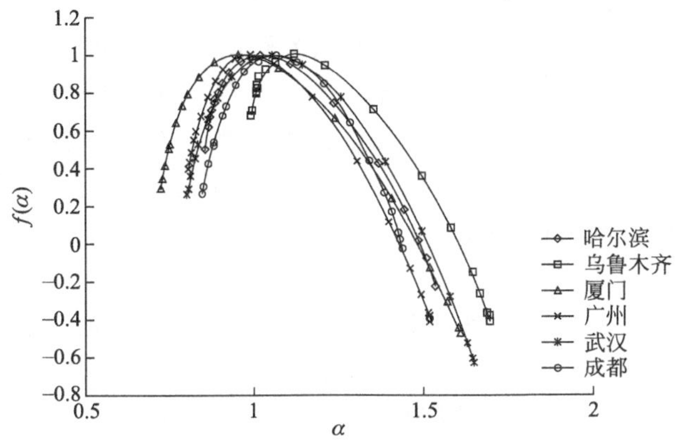

图 4-4　典型站点气温的多重分形奇异谱

2. 相对湿度的多重分形特征分析

为了探明相对湿度不同层次的波动情况，求解了 q（q 的取值范围为［－10，10］）阶波动方程 $F_q(s)$。以北京站的相对湿度为例，通过 MF-DFA 方法处理 1960～2011 年北京站的逐日平均相对湿度得到结果如图 4-5 所示。在大于一定尺度 s 时（约 20d），双对数坐标下 $F_q(s)$ 与 s 成明显的直线关系，$F_q(s)$ 随 s 单调递增，当 q 值在［－10，10］之间变化时，各直线斜率 $h(q)$ 明显递减，其范围是 0.6～0.9。因此，相对湿度时间序列是一个多重分形分布。对北京站相对湿度的广义 Hurst 指数 h（q）进行拟合，结果为 $a=0.801$，$b=0.479$，表明其相对湿度符合多重分形变化规律，单重分形不能完全刻画。

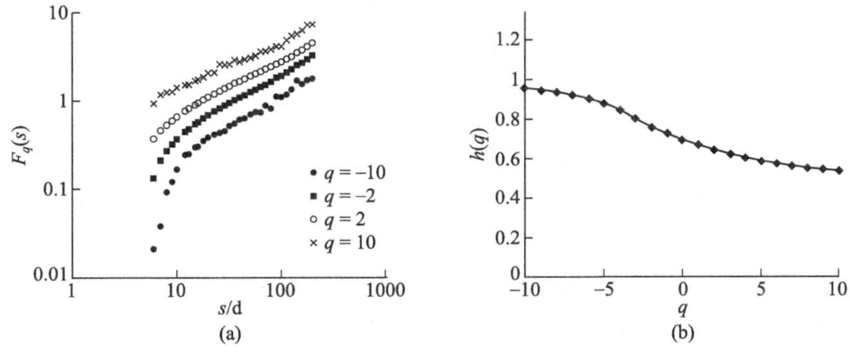

图 4-5　北京站点相对湿度的广义 Hurst 指数 h(q) 求解过程

图 4-6 所示为典型站点的多重分形奇异谱 $f(\alpha)$。经计算，北京站的相对湿度 $f(\alpha)=0.98$，其结果较大，说明相对湿度波动占据是一个连续性的区间，并且相

对湿度的变化整体比较复杂。α_{max} 和 α_{min} 表示最大相对湿度分布概率和最小相对湿度分布概率变化的奇异指数。经过计算可得 $\alpha_{max}=1.482$，$\alpha_{min}=0.769$，因此奇异指数的跨度 $\Delta\alpha$ 为 0.713。其中能够定量描述相对湿度分布概率的不均匀性，这表明北京站相对湿度的变化差异性变化不大，分布较为规则。相对湿度的多重分形谱形状为右钩形状，即 $\Delta f>0$，此谱的顶端较为圆滑，这时概率最大子集的数目小于概率最小子集的数目。表示指数处于最高日平均相对湿度的机会比处于最低日平均相对湿度的机会大。图 4-6 可以看出北京相对湿度的 $h(q)$ 都随 q 的变化而变化，都远大于 0.5，说明它们都不是单重分形序列，都具有多重分形性。当 $q>0$ 时，$h(q)>1$，它们都表现出负长程相关性；当 $q<0$ 时，$0.6<h(q)<1$，它们都表现出正长程相关性。

通过类似北京站相对湿度的计算分析方法，可以得到哈尔滨、乌鲁木齐、厦门、广州、武汉、成都的相对湿度多重分形 q-$h(q)$ 曲线（图 4-7），并利用公式对广义 Hurst 指数 $h(q)$ 最小二乘拟合（表 4-3）。从图 4-7 中，可得到广义分形维数 Hurst 指数在各个典型气象站都不是一个常数，它表示相对湿度变化的不均匀度，$h(q)$ 是一个随 q 增大而减小的函数，说明 $h(q)$ 具有多重分形的特征。需要特别指出的是，当 $q=0$ 时所对应的容量维数分别为 0.97、0.953、0.923、0.980、0.963 和 0.850。从表 4-3 中可以看出，各个站点相对湿度的多重分形标识参数 a、b 均不相等，表明其相对湿度符合多重分形变化规律，单重分形不能完全刻画。

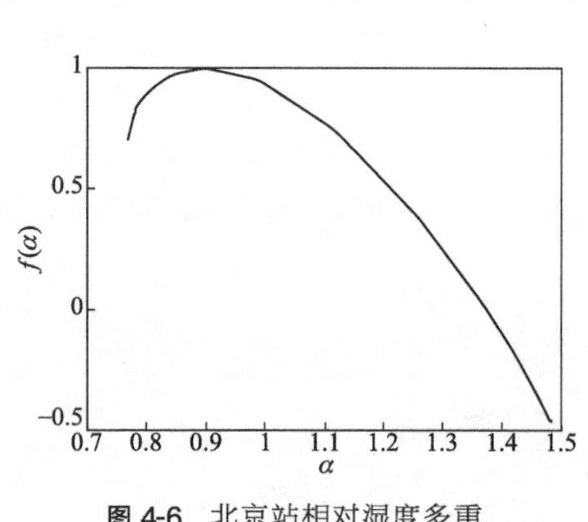

图 4-6 北京站相对湿度多重分形奇异谱

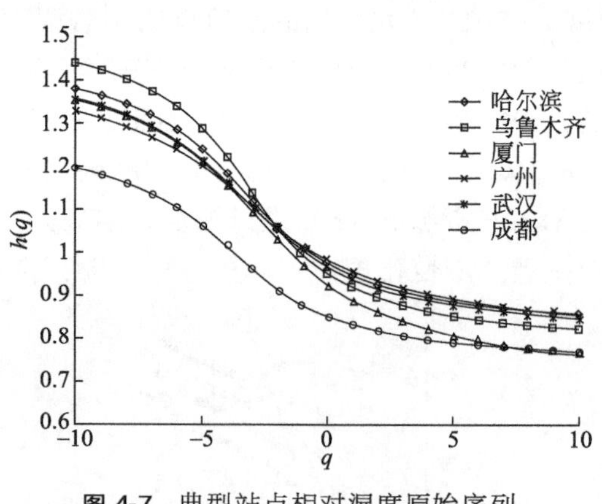

图 4-7 典型站点相对湿度原始序列 $h(q)$ 和 q 的关系曲线

图 4-7 可以看出典型站点相对湿度的 $h(q)$ 都随 q 的变化而变化，都远大于 0.5，说明它们都不是单重分形序列，都具有多重分形性。当 $q>0$ 时，$0.8<h(q)<1$，它们都表现出正长程相关性，而广州最强，成都最弱；当 $q<0$ 时，$0.8<h(q)<1.5$，它们都表现出介于 $1/f$ 和布朗噪声之间的行为。表明成都相对湿度的局部涨落变化较强，乌鲁木齐相对湿度的涨幅变化较小。

表 4-3　典型站点相对湿度的多重分形及多重分形谱的标识参数

典型站点	北京	哈尔滨	乌鲁木齐	厦门	广州	武汉	成都
a	0.801	0.733	0.828	0.856	0.746	0.813	0.739
b	0.479	0.466	0.454	0.473	0.478	0.472	0.415

各个典型气象站相对湿度的 $f(\alpha)_{max}$ 均在 1.0 以上，表明相对湿度变化是一个连续的过程，且整体呈现较为复杂。从表 4-4 可知，不同气候带站点气温的奇异谱宽度 $\Delta\alpha$ 有较大差异，范围为 0.693～1.574，最大值出现在干旱气候的乌鲁木齐，最小值出现在海洋季风气候的厦门。成都的 $\Delta\alpha$ 变化范围较窄，表明处于湿润季风气候的成都站的相对湿度变化均匀性强，其分布相对其他站点更有规律。而厦门的 $\Delta\alpha$ 变化范围较宽，表明海洋季风气候代表站点的相对湿度变化疏密程度差异大，均匀性较其他站点，分布不规则，且其多重分形特征更明显。各站点的多重分形明显程度为：厦门（海洋季风气候）＞乌鲁木齐（干旱气候）＞北京（半干旱气候）＞武汉（湿润季风气候）＞哈尔滨（季风气候）＞广州（湿润气候）＞成都（湿润季风气候）。武汉和成都的 $\Delta\alpha$ 差异可能是因为所处的气候带不同，武汉位于北亚热带，而成都位于中温带。

表 4-4　典型站点相对湿度的多重分形谱参数

典型站点	北京	哈尔滨	乌鲁木齐	厦门	广州	武汉	成都
α_{max}	1.482	1.500	1.574	1.493	1.446	1.495	1.332
α_{min}	0.769	0.805	0.782	0.693	0.793	0.797	0.738
$\Delta\alpha$	0.713	0.695	0.792	0.800	0.653	0.698	0.594

图 4-8 所示为典型站点相对湿度的多重分形谱。从图中可以看出，典型站点相对湿度的多重分形谱线均为左钩形状，即 $\Delta f>0$，此谱的顶端较为圆滑，这时概率最大子集的数目小于概率最小子集的数目。表示指数处于最高日平均相对湿度的机会比处于最低日平均相对湿度的机会大。

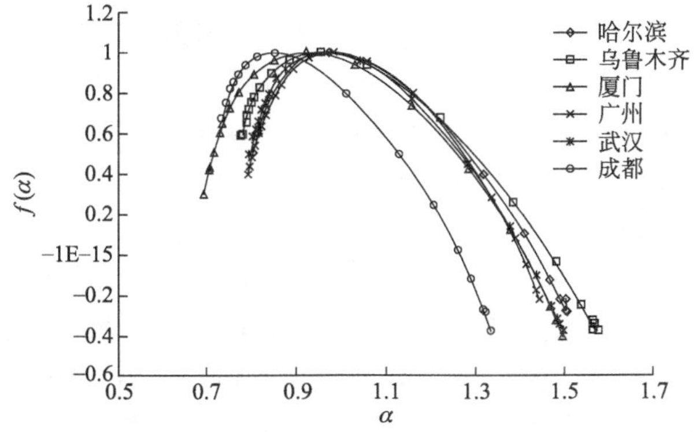

图 4-8　典型站点相对湿度的多重分形奇异谱

3. 风速的多重分形特征分析

为了描述风速时间序列不同层次的波动情况，同样采用 MF-DFA 方法对其进行分析。同样以北京站的风速为例，通过 MF-DFA 方法处理 1960～2011 年北京站的逐日平均风速得到结果如图 4-9 所示。在大于一定尺度 s 时（约 15d），双对数坐标下 $F_q(s)$ 与 s 成明显的直线关系，$F_q(s)$ 随 s 单调递增，当 q 值在 [−10，10] 之间变化时，各直线斜率 $h(q)$ 明显递减，其范围是 0.58～0.97。因此，风速时间序列是一个多重分形分布。对北京站风速的广义 Hurst 指数 $h(q)$ 进行拟合，结果为 $a=0.723$，$b=0.480$，表明其风速符合多重分形变化规律，单重分形不能完全刻画。

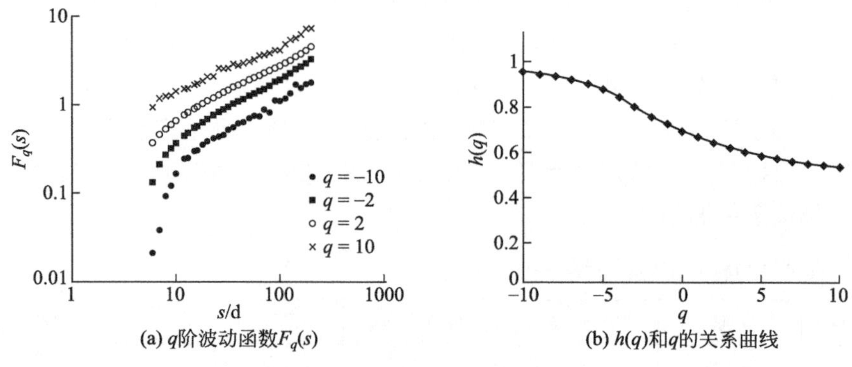

(a) q阶波动函数$F_q(s)$　(b) $h(q)$和q的关系曲线

图 4-9 北京站点风速的广义 Hurst 指数 h (q) 求解过程

图 4-10 所示为典型站点风速的多重分形奇异谱 $f(\alpha)$。经计算，北京站的风速 $f(\alpha)=0.99$，其结果较大，说明风速波动占据是一个连续性的区间，并且风速的变化整体比较复杂。α_{max} 和 α_{min} 表示最大风速分布概率和最小风速分布概率变化的奇异指数。经过计算可得 $\alpha_{max}=1.02$，$\alpha_{min}=0.457$，因此奇异指数的跨度 $\Delta\alpha$ 为 0.563。能够定量描述风速分布概率的不均匀性，这表明北京站风速的变化差异性变化不大，分布较为规则。风速的多重分形谱形状为钟形曲线，最大值接近 1，表明风速波动极值占据的是一个连续区间，区间内各种波动都有可能发生，而且大波动和小波动几乎以相同的概率出现。从图 4-9 可以看出北京风速的 $h(q)$ 都随 q 的变化而变化，都远大于 0.5，说明它们都不是单重分形序列，都具有多重分形性。当 $q>0$ 时，$h(q)>1$，它们都表现出负长程相关性；当 $q<0$ 时，$0.6<h(q)<1$，它们都表现出正长程相关性。

通过类似北京站的风速计算分析方法，可以得到哈尔滨、乌鲁木齐、厦门、广州、武汉、成都的风速多重分形 q-$h(q)$ 曲线（图 4-11），并利用公式对广义 Hurst 指数 $h(q)$ 最小二乘拟合（表 4-5）。从图 4-11 中可知，$h(q)$ 是一个随 q 增大而减小的函数，说明 $h(q)$ 具有多重分形的特征。当 $q=0$ 时所对应的容量维数分别为

0.764、0.729、0.758、0.811、0.751 和 0.679。从表 4-5 中可以看出，各个站点多重分形的标识参数 a、b 均不相等，表明其风速符合多重分形变化规律，单重分形不能完全刻画。

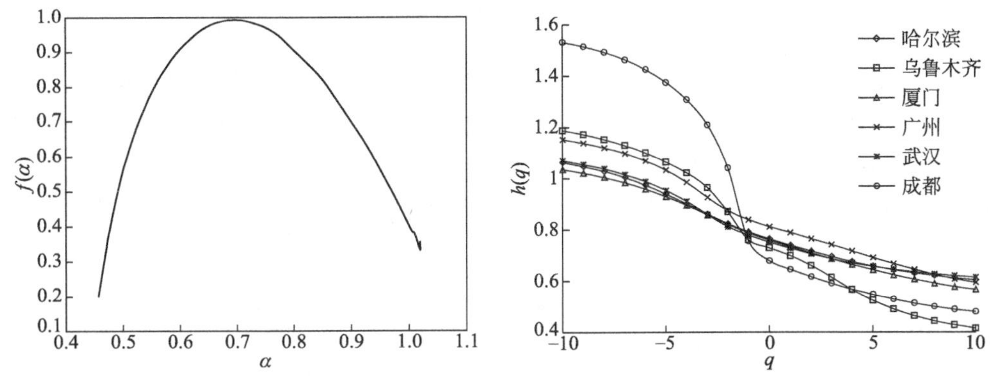

图 4-10　北京站风速多重分形奇异谱　　**图 4-11**　典型站点风速原始序列 h(q)和 q 的关系曲线

从图 4-11 中可以看出典型站点风速的 $h(q)$ 都随 q 的变化而变化，说明它们都不是单重分形序列，都具有多分形性。当 $q>0$ 时，$0.4<h(q)<0.8$，它们都表现出正长程相关性，而广州最强，乌鲁木齐最弱；当 $q<0$ 时，$0.8<h(q)<1.6$，它们都表现出介于 $1/f$ 和布朗噪声之间的行为。表明厦门风速的局部涨落变化较强，成都风速的涨幅变化较小。

表 4-5　典型站点风速的多重分形及多重分形谱的标识参数

典型站点	北京	哈尔滨	乌鲁木齐	厦门	广州	武汉	成都
a	0.723	0.725	0.910	0.708	0.755	0.765	0.890
b	0.480	0.454	0.415	0.460	0.426	0.450	0.370

各个典型气象站的 $f(\alpha)_{max}$ 均为 1.0，表明风速变化是一个连续的过程，且整体呈现较为复杂。从表 4-6 可以看出，不同气候带站点风速的奇异谱宽度 $\Delta\alpha$ 有较大差异，范围为 0.563～1.277，最大值出现在季风气候主导的哈尔滨和武汉，最小值出现在干旱气候主导的乌鲁木齐。北京的 $\Delta\alpha$ 变化范围较窄，表明处于半干旱气候的北京站的风速变化均匀性强，其分布相对其他站点更有规律。而成都的 $\Delta\alpha$ 变化范围较宽，表明中温带湿润季风气候代表站点的风速变化疏密程度差异大，均匀性较其他站点，分布不规则，且其多重分形特征更明显。各站点的多重分形明显程度为：成都（湿润季风气候）＞乌鲁木齐（干旱气候）＞广州（湿润气候）＞厦门（海洋季风气候）＞哈尔滨（季风气候）＞武汉（湿润季风气候）＞北京（半干旱气候）。

⊡ 表 4-6　典型站点风速的多重分形谱参数

典型站点	北京	哈尔滨	乌鲁木齐	厦门	广州	武汉	成都
α_{max}	1.020	1.191	1.307	1.147	1.264	1.190	1.667
α_{min}	0.457	0.524	0.285	0.456	0.454	0.554	0.390
$\Delta\alpha$	0.563	0.667	1.022	0.691	0.810	0.636	1.277

从图 4-12 中可以看出，典型站点的风速多重分形谱线均为钟形曲线，且最大值为 1，表明风速波动极值占据的是一个连续区间，区间内各种波动都有可能发生，而且大波动和小波动几乎以相同的概率出现。成都站风速多重分形谱的右半支中段有一个明显的曲率变化段，说明在此段分布范围内的风速分布概率发生了骤变。

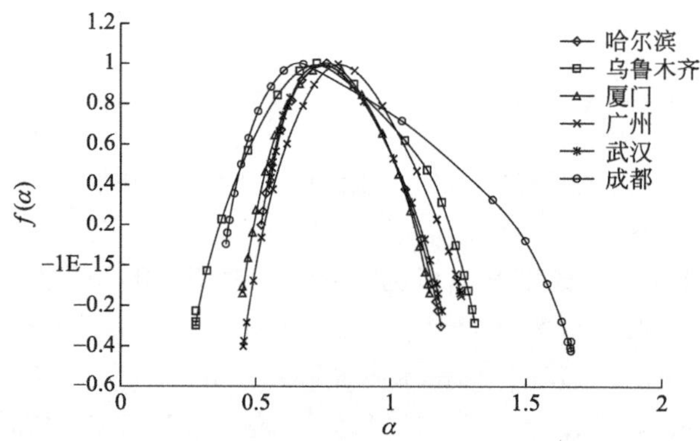

图 4-12　典型站点风速的多重分形奇异谱

4. 太阳辐射的多重分形特征分析

为了探明太阳辐射不同层次的波动情况，求解了 q（q 的取值范围为[−10，10]）阶波动方程 $F_q(s)$。以北京站太阳辐射为例，通过 MF-DFA 方法处理 1960～2011 年北京站逐日平均太阳辐射得到的结果如图 4-13 所示。在大于一定尺度 s 时（约 10d），双对数坐标下 $F_q(s)$ 与 s 成明显的直线关系，$F_q(s)$ 随 s 单调递增；当 q 值在[−10，10]之间变化时，各直线斜率 $h(q)$ 明显递减，其范围是 0.64～1.45。因此，太阳辐射时间序列是一个多重分形分布。对北京站太阳辐射的广义 Hurst 指数 $h(q)$ 进行拟合，结果为 $a=0.901$，$b=0.352$，表明其太阳辐射符合多重分形变化规律，单重分形不能完全刻画。

图 4-14 所示为北京站太阳辐射的多重分形奇异谱 $f(\alpha)$。经计算，北京站的太阳辐射 $f(\alpha)=1.0$，其结果较大，说明太阳辐射波动占据是一个连续性的区间，并且太阳辐射的变化整体比较复杂。α_{max} 和 α_{min} 表示最大太阳辐射分布概率和最小太阳辐射分布概率变化的奇异指数。经过计算可得 $\alpha_{max}=1.576$，$\alpha_{min}=0.628$，因此奇异指数的跨度 $\Delta\alpha$ 为 0.948，能够定量描述太阳辐射分布概率的不均匀性。这表明北京站太阳辐射的变化差异性较大，分布不规则。太阳辐射的多重分形谱形状为

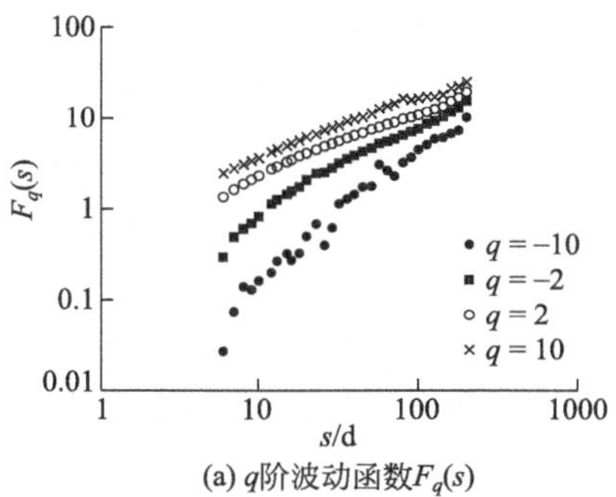

(a) q阶波动函数$F_q(s)$

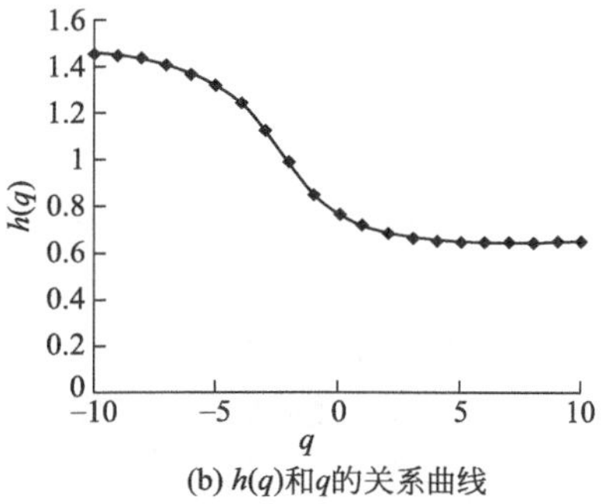

(b) h(q)和q的关系曲线

图 4-13　北京站点太阳辐射的广义 Hurst 指数 h (q) 求解过程

右钩形状，即 $\Delta f>0$。此谱的顶端较为圆滑，这时概率最大子集的数目小于概率最小子集的数目。表示指数处于最高日平均太阳辐射的机会比处于最低日平均太阳辐射的机会大。

通过类似北京站太阳辐射计算分析方法，可以得到哈尔滨、乌鲁木齐、厦门、广州、武汉、成都的太阳辐射多重分形 q-$h(q)$曲线。从图 4-15 中可得到广义分形维数 Hurst 指数在各个典型气象站都不是一个常数，它表示太阳辐射变化的不均匀度。$h(q)$是一个随 q 增大而减小的函数，说明 $h(q)$具有多重分形的特征。特别指出，当 $q=0$ 时所对应的容量维数分别为 0.745、0.733、0.891、0.924、0.858 和 0.800。

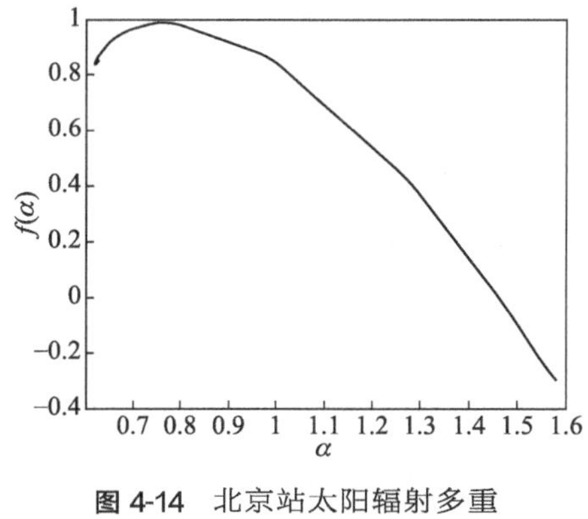

图 4-14　北京站太阳辐射多重分形奇异谱

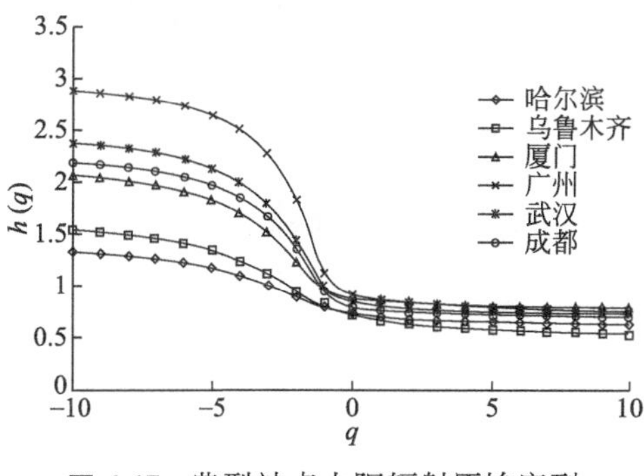

图 4-15　典型站点太阳辐射原始序列 h(q)和 q 的关系曲线

图 4-15 可以看出典型站点的太阳辐射的 $h(q)$都随 q 的变化而变化，都远大于 0.5，说明它们都不是单重分形序列，都具有多重分形性。当 $q>0$ 时，$0.6<h(q)<1$，它们都表现出正长程相关性；当 $q<0$ 时，$1<h(q)<3$ 时，它们都表现出介于 $1/f$ 和布朗噪声之间的行为。表明武汉的太阳辐射局部涨落变化较强，广州的太阳辐射涨幅变化较小。

各个典型气象站太阳辐射的 $f(\alpha)_{max}$ 均为 1.0，表明太阳辐射变化是一个连续的过程，且整体呈现较为复杂。如表 4-7 所示，不同气候带站点太阳辐射的奇异谱宽度 $\Delta\alpha$ 有较大差异，范围为 0.628～3.054。最大值出现在湿润气候主导的广州，最小值出现在半干旱气候主导的北京。哈尔滨的 $\Delta\alpha$ 变化范围较窄，可能由于其纬度较高，处于中温带，接受太阳辐射的变化相对小。广州的 $\Delta\alpha$ 变化范围较宽，表明其太阳辐射的变化疏密程度差异大，均匀性较其他站点，分布不规则，且其多重分形特征更明显。各站点的多重分形明显程度为：广州（湿润气候）＞武汉（湿润季风气候）＞成都（湿润季风气候）＞厦门（海洋季风气候）＞乌鲁木齐（干旱气候）＞北京（半干旱气候）＞哈尔滨（季风气候）。

表 4-7 典型站点太阳辐射的多重分形谱参数

典型站点	北京	哈尔滨	乌鲁木齐	厦门	广州	武汉	成都
α_{max}	1.576	1.471	1.700	2.259	3.054	2.567	2.350
α_{min}	0.628	0.598	0.488	0.755	0.710	0.731	0.685
$\Delta\alpha$	0.948	0.873	1.212	1.504	2.344	1.836	1.665

如图 4-16 所示，典型站点太阳辐射的多重分形谱线均为左钩形状，即 $\Delta f>0$，此谱的顶端较为圆滑，这时概率最大子集的数目小于概率最小子集的数目。表示指数处于最高日平均太阳辐射的机会比处于最低日平均太阳辐射的机会大。

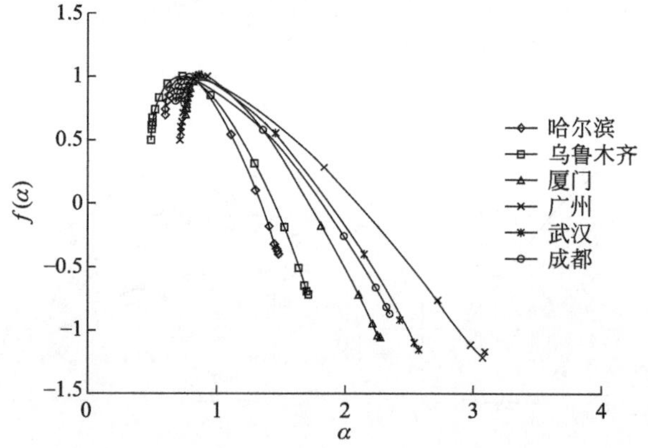

图 4-16 典型站点太阳辐射的多重分形奇异谱

三、典型气象站的潜在蒸散发量多重分形特征分析

为了描述参考作物蒸散发量 ET_0 序列不同层次的波动，采用 MF-DFA 方法。同样以北京站 ET_0 时间序列为例，通过 MF-DFA 方法处理 1960～2011 年北京站逐日平均参考作物蒸散发量得到结果如图 4-17 所示。在大于一定尺度 s 时（约 15d），双对数坐标下 $F_q(s)$ 与 s 成明显的直线关系，$F_q(s)$ 随 s 单调递增。当 q 值在［−10，10］之间变化时，各直线斜率 $h(q)$ 明显递减，其范围是 0.58～0.97。因此，

ET_0 时间序列是一个多重分形分布。对北京站 ET_0 的广义 Hurst 指数 $h(q)$ 进行拟合，结果为 $a=0.723$，$b=0.480$，表明其 ET_0 符合多重分形变化规律，单重分形不能完全刻画。

对于随机重组序列，大于 15d 尺度时，双对数坐标下的 $F_q(s)$ 与 s 也呈现显著的直线相关，但是对于不同的 q 值，各直线近似平行，斜率为 0.50。说明随机重组后，ET_0 的多重分形性质被消除。所以参考作物蒸散发量 ET_0 的多重分形性质是由气候、水文动力系统自组织行为所导致的，而不是由序列数据的某种奇异分布所引起的。

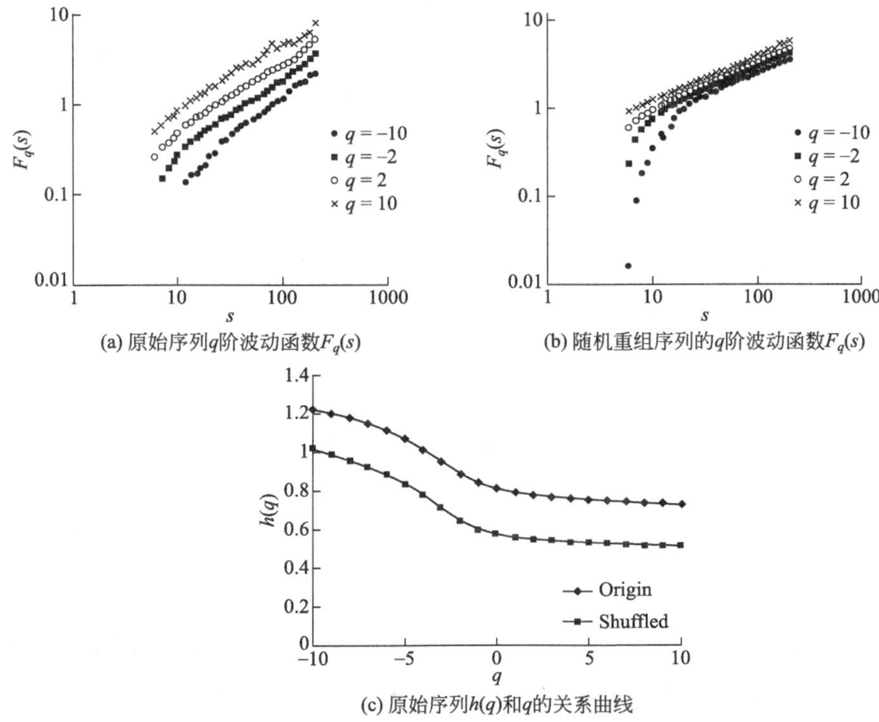

图 4-17　北京站点潜在蒸散发的广义 Hurst 指数 h (q) 求解过程

图 4-18 为北京参考作物蒸散发量多重分形奇异谱 $f(\alpha)$。经计算，北京站的参考作物蒸散发量 $f(\alpha)=1.0$，其结果较大，说明气温波动占据是一个连续性的区间，并且气温的变化整体比较复杂。经过计算可得 $\alpha_{max}=1.360$，$\alpha_{min}=0.679$，因此奇异指数的跨度 $\Delta\alpha$ 为 0.681，能够定量描述参考作物蒸散发量分布概率的不均匀性。这表明北京站参考作物蒸散发量的变化差异性变化不大，分布较为规则。参考作物蒸散发量的多重分形谱形状为右钩形状，即 $\Delta f>0$，此谱的顶端较为圆滑，这时概率最大子集的数目小于概率最小子集的数目。表示指数处于最高日平均参考作物蒸散发量的机会比处于最低日平均参考作物蒸散发量的机会大。从图 4-17 中可以看出北京潜在蒸散发量的 $h(q)$ 都随 q 的变化而变化，都远大于 0.5，说明它

们都不是单重分形序列，都具有多重分形性。当 $q>0$ 时，$h(q)>1$，它们都表现出负长程相关性；当 $q<0$ 时，$1<h(q)<1.5$，它们都表现出介于 $1/f$ 和布朗噪声之间的行为。

通过类似北京站参考作物蒸散发量计算分析方法，可以得到哈尔滨、乌鲁木齐、厦门、广州、武汉、成都的参考作物蒸散发量多重分形 q-$h(q)$ 曲线（图 4-19），并利用公式对广义 Hurst 指数 $h(q)$ 最小二乘拟合（表 4-8）。如图 4-19 所示，广义分形维数 Hurst 指数在各个典型气象站都不是一个常数，它表示参考作物蒸散发量变化的不均匀度。$h(q)$ 是一个随 q 增大而减小的函数，说明 $h(q)$ 具有多重分形的特征。当 $q=0$ 时所对应的容量维数分别为 0.961、0.978、0.918、0.914、0.955 和 0.891。从表 4-8 中可以看出，各个站点的多重分形标识参数 a、b 均不相等，表明其参考作物蒸散发量符合多重分形变化规律，单重分形不能完全刻画。

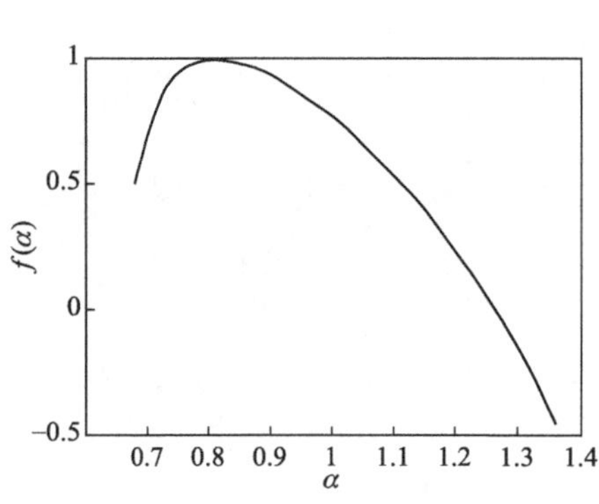

图 4-18 北京站参考作物蒸散发量多重分形奇异谱

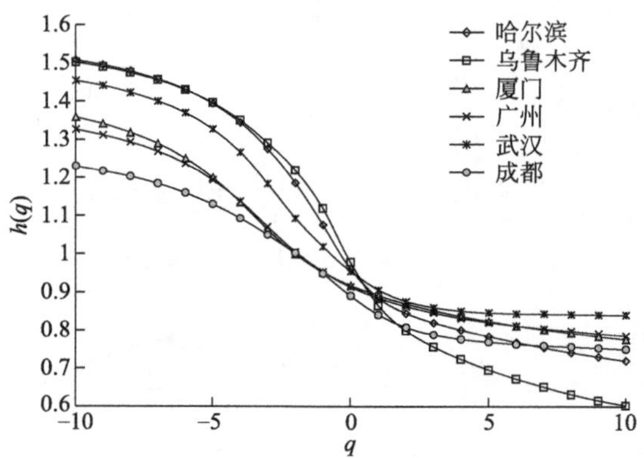

图 4-19 典型站点参考作物蒸散发量原始序列 h(q)和 q 的关系曲线

如图 4-19 所示，典型站点参考作物蒸散发量的 $h(q)$ 都随 q 的变化而变化，都远大于 0.5，说明它们都不是单重分形序列，都具有多重分形性。当 $q>0$ 时，$0.6<h(q)<1$，它们都表现出正长程相关性，而武汉最强，乌鲁木齐最弱；当 $q<0$ 时，$1<h(q)<1.5$，它们都表现出介于 $1/f$ 和布朗噪声之间的行为。表明成都的 ET_0 局部涨落变化较强，乌鲁木齐和哈尔滨的 ET_0 涨幅变化较小。

表 4-8 典型站点参考作物蒸散发量的多重分形及多重分形谱的标识参数

典型站点	北京	哈尔滨	乌鲁木齐	厦门	广州	武汉	成都
a	0.920	0.854	0.762	0.897	0.765	0.914	0.745
b	0.411	0.331	0.331	0.375	0.450	0.346	0.400

各个典型气象站参考作物蒸散发量的 $f(\alpha)_{max}$ 均为 1.0，表明参考作物蒸散发量变化是一个连续的过程，且整体呈现较为复杂。如表 4-9 所示，不同气候带站点

参考作物蒸散发量奇异谱宽度 $\Delta\alpha$ 有较大差异，范围为 0.473～1.598，最大值和最小值均出现在干旱气候主导的乌鲁木齐。成都的 $\Delta\alpha$ 变化范围较窄，表明处于湿润季风气候的成都站的参考作物蒸散发量变化均匀性强，其分布相对其他站点更有规律。而乌鲁木齐的 $\Delta\alpha$ 变化范围较宽，表明干旱气候代表站点的参考作物蒸散发量变化疏密程度差异大，均匀性较其他站点，分布不规则，且其多重分形特征更明显。各站点的多重分形明显程度顺序依次为：乌鲁木齐（干旱气候）＞哈尔滨（季风气候）＞厦门（海洋季风气候）＞武汉（湿润季风气候）＞北京（半干旱气候）＞广州（湿润气候）＞成都（湿润季风气候）。

表 4-9　典型站点参考作物蒸散发量的多重分形谱参数

典型站点	北京	哈尔滨	乌鲁木齐	厦门	广州	武汉	成都
α_{max}	1.360	1.612	1.598	1.494	1.190	1.558	1.334
α_{min}	0.679	0.620	0.473	0.696	0.554	0.830	0.720
$\Delta\alpha$	0.681	0.992	1.125	0.798	0.636	0.728	0.614

如图 4-20 所示，典型站点的参考作物蒸散发量的多重分形谱线均为左钩形状，即 $\Delta f>0$，此谱的顶端较为圆滑，这时概率最大子集的数目小于概率最小子集的数目。表示指数处于最高日平均参考作物蒸散发量的机会比处于最低日平均参考作物蒸散发量的机会大。

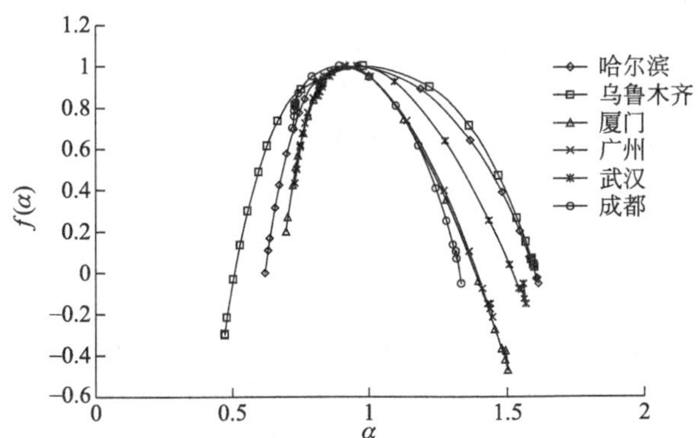

图 4-20　典型站点参考作物蒸散发量的多重分形奇异谱

参考作物蒸散发量序列不是一个单重分形结构，其波动特性须用多重分形来表征。这种不同层次的涨落特性也不是完全随机的，而是由气候、水文动力系统自组织行为所导致的有序过程。多重分形奇异谱可用二项倍增串级模型描述。奇异谱的极值和对称性表明参考作物蒸散发量的波动占据一个连续空间，而且大波动和小波动大致以相同的概率出现。

第五章

气象要素在时间尺度的变化及分形特征

近半个世纪以来，国内外不少学者对全球气候变化进行了研究，研究表明全球陆面近地表大气正以平均每 10 年增长约 0.15℃的趋势变暖。中国地域辽阔，地形复杂，区域气候变化更为复杂，复杂的气候变化将给自然生态环境及社会经济发展带来深远影响。研究太阳辐射、气温、降水等气象要素以及潜在蒸散发变化趋势对进一步认识气候变化过程具有重要意义，同时在预报、模拟水文变量、计算田间作物需水量及研究流域水分和能量平衡的农业生产、生活及灾害预防有着极其重要的作用。

潜在蒸散发、降水等序列具有多种周期，且波动不是完全随机的，其时间序列变化过程表现出周期性（长程相关性）和非线性过程。任玉敦等发现潜在蒸散发存在较为明显的 5a、8～10a 及 20a 的变化周期。刘丙军等进一步发现了参考作物蒸散发量序列在小尺度和大尺度上存在局部和整体的相似性，即具有分形特征。严绍谨等采用上海 16 年逐日平均气压资料，用相空延拓的方法，计算了它的关联维为 7.7～7.9，并证明了我国季风短期气象系统是一个分形体。刘式达指出，气象因子如同其他许多地球物理现象一样，具有不均匀的分形结构，分形维数是气象系统结构的特征等。R/S 分析法是自仿射分形衍生出来的时间序列分析方法，对于非线性具有统计特性的数据系统，采用 R/S 分析法可以很好地揭示其变化过程的内在规律性，并可对其分形特征进行定量描述。但是如何运用相关分形理论描述潜在蒸散发等水文气象要素时间序列在全国范围内的分形特征及长程相关性的研究尚少。

本章基于全国 631～642 个气象台站（1960～2009 年）的年时间序列潜在蒸散发、太阳辐射、降水等为基本数据，为了更深入地研究气温、降水、太阳辐射等气象要素以及潜在蒸散发的变化规律，首先在长时间序列季节时间尺度和空间尺度分布特征的研究基础上，从北至南按照华北、东北、西北、华南、东南、长江中下游、西南七大区域的分布情况选取了不同气候类型的七个典型站点的气象要素和潜在蒸散发的资料来分析；再针对全国范围，以气候倾向率为衡量指标全面描述气象要素及潜在蒸散发全国近半个世纪的变化趋势；最后应用 R/S 分析法及基于地统计理论的普通克里格插值方法，对全国潜在蒸散发及气象要素分形特征和长程相关性特征进行了研究，旨在为研究计算作物需水量、合理制定农业水土资源规划及灾害预报提供一定的理论依据。

第一节　基本原理及公式

一、气候倾向率的计算

时间序列中稳定和有规则的变动，称之为趋势。对气象要素以及潜在蒸散发的变化趋势，可以用气候倾向率进行分析。本章采用线性回归分析法以及气候倾向率分析站点近 50 年气象要素和潜在蒸散发的年际变化。用 y_i 表示样本量为 n 的某一气候变量，用 x 表示 y_i 所对应的时间，建立 y_i 与 x 之间的关系。

$$y_i = ax + b \qquad (i=1,\ 2,\ \cdots,\ n) \tag{5-1}$$

式中，a 为回归系数；b 为回归常数。

以 a 的 10 倍作为气候倾向率。

二、分形理论

分形理论由美国科学家 Mandelbrot 于 20 世纪 70 年代中期创立，是描述具有相似结构的几何形状的工具。用来定量表征分形的参数称为分形维数，能够很好地描述自然界复杂事物的特征。

分行理论用于研究复杂系统的自相似性，具有指定信息少、计算容易和重现精度高的特点。一般而言，分形结构有两个明显特征：

① 自相似形，即系统或结构的局部性质或局部结构与整体性质或整体结构相似；

② 标度不变性，在分形上任选一局部区域，对它进行放大，这时得到的放大图又会显示原图的形态特性。

根据分形的基本概念，对于分维的确定，如果具有大于 r 的特征尺度的客体数目 $N(r)$ 满足关系式

$$N(r) \propto r^{-D},\ D = \lim_{r \to 0} \frac{\lg N(r)}{\lg(l/r)} \tag{5-2}$$

则定义了一个分形集合，式中 D 为客体的分维。

三、*R/S* 重标极差分析法

R/S 重标极差分析法是一种非线性的科学预测方法，是英国水文学家 Hurst 于 20 世纪 50 年代在总结尼罗河多年水文观测资料时提出的一种分析方法。后来 Mandelbort 和 Wallis 又在理论上对该方法进行了补充和完善，将其发展成为研究时间序列的

分形理论，其在分形理论中有着重要作用。R/S 分析法的基本原理如下。

对于时间序列 $\{x(t)\}$，$t=1, 2, \cdots, n$，对于任意正整数 $\tau \geqslant 1$ 定义均值序列

$$x_{\tau}=\frac{1}{\tau}\sum_{i=1}^{\tau}x(t) \qquad \tau=1, 2, \cdots, n \tag{5-3}$$

累积离差 $$X(t, \tau)=\sum_{k=1}^{t}[x(k)-x_{\tau}] \qquad 1\leqslant t\leqslant \tau, \tag{5-4}$$

极差序列 $$R(\tau)=\max X(t, \tau)-\min X(t, \tau) \quad t=1, 2, \cdots, n \tag{5-5}$$

极准差序列 $$S(\tau)=\sqrt{\frac{1}{\tau}\sum_{t-1}^{t}[x(t)-x_{\tau}]^2} \tag{5-6}$$

对于比值 $R(\tau)/S(\tau)\equiv R/S$，如果存在如下关系

$$R/S \propto \tau^{H} \tag{5-7}$$

则说明时间序列 $\{x(t)\}$，$t=1, 2, \cdots, n$，存在 Hurst 现象。H 称为 Hurst 指数，H 值可根据计算出的（τ，R/S）的值，在双对数坐标系$[\ln(\tau),\ln(R/S)]$中用最小二乘法拟合。

H 的取值范围为（0，1），可根据 H 值的大小判断时间序列趋势成分是表现为持续性，还是反持续性。对应于不同的 H 值，其意义如下。

① 当 $0<H<0.5$ 时，表示时间序列的反持续性，即将来变化的总趋势与过去相反，过程具有反持续性。从平均的观点来看，过去减少的趋势预示将来的增加趋势，过去的增加趋势暗示将来的减少趋势。H 值越小，其反持续性越强。

② 当 $H=0.5$ 时，表示时间序列为相互独立的布朗运动，即任意时刻 t 的数值与过去无关，表明时间序列变化是随机的。

③ 当 $0.5<H<1$ 时，表示时间序列的持续性，即将来的变化与过去的变化相同。从平均的观点来看，过去的减少趋势预示将来的减少趋势，过去的增加趋势暗示将来的增加趋势。H 值越小，其反持续性越强；H 值越大，其持续性越强。从以上分析可知，Hurst 指数能够比较好地揭示出时间序列中的趋势性成分。经验表明，用 R/S 分析法估计的 Hurst 指数比理论值偏高，且时间序列的长度越长，估计的精度也越高。

Feder 等论证了时间序列的分维 D 与 Hurst 现象的 H 指数之间的关系为

$$D=2-H \tag{5-8}$$

第二节　典型站点气象要素和潜在蒸散发年际变化规律分析

一、不同气候类型典型气象站点概况

从北至南按照华北、东北、西北、华南、东南、长江中下游、西南七大区域的

分布情况选取了不同气候类型的七个典型站点。这些站点具有一定的代表性，但对于代表性的程度，不做专门论证。选取站点的基本情况如表 5-1 所示。

表 5-1　典型气象站点概况

台站号	站点	经度	纬度	海拔高度/m	起始年月	终止年月	气候类型	气候带
54511	北京	116°47′	39°48′	31.3	1951.1	2009.12	半干旱	南温带
50953	哈尔滨	126°46′	45°45′	142.3	1951.1	2009.12	季风气候	中温带
51463	乌鲁木齐	87°39′	43°47′	935	1951.1	2009.12	干旱	中温带
59134	厦门	118°07′	24°48′	139.4	1954.1	2009.12	海洋季风气候	中亚热带
59287	广州	113°20′	23°10′	41	1951.7	2009.12	湿润	南亚热带
57494	武汉	114°08′	30°37′	23.1	1951.1	2009.12	湿润季风气候	北亚热带
56294	成都	104°01′	30°40′	506.1	1951.1	2009.12	湿润季风气候	中温带

二、气象要素和潜在蒸散发年际变化规律分析

1. 气象要素年际变化规律分析

全国七大区典型站点的气温、降水、太阳辐射等气象要素的逐年变化趋势见图 5-1～图 5-5。

由图 5-1 可以看出，各站点年平均气温值介于 2～24℃之间，气温年际间变化趋势不大，最大值与最小值相差 1.76～4.5℃。但不同区域各气象站点逐年变化有明显差别，呈阶梯式分布。1960～2009 年近 50 年广州年平均气温最高，哈尔滨最低。如图 5-2 所示，各站点年平均风速为 0.75～5.02m/s，平均风速年际间变化趋势不大，最大值与最小值相差 0.83～2.98m/s。各气象站点逐年变化有差别，近 50 年哈尔滨年平均风速最大，成都最小。如图 5-3 所示，各气象站年降水量值介于 168.8～2696.4mm，年际间降水量呈起伏波动，最大值与最小值相差 431.2～1437.4mm，各站点降水量逐年变化也呈阶梯式分布。位于华南的广州地区年降水量最大，位于西北的乌鲁木齐年降水量最小。如图 5-4 所示，各站点平均相对湿度年际间变化不大，波动很小，但不同站点的平均相对湿度分布有明显差别，和降水量的分布类似，呈阶梯式分布。其中位于西南的成都年平均相对湿度最大，位于西北的乌鲁木齐年平均相对湿度最小。如图 5-5 所示，各气象站点年太阳辐射介于 3395.815～6180.852MJ/m^2，年际间太阳辐射呈小幅度波动。除了西南成都的年太阳辐射值偏低以外，其余站点的年太阳辐射值分布相对均匀、集中，西北乌鲁木齐的年太阳辐射值最大。

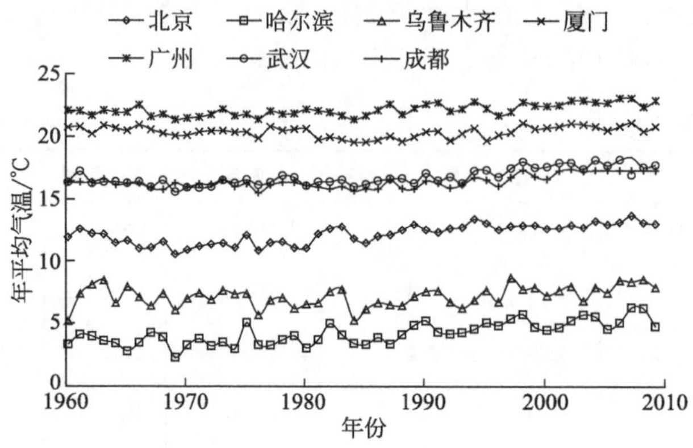

图 5-1 各站点气温逐年变化

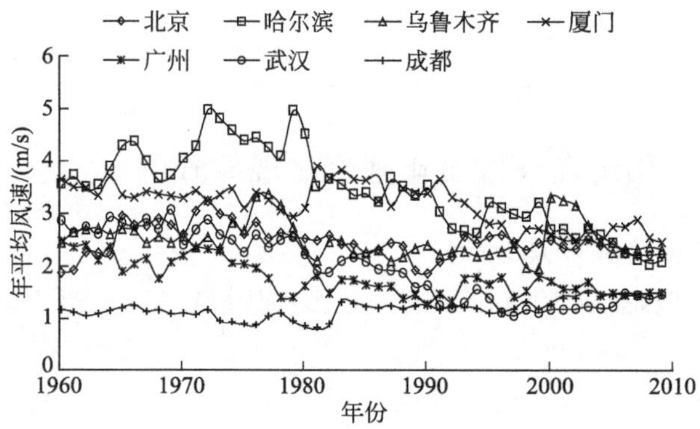

图 5-2 各站点风速逐年变化

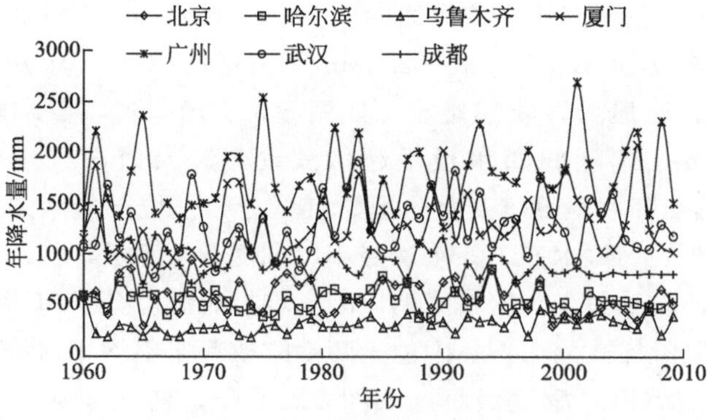

图 5-3 各站点降水量逐年变化

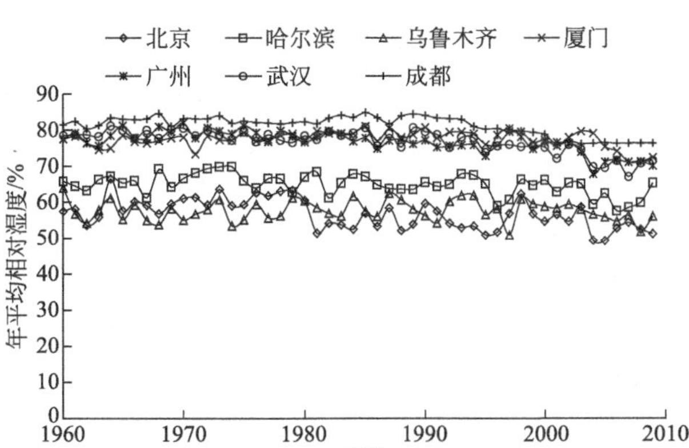

图 5-4 各站点平均相对湿度逐年变化

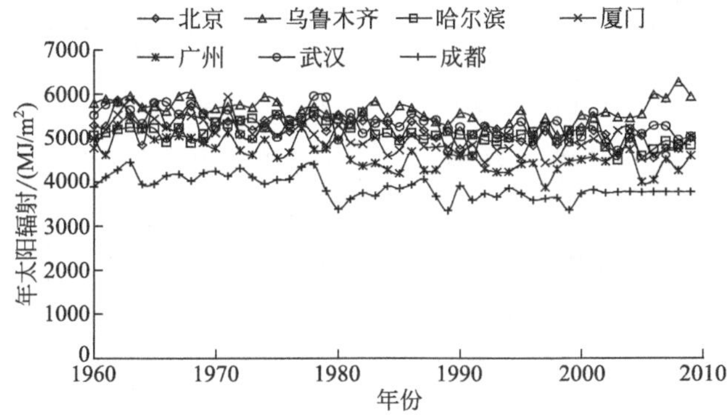

图 5-5 各站点太阳辐射逐年变化

为了进一步分析各站点气象要素的年际变化趋势，对气温、风速、降水、相对湿度、太阳辐射 1960～2009 年近 50 年的变化情况进行了线性回归分析并做了显著性检验，其结果列于表 5-2～表 5-6。

如表 5-2 所示，全国七大区的典型站点气温都有逐年增加趋势，其中乌鲁木齐显著增加，北京、哈尔滨、广州、武汉、成都五个站点年平均气温呈逐年特显著增加，哈尔滨升温最快，其气候倾向率为 0.528℃/10yr。太阳辐射下降趋势很明显，其中广州下降最快，其每 10 年间下降速率为 164.68MJ/m^2。如表 5-3 所示，除了成都平均风速有逐年特显著增加趋势，其余气象站点逐年呈下降趋势，其中以哈尔滨下降趋势最明显，每 10 年间下降速率为 0.423m/s。如表 5-4 所示，各气象站点降水量逐年变化趋势有升有降。乌鲁木齐、厦门、广州、武汉年降水量有逐年增加趋势，其中乌鲁木齐显著增加；北京、哈尔滨、成都呈逐年下降趋势，其中成都逐年特显著下降。如表 5-5 所示，各气象站点平均相对湿度都有逐年下降趋势。如表 5-6 所示，七个气象站点太阳辐射都呈逐年下降趋势，且下降趋势明显，其中广州每 10 年间下降速率最大为 164.68MJ/m^2。

⊡ 表 5-2 各站点气温年际变化趋势

站点	回归方程	相关系数	变化趋势	10 年气候倾向率/℃
北京	$y=0.0465x-79.956$	0.761	↑**	0.465
哈尔滨	$y=0.0528x-100.52$	0.746	↑**	0.528
乌鲁木齐	$y=0.0217x-35.568$	0.350	↑*	0.217
厦门	$y=0.0046x+11.318$	0.138	↑	0.046
广州	$y=0.0254x-28.339$	0.690	↑**	0.254
武汉	$y=0.0428x-68.167$	0.784	↑**	0.428
成都	$y=0.0266x-36.493$	0.646	↑**	0.266

注：1. ** 表示显著性水平达到 0.01，* 表示显著性水平达到 0.05。
2. 表中“x”为年份。

⊡ 表 5-3 各站点风速年际变化趋势

站点	回归方程	相关系数	变化趋势	10 年气候倾向率/(m/s)
北京	$y=-0.0064x+15.23$	0.302	↓*	0.064
哈尔滨	$y=-0.0423x+87.479$	0.784	↓**	0.423
乌鲁木齐	$y=-0.0052x+12.702$	0.208	↓	0.052
厦门	$y=-0.0216x+46.026$	0.710	↓**	0.216
广州	$y=-0.0183x+38.165$	0.760	↓**	0.183
武汉	$y=-0.0421x+85.602$	0.927	↓**	0.421
成都	$y=0.0094x-17.463$	0.651	↑**	0.094

注：1. ** 表示显著性水平达到 0.01，* 表示显著性水平达到 0.05。
2. 表中“x”为年份。

⊡ 表 5-4 各站点降水年际变化趋势

站点	回归方程	相关系数	变化趋势	10 年气候倾向率/mm
北京	$y=-2.3727x+5275.7$	0.216	↓	23.727
哈尔滨	$y=-0.3613x+1253.7$	0.051	↓	3.613
乌鲁木齐	$y=2.0529x-3776.1$	0.348	↑*	20.529
厦门	$y=5.4659x-9584.1$	0.265	↑	54.659
广州	$y=4.3405x-6859.9$	0.205	↑	43.405
武汉	$y=3.2145x-5116.6$	0.166	↑	32.145
成都	$y=-5.359x+11543$	0.496	↓**	0.266

注：1. ** 表示显著性水平达到 0.01，* 表示显著性水平达到 0.05。
2. 表中“x”为年份。

表 5-5　各站点平均相对湿度年际变化趋势

站点	回归方程	相关系数	变化趋势	10 年气候倾向率/%
北京	$y=-0.1552x+364.69$	0.548	↓**	1.552
哈尔滨	$y=-0.0939x+251.06$	0.466	↓**	0.939
乌鲁木齐	$y=-0.0142x+85.676$	0.349	↓*	0.142
厦门	$y=-0.0259x+128.63$	0.168	↓	0.259
广州	$y=-0.147x+368.57$	0.690	↓**	1.47
武汉	$y=-0.1674x+408.87$	0.754	↓**	1.674
成都	$y=-0.1269x+332.97$	0.686	↓**	1.269

注：1. ** 表示显著性水平达到 0.01，* 表示显著性水平达到 0.05。
2. 表中“x”为年份。

表 5-6　各站点太阳辐射年际变化趋势

站点	回归方程	相关系数	变化趋势	10 年气候倾向率/(MJ/m^2)
北京	$y=-15.461x+35663$	0.647	↓**	154.61MJ/m^2
哈尔滨	$y=-8.5176x+21997$	0.538	↓**	85.176MJ/m^2
乌鲁木齐	$y=-5.1581x+15793$	0.300	↓*	51.581MJ/m^2
厦门	$y=-15.461x+35663$	0.265	↓**	154.61MJ/m^2
广州	$y=-16.468x+37288$	0.713	↓**	164.68MJ/m^2
武汉	$y=-12.499x+30072$	0.166	↓**	124.99MJ/m^2
成都	$y=-10.938x+25613$	0.640	↓**	109.38MJ/m^2

注：1. ** 表示显著性水平达到 0.01，* 表示显著性水平达到 0.05。
2. 表中“x”为年份。

2. 潜在蒸散发年际变化规律分析

（1）潜在蒸散发年际变化趋势分析

各气象站点 ET_0 逐年变化趋势见图 5-6 和表 5-7。各站年 ET_0 值介于 653.93～1281.62mm，ET_0 年际间的变化不明显，ET_0 最大值与最小值相差 354.79～155.03mm。各气象站点 ET_0 逐年变化趋势分布和太阳辐射相似，成都的年潜在蒸散发最低，其余年潜在蒸散发分布相对均匀、集中，乌鲁木齐的年潜在蒸散发量最高。

如表 5-7 所示，经线性回归分析得到：哈尔滨、乌鲁木齐、厦门、广州、武汉五个站点的潜在蒸散发量下降趋势很显著，其中乌鲁木齐、厦门、广州、武汉呈特显著下降，北京、成都有不显著的上升趋势。

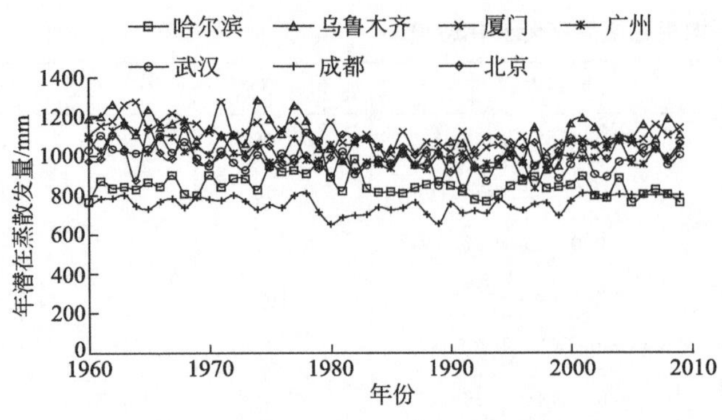

图 5-6 各站点潜在蒸散发逐年变化

表 5-7 各站点潜在蒸散发年际变化趋势

站点	回归方程	相关系数	变化趋势	10 年气候倾向率/mm
北京	$y=0.5614x-89.06$	0.140	↑	5.614
哈尔滨	$y=-1.0371x+2905$	0.295	↓*	10.371
乌鲁木齐	$y=-2.476x+6005.4$	0.389	↓**	24.76
厦门	$y=-2.7866x+6633$	0.585	↓**	27.866
广州	$y=-2.1581x+5288.9$	0.515	↓**	21.581
武汉	$y=-1.7806x+4512.8$	0.400	↓**	17.806
成都	$y=0.2642x+229.64$	0.094	↑	2.642

注：1. ＊＊表示显著性水平达到 0.01，＊表示显著性水平达到 0.05。

2. 表中“x”为年份。

(2) 各气象站点潜在蒸散发与气象要素的关系

对全国七大区的典型站点潜在蒸散发（ET_0）与气温（T）、降水（P）、太阳辐射（R_S）、相对湿度（RH）、风速（W_n）5 个基本气象要素多年变化情况进行了线性相关分析，其结果列于表 5-8。各站 ET_0 与太阳辐射的相关性均达到特显著水平；与风速的相关性，除了北京站达到显著相关，其余均达到特显著相关。可以说明，太阳辐射和风速对潜在蒸散发的影响最大。

表 5-8 各站点 ET_0 与气象要素的线性相关系数

站点	T	P	R_S	RH	W_n
北京	0.336*	0.602**	0.47**	0.644**	0.296*
哈尔滨	0.07	0.111	0.802**	0.129	0.595**
乌鲁木齐	0.041	0.041	0.881**	0.142	0.403**
厦门	0.998**	0.965**	0.896**	0.543**	0.323**
广州	0.064	0.444**	0.808**	0.114	0.613**
武汉	0.029	0.641**	0.886**	0.107	0.520**
成都	0.594**	0.014	0.999**	0.561**	0.448**

注：＊＊表示显著性水平达到 0.01，＊表示显著性水平达到 0.05。

第三节　全国气象要素和潜在蒸散发的年际变化规律分析

为了全面描述全国范围内主要气象要素及潜在蒸散发近半个世纪的变化趋势，通过 ArcGIS 制作专题图，可以给出年平均气温、年平均风速、年降水、年平均相对湿度、年太阳辐射以及年潜在蒸散发的气候倾向率的空间分布变化，同时还能为其对应要素变化 F 检验的显著性的分布图。

自 1960 年以来，总体上年逐日平均气温在全国范围内，除安徽西南部、广西西北部以外都有升高趋势，且绝大部分地区都通过显著性水平（$\alpha=0.01$）的检验，呈特显著升高。东北、华北、西北以及西南的西藏地区温度升高，每 10 年升高 0.34～0.66℃，可以得出北方升温较快，南方升温较慢的结论。年逐日平均风速全国范围的变化情况和显著性水平，除云南、贵州、湖北、四川、甘肃部分地区，全国范围内，风速呈下降趋势，且下降的绝大部分地区都通过显著性水平（$\alpha=0.01$）的检验，呈特显著升高。近半个世纪以来，我国降水变化区域差异性比较大，总体上区域降水有升有降。降水下降最快的地区分布在黑龙江、山西、福建、浙江，每 10 年下降 172.40～73.02mm。降水增多的地区主要分布在西部的青海、新疆、西藏、四川、云南，长江中下游地区以及华南地区，每 10 年升高 0～74.65mm，但这些降水增加或减少最多的区域都没有通过显著性检验。平均相对湿度的变化趋势和降水有些类似，增加的地区主要位于西部，只是范围略小一些，且新疆小部分地区通过了显著性水平（$\alpha=0.01$）的检验，呈特显著升高。全国范围内，除内蒙古西部、甘肃西部、新疆北部以及新疆与西藏西部交界处的太阳辐射有升高以外，其余广大地区都降低。其中，华北、长江中下游地区降幅最大，大致每 10 年下降 167.65～93.56MJ/m^2，且绝大部分地区都通过显著性水平（$\alpha=0.01$）的检验，呈特显著升高。总体上全国大范围内，潜在蒸散发呈现普遍下降趋势，但大部分地区都没有通过显著性检验。潜在蒸散发呈增加趋势的地区主要集中在西藏东部、四川、青海以及甘肃交界处，宁夏、陕西、山西、东北地区，每 10 年升高 0.01～28.61mm，但是增加的趋势不显著。

第四节　全国气象要素和潜在蒸散发分形特征分析

一、气象要素及 ET_0 变化的持续性

针对全国 631～642 个气象台站（1960～2009 年）的年时间序列潜在蒸散发、太阳辐射、降水（对于数据不全的年份基于 matlab 支持向量机插补全，保证 50 年

时间序列的完整性），应用基于地统计理论的普通克里格插值方法分析其全国分维数和 Hurst 指数的空间格局。

分别反映的是年潜在蒸散发、年太阳辐射、年降水的 Hurst 指数全国空间分布。在年尺度下全国潜在蒸散发 Hurst 指数范围为 0.69～0.92，均大于 0.5。可以看出，潜在蒸散发年序列存在着明显的 Hurst 现象，逐年变化存在着持续性，意味着 ET_0 年序列在将来一段时间仍然保持与过去相一致的变化趋势。西北青藏高原、吉林、辽宁、内蒙古地区的东北部以及黑龙江、贵州东北部、江苏的 Hurst 指数都在 0.88 以上，潜在蒸散发的持续性最强。由此可知，全国大部分地区 ET_0 年序列在将来一段时间仍然保持下降趋势。年尺度下全国太阳辐射 Hurst 指数范围为 0.54～0.81，也都在 0.5 以上。太阳辐射年序列也存在明显的 Hurst 现象，全国范围内逐年变化存在持续性，变化趋势在将来一段时间内与过去保持一致。内蒙古西部、甘肃西部、新疆北部以及新疆与西藏西部交界处的太阳辐射在未来一段时间内继续有升高趋势，除这些地区以外，全国其他地区将继续保持下降趋势。从 Hurst 指数值分布来看，年尺度下太阳辐射与潜在蒸散发相比有些差异，太阳辐射 Hurst 指数总体比潜在蒸散发小，持续性较潜在蒸散发略弱。从 Hurst 指数空间分布来看，西北 Hurst 指数高值区（0.76～0.81）从青藏高原延伸至西藏中部、青海以及甘肃和新疆的交界处，东北高值区范围缩小，只有黑龙江西部。年尺度下全国降水 Hurst 指数空间分布在 0.38～0.91 范围内。黑龙江西部、内蒙古中部在 0.5 以下，降水逐年变化存在着反持续性，在将来一段时间内变化趋势与过去相反。西北的新疆东、甘肃西北、青海 Hurst 指数在 0.80 以上，持续性最强。因为反持续性，黑龙江地区在未来一段时间内的降水将呈上升趋势，内蒙古中部下降区域在未来一段时间内降水将呈上升趋势，全国范围其余地区在未来一段时间内降水的变化趋势将与近半个世纪的变化趋势保持一致。

二、气象要素及 ET_0 分形特征

年潜在蒸散发、年太阳辐射、年降水的分形维数在全国空间的分布不同，表明气象要素等在不同的时间尺度上的变化情况不同。分形维数越大，表明在该时间尺度上气象要素及潜在蒸散发变化趋势越不显著，反之亦然。对于同一要素，不同的分形维数表明在不同时间尺度上的分形特征与复杂性。分形维数越大，要素在该尺度上越复杂。年尺度下全国潜在蒸散发、太阳辐射分形维数分别介于 1.07～1.31、1.19～1.49，各区域均小于 1.5。潜在蒸散发、太阳辐射年序列的分形维数变化不大，意味着各区域潜在蒸散发、太阳辐射年序列变化趋势显著性和持续性强，而复杂性小，差异不大。年尺度下全国降水分形维数分别介于 1.09～1.62，只有黑龙江西部、内蒙古中部、贵州西部等小区域分形维数大于 1.5。

分形维数的确定，可以反映气象要素及潜在蒸散发在不同时间尺度上的复杂性。在全国范围内，潜在蒸散发变化复杂性最小；就中国西部而言，太阳辐射分形

维数大于降水，年尺度变化复杂性大于降水；就中国东部而言，太阳辐射分形维数小于降水，年尺度变化复杂性小于降水。

第五节　本章小结

在长时间序列季节时间尺度和空间尺度分布特征的研究基础上，从北至南按照华北、东北、西北、华南、东南、长江中下游、西南七大区的分布情况选取了不同气候类型的七个典型站点的气象要素和潜在蒸散发的资料来分析。再针对全国范围，以气候倾向率为衡量指标全面描述气象要素及潜在蒸散发全国近半个世纪的变化趋势。最后应用 R/S 分析方法及基于地统计理论的普通克里格插值方法，对全国潜在蒸散发及气象要素分形特征和长程相关性特征进行了研究，得出结论如下。

1. 对潜在蒸散发影响最大的因素

针对南北方区域划分情况，以七大分布区的典型站点为研究对象，利用线性回归分析法分析各个站点潜在蒸散发量和气象要素的年际变化规律和显著性。且对潜在蒸散发（ET_0）与气温（T）、降水（P）、太阳辐射（R_S）、相对湿度（RH）、风速（W_n）5 个基本气象要素多年变化情况进行了线性相关分析。研究得出，太阳辐射和风速对潜在蒸散发的影响最大。

2. 气象要素及潜在蒸散发全国范围内年际变化规律及分形特征

① 气温。近半个世纪，年逐日平均气温在全国范围内，除安徽西南部、广西西北部以外都有升高趋势，且绝大部分地区都通过显著性水平（$\alpha=0.01$）的检验，呈特显著升高。

② 风速。除云南、贵州、湖北、四川、甘肃部分地区，全国范围内，风速呈下降趋势。

③ 降水和相对湿度。我国降水变化区域差异性比较大，总体上区域降水有升有降。平均相对湿度的变化趋势和降水有些类似，增加的地区主要位于西部，只是范围略小一些。全国降水 Hurst 指数只有黑龙江西部、内蒙古中部在 0.5 以下。这两个区域降水逐年变化存在着反持续性。因为反持续性，黑龙江地区在未来一段时间内降水将呈上升趋势；内蒙古中部下降区域在未来一段时间内降水将呈上升趋势；全国范围其余地区在未来一段时间内，降水的变化趋势将与近半个世纪的变化趋势保持一致。

④ 太阳辐射。内蒙古西部、甘肃西部、新疆北部以及新疆与西藏西部交界处的太阳辐射有升高趋势以外，其余广大地区都降低。全国范围内，太阳辐射 Hurst 指数大于 0.5，存在明显的 Hurst 现象，逐年变化存在持续性。内蒙古西部、甘肃西部、新疆北部以及新疆与西藏西部交界处在未来一段时间内继续有升高趋势，除

这些地区以外，全国其他地区将继续保持下降趋势。

⑤ 潜在蒸散发。总体上全国大范围内，潜在蒸散发呈现普遍下降趋势。在全国范围内，潜在蒸散发 Hurst 指数大于 0.5，在明显的 Hurst 现象，逐年变化存在持续性，全国大部分地区 ET_0 年序列在将来一段时间仍然保持下降趋势。

⑥ 气象要素及潜在蒸散发分形特征。分形维数的不同，表明要素在不同时间尺度上的变化情况不同。分形维数越大，表明在该时间尺度上气象要素及潜在蒸散发的变化趋势越不显著，持续性弱，复杂性越大。年尺度下全国潜在蒸散发、太阳辐射分形维数均都小于 1.5，分形维数变化不大，意味着各区域潜在蒸散发、太阳辐射年序列变化趋势显著性和持续性强，而复杂性小，差异不大。除了黑龙江西部、内蒙古中部、贵州西部等小区域外，年尺度下全国降水分形维数小于 1.5。

第六章

植物土壤因子的空间变异及模糊聚类

第一节　我国植物土壤因子的概况

我国植物土壤类型复杂多样，从南端的赤道热带土壤到北端的寒温带土壤，从沿海湿润区土壤到西部沙漠干旱区土壤，在巨大的所辖范围内，包含了众多的土壤类别。但是无论有多少种类，其分布都具有显著的特点，尤其是其整体的地带性分布，在本书的网格化分析研究中，得到了很好的验证。而个别的非地带性变化，则由于水热条件和错综复杂的地域差异，导致了土壤组合的复杂多样。据统计，全国植物土壤有 10 个土纲，46 个土类，170 个亚类。其中分布面积最广的是暗棕壤、棕色针叶林土、红壤等，几乎覆盖全国林地的 80%。这说明我国是世界上土壤类型最多，土壤资源极其丰富的国家之一。

由于受到自然现象、人类活动及地质现象等的客观影响，我国的植被覆盖率空间分布极不均匀。林地覆盖率＞30%的有台湾、福建、浙江、黑龙江、江西、湖南、吉林等地；林地覆盖率为 20%～30%的有广东、辽宁、云南、广西、陕西湖北等地；林地覆盖率为 10%～20%的有贵州、安徽、四川、内蒙古等地；林地覆盖率为 5%～10%的有山东省、河南省、河北省、北京市、山西省、西藏自治区等地；林地覆盖率＜5%的有甘肃、江苏、天津、宁夏、上海、新疆、青海等地。其中，有林地面积占全国比重最大的黑龙江省达 13.2%，内蒙古其次，达 11.9%；而比重最小的除 3 个直辖市外，宁夏不足万分之一，青海、江苏均不足千分之一。

全国共有林业用地面积约 2.6 亿公顷，有林地面积只占林业用地面积的 50.86%，全国人均有林地面积为 0.11 hm^2，相当于世界人均水平的 18%，与世界林业发达国家相比差距更大。但林业用地中尚有 1 亿多公顷宜林的无林地，其中约有 60%～70%处于湿润半湿润气候区，扩大林地资源还有较大潜力。由于我国林业用地利用率低，植物土壤资源地区趋势不均，林地管理的集约化程度很不一样，平均单位面积产量相差很大，高的地方每公顷木材蓄积量达 1000 多立方米，低的地方甚至只有 20～30m^3，因此，在提高林地单位面积产量和挖掘平衡增产方面都有巨大潜力。具体可通过变低产为高产、更高产两大途径实况。从战略上来说，这两者同时并重，但侧重点不同，低产土壤方面，在经济条件允许的情况下，可采取不同的改良措施，但主要应着重生态效益；而对于立地质量较高的林地，应加强集约经营强度，期望获得更高产量，满足国民经济需要。

第二节　植物土壤属性数据库

根据网格化地图提取出的土壤属性数据库如表 6-1 所示，包括每个点的经纬度坐标值，该点土壤的有机质含量及其极值，磷的含量及其极值，钾的含量及其极值，磷的最小含量等，数据集共计 7 万多条，现摘出 400 条进行举例（表 6-1）。

表 6-1　土壤属性数据表（摘录）（扫码阅读）

第三节　植物土壤属性数据分类分析

一、土壤类别关联植物植被及关联度

1. 暗棕壤关联植物植被

通过对植物植被类型和土壤类型的关联度分析可知，暗棕壤关联植物植被共有 7 类，总关联度为 2.222%。其中，各类型植物植被所对应的关联度分别是：高寒草甸 1.29%，亚热带、热带亚高山常绿针叶林 0.68%，亚热带山地酸性黄棕壤落叶常绿阔叶混交林 0.15%，亚热带常绿阔叶杂木林 0.05%，冰川雪被 0.03%，高山垫状植物植被 0.02%，亚高山常绿革质叶灌丛不及 0.01%。

2. 巴嘎土关联植物植被

通过对植物植被类型和土壤类型的关联度分析可知，巴嘎土（亚高山草原土）关联植物植被共有 6 类，总关联度为 5.48%。其中，高寒草原的关联度最高，达到 3.97%，约占该模块的 72.4%，其次是高寒草甸，占该模块的比例为 13.3%（图 6-1）。

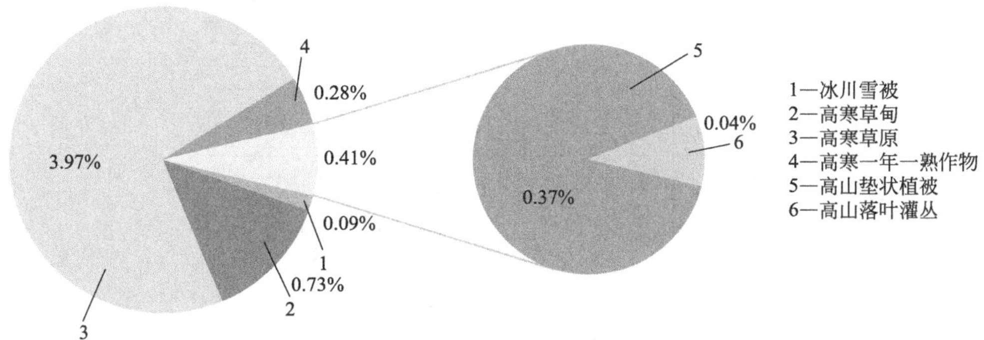

图 6-1 巴嘎土关联植物植被

3. 草甸土关联植物植被

通过对植物植被类型和土壤类型的关联度分析可知，草甸土关联植物植被共有6类，总关联度为0.45%，其中亚热带、热带亚高山常绿针叶林占0.21%，接近50%的比重（图6-2）。

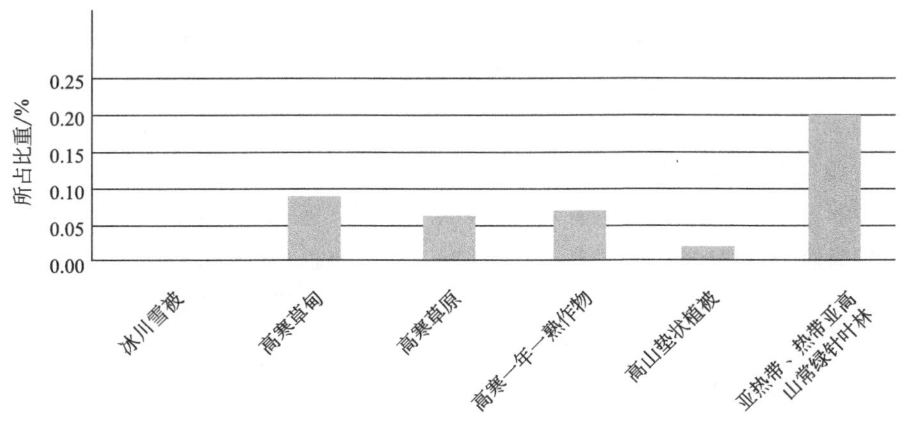

图 6-2 草甸土关联植物植被

4. 草毡土关联植物植被

通过对植物植被类型和土壤类型的关联度分析可知，草毡土关联植物植被共有6类，总关联度为10.33%，其中高寒草甸和高寒草原所占比重最高，分别为4.63%和2.59%；排第三位的是高山垫状植物植被，所占比重为2.01%。这三类植物植被占到草毡土关联植物植被趋势的90%（图6-3）。

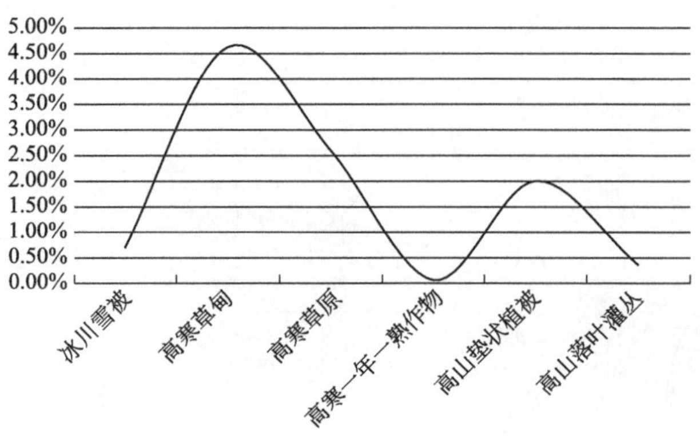

图 6-3　草毡土关联植物植被

5. 赤红壤关联植物植被

通过对植物植被类型和土壤类型的关联度分析可知，赤红壤关联植物植被有 7 类，分别是单（双）季稻或一年三季旱作，亚热带常绿果树、经济林，过渡性热带常绿阔叶林，热带常绿阔叶雨林，热带红树林，热带石灰岩半常绿阔叶季雨林，热带酸性砖红壤半常绿季雨林，其关联度总数较低，总和仅为 1.29%。

6. 高山漠土关联植物植被

通过对植物植被类型和土壤类型的关联度分析可知，高山漠土关联植物植被仅有 2 类，分别是高寒草原和高山垫状植物植被，关联度总数极低，两者之和仅为 0.01%。

7. 寒漠土关联植物植被

通过对植物植被类型和土壤类型的关联度分析可知，寒漠土关联植物植被有 6 类，总关联度为 3.64%，关联有冰川雪被、高寒草甸、高寒草原、高山垫状植物植被、高山落叶灌丛，另外在亚热带、热带亚高山常绿针叶林中也偶尔见到寒漠土，关联度为 0.03%。

8. 褐土关联植物植被

通过对植物植被类型和土壤类型的关联度分析可知，褐土关联植物植被有 7 类，总关联度为 3.86%。褐土在高寒草甸植物植被中关联度最高，达到 2.53%，远远超过高山垫状植物植被，高山落叶灌丛，稀树灌木草原，亚高山常绿革质叶灌丛，亚热带、热带亚高山常绿针叶林和亚热带常绿针叶林与灌丛（包括竹林）的关联度总和。

9. 黑毡土关联植物植被

通过对植物植被类型和土壤类型的关联度分析可知，黑毡土是我国数据关联较广的一类植物土壤，关联植物植被共有 14 类，总关联度达到 14.76%。其中关联度最高的是高寒草甸植物植被，其关联度达到 9.25%，远高于其他各类植物土壤关联度，如图 6-4 所示。

10. 红壤关联植物植被

通过对植物植被类型和土壤类型的关联度分析可知，红壤是我国数据关联较广的一类植物土壤，关联植物植被共有 16 类，总关联度达到植物土壤总数的 14.44%。其中关联度最广的是亚热带、热带常绿、落叶灌丛和疏林，其关联度达到 5.45%，其次是亚热带常绿针叶林与灌丛（包括竹林），关联度为 3.08%，如图 6-5 所示。

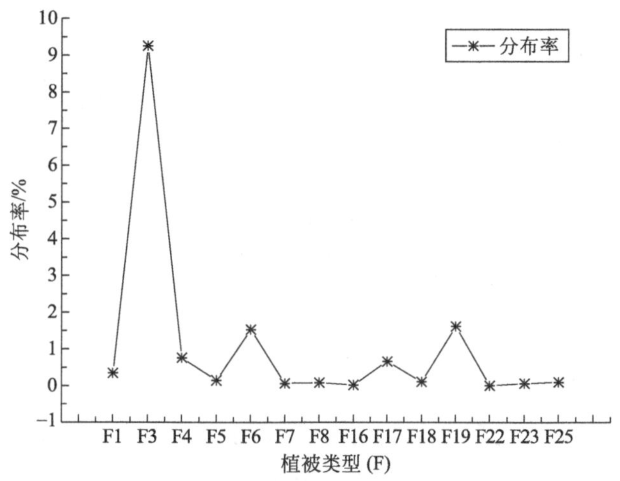

图 6-4　黑毡土关联植物植被

（注：　F1～F25 分别代表各类植物植被，见表 2-11）

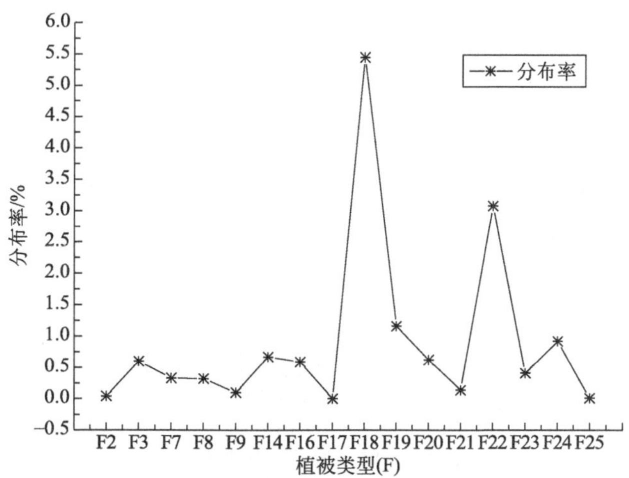

图 6-5　红壤关联植物植被

（注：　F1～F25 分别代表各类植物植被，见表 2-11）

11. 黄壤关联植物植被

如图 6-6 所示，黄壤关联植物植被类型共有 17 种，是大面积关联的一种土壤类型，关联度最高的是 F18（亚热带、热带常绿、落叶灌丛和疏林）。

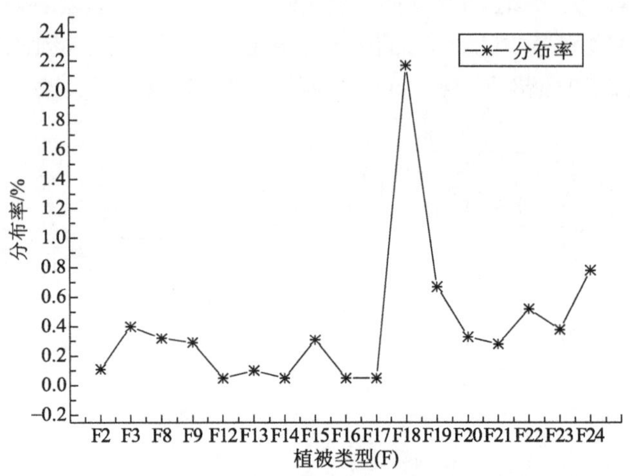

图 6-6 黄壤关联植物植被

（注： F1—F25 分别代表各类植物植被，见表 2-11）

12. 黄棕壤关联植物植被

如图 6-7 所示，黄棕壤关联植物植被共有 11 类，关联面积较广，其中关联度最高的也是 F18（亚热带、热带常绿、落叶灌丛和疏林）。

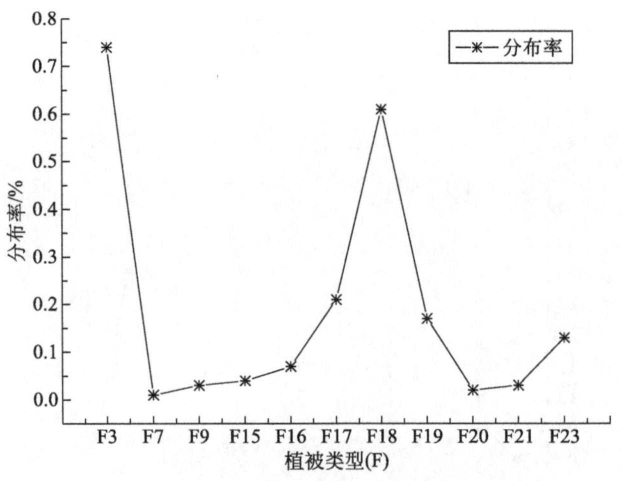

图 6-7 黄棕壤关联植物植被

（注： F1—F25 分别代表各类植物植被，见表 2-11）

13. 莎嘎土关联植物植被

通过对植物植被类型和土壤类型的关联度分析可知，莎嘎土关联植物植被有 4 类，总关联度为 9.20%，关联有冰川雪被、高寒草甸、高寒草原、高山垫状植物植被。其中，高寒草原关联度最多为 5.35%。

14. 石灰（岩）土关联植物植被

通过对植物植被类型和土壤类型的关联度分析可知，石灰（岩）土关联植物植被有 10 类，总关联度仅为 1.56%，但关联较广。在过渡性热带常绿阔叶林，热带常绿阔叶雨林，热带酸性砖红壤半常绿季雨林，双季稻连作喜温冬季作物和热带经济林、果树，水旱一年两熟和过渡性亚热带落叶、常绿果树，亚热带、热带常绿、落叶灌丛和疏林，亚热带常绿阔叶杂木林，亚热带常绿针叶林与灌丛（包括竹林），亚热带石灰岩落叶阔叶常绿阔叶混交林等植物植被区均有关联。

15. 水稻土关联植物植被

通过对植物植被类型和土壤类型的关联度分析可知，水稻土关联植物植被有 14 类，总关联度为 9.20%。关联最广的是亚热带石灰岩落叶阔叶常绿阔叶混交林，关联度为 4.03%；其次是双季稻连作喜温冬季作物和热带经济林、果树，关联度为 1.29%；其他各类植物植被区关联度均不足 1%。

16. 盐土关联植物植被

盐土关联植物植被仅有 3 类，分别是高寒草甸、高寒草原和高山垫状植物植被，总关联度为 0.45%。

17. 燥红土关联植物植被

燥红土关联植物植被仅有 3 类，分别是热带常绿阔叶雨林，亚热带、热带常绿、落叶灌丛和疏林，以及亚热带常绿针叶林与灌丛（包括竹林），总关联度仅为 0.26%。

18. 砖红壤关联植物植被

砖红壤关联植物植被有 8 类，分别为过渡性热带常绿阔叶林，热带常绿阔叶雨林，热带石灰岩半常绿阔叶季雨林，热带酸性砖红壤半常绿季雨林，双季稻连作喜温冬季作物和热带经济林、果树，稀树灌木草原，亚热带、热带常绿、落叶灌丛和疏林，亚热带常绿阔叶杂木林等植物植被类型区关联，总关联度为 3.49%。

19. 紫色土关联植物植被

紫色土关联植物植被有 8 类，分别为单（双）季稻或一年三季旱作，亚热带常绿果树、经济林，水旱一年两熟和过渡性亚热带落叶、常绿果树，温带、暖温带落叶阔叶林，亚热带、热带常绿、落叶灌丛和疏林，亚热带常绿栎林，亚热带常绿针叶林与灌丛（包括竹林），亚热带山地酸性黄棕壤落叶常绿阔叶混交林，亚热带石灰岩落叶阔叶常绿阔叶混交林区等，总关联度为 4.43%。

20. 棕壤关联植物植被

棕壤关联植物植被有 15 类，总关联度为 7.19％。其中关联度最高的是高寒草甸（F3），关联度为 3.75％，占到棕壤关联植物植被的 50％以上；位居第二的是亚热带、热带亚高山常绿针叶林，关联度为 1.16％，如图 6-8 所示。

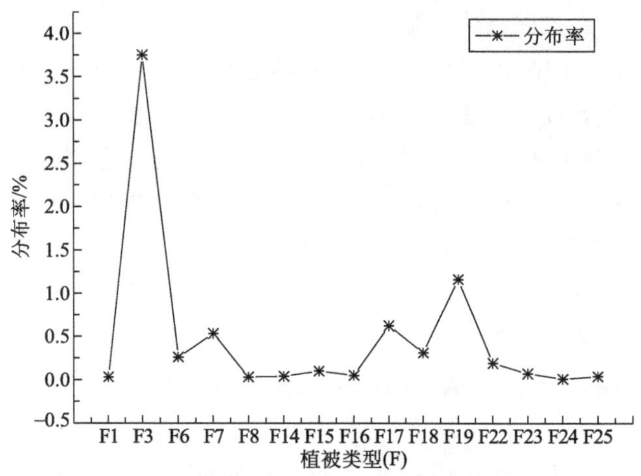

图 6-8 棕壤关联植物植被

（注：F1～F25 分别代表各类植物植被，见表 2-11）

整体来看，我国植物土壤的水平地带关联规律在经度和纬度方向各有其明显的特点：自南向北由砖红壤经过黄壤、红壤、褐土等过渡到黑土和棕壤，色泽越来越黑；自东向西，由中纬度的褐土逐渐变为黑垆土、灰钙土和灰漠土；高度区由黑土或棕壤逐渐变为灰黑土、黑钙土、栗钙土、棕钙土，直至灰漠土。植物土壤的变化规律如图 6-9 所示。

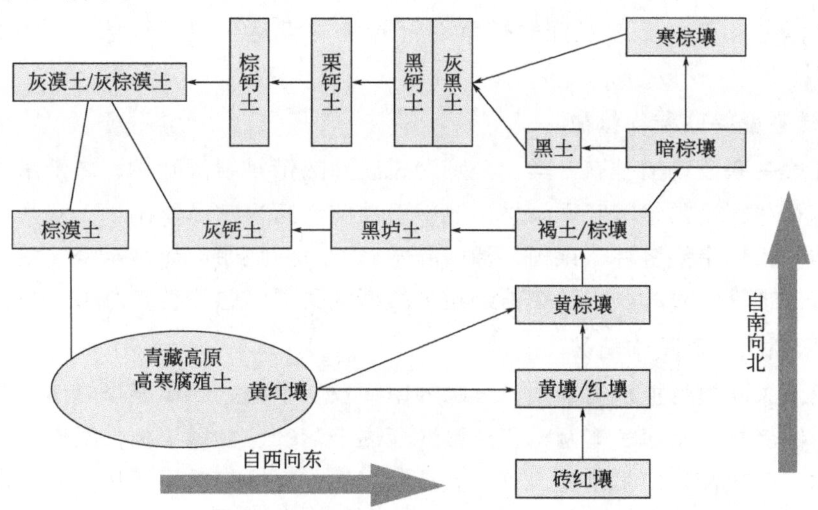

图 6-9 我国植物土壤的水平地带关联规律

二、土壤有机质含量分级及变异度

通过对植物土壤的有机质含量进行反演取值，获取每一种植物土壤有机质含量的最大值和最小值，在 ArcGIS 中做出我国陆地及岛屿上有机质含量范围的分级图。植物土壤有机质含量范围划分为 15 个级别，土壤有机质含量最低为 0～0.2%，主要关联在内蒙古西部、甘肃北部和新疆东部的沙漠戈壁滩及新疆塔里木盆地的土壤，很显然，该区域基本没有植物植被；而土壤有机质含量最高的区域达到 10%～15%，主要关联在东北三江平原、大小兴安岭及西南植物区，该区域植物生态系统保存完整，植物土壤有机质含量最高。

除了地理位置方面的关联，还可以看出，不同的植物土壤类型，因其对应的植物植被的差异，致使其有机质含量也有较大的变异区间。如暗棕壤有机质含量最小值仅有 1.5%，关联在亚热带、热带亚高山常绿针叶林中，而在高寒草甸区的有机质最大值能达到 10%。如图 6-10 所示，各类植物土壤中有机质含量的变异较大，其规律性不明显，说明有机质的来源主要是植物的枯枝落叶层，它是由覆盖在矿质土壤表面的未分解（L 层）、半分解（F 层）和已分解（H 层）的有机物质组成。它影响着土壤的化学性质、物理性质和生物性质，增加了土壤有机质和矿物质元素，改善了土壤结构，而且在植物生命中也具有重大意义。

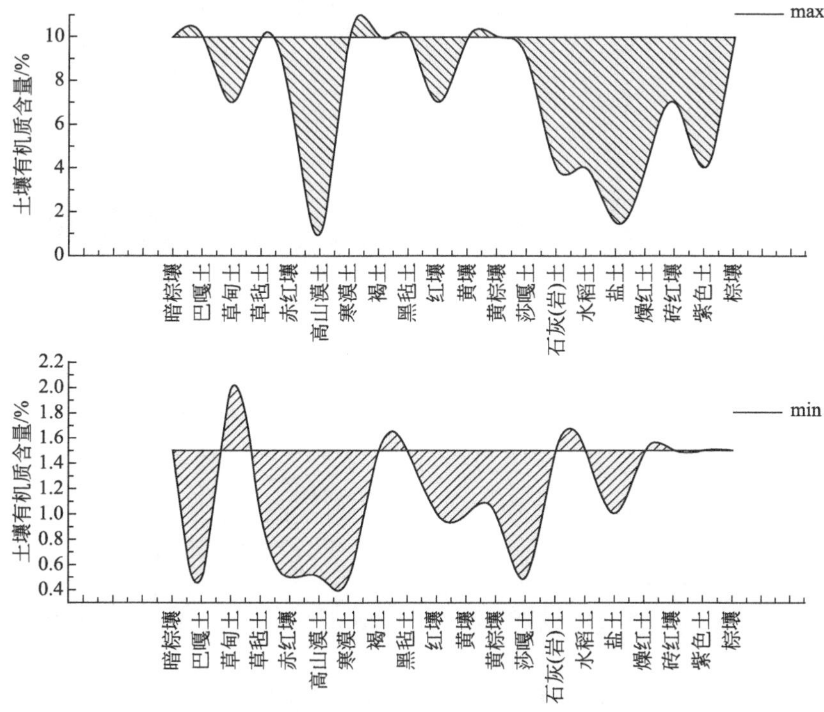

图 6-10　植物土壤有机质含量变异度

三、土壤 P 含量分级及变异度

植物土壤 P 含量的时空关联规律对改善植物土壤，进一步提高植物土壤的肥力质量具有非常重要的作用。我国土壤 P 含量较高的区域位于青藏高原的三江源地带，该区域的土壤 P 元素含量达到 0.07%～0.1%。而华北、西北的大部分区域土壤 P 含量基本适中，介于 0.052%～0.07%，其间局部区域土壤 P 含量为 0 主要是沙漠和戈壁滩。而在东北、华中和华南的大部分区域，土壤 P 含量偏低，尤其在广西、广东、福建等地的沿海区域，土壤 P 含量极低，处于极度缺 P 状态。

而从各类植物土壤中的 P 含量来看，其差异变化也较大。如图 6-11 所示，仅有草毡土和草甸土土壤 P 含量的最大值、最小值均高，介于 0.05%～0.7%，其他各类土壤 P 含量的最大值均不超过 0.1%，而最小值介于 0～0.05%。由此来看，我国植物土壤 P 含量的变动规律与全国土壤 P 含量的变动规律基本一致。有关文献和研究成果表明，其个别差异主要在于植物火烧迹地区域土壤 P 含量的变动，在此情况下才会出现土壤 P 含量增高的样本。

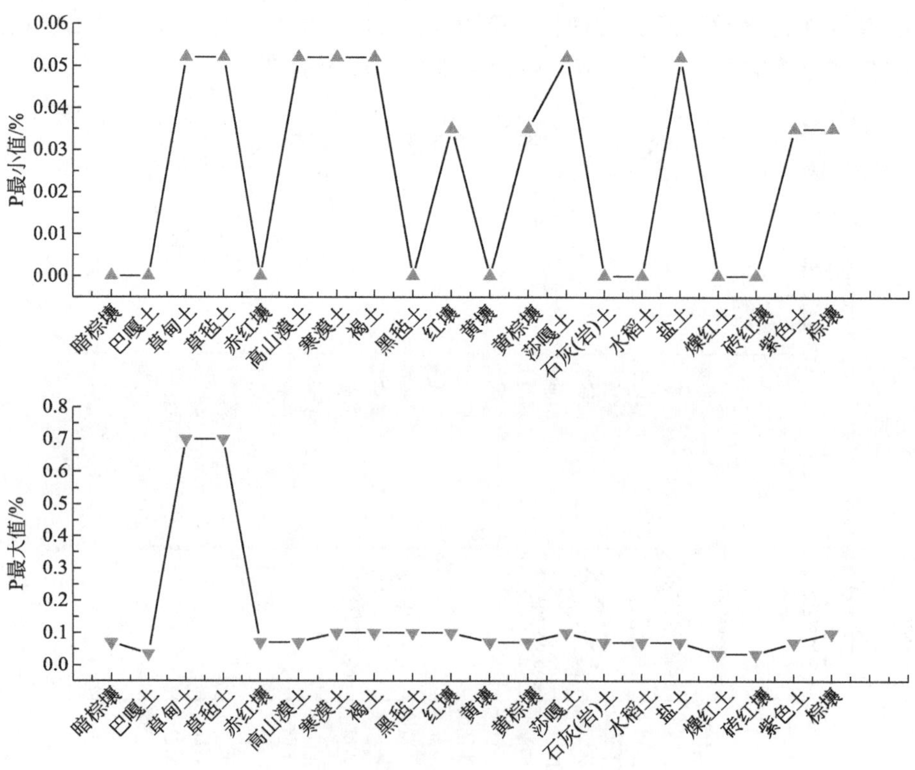

图 6-11 植物土壤中 P 含量的变异度

四、土壤 K 含量分级及变异度

全国植物土壤 K 含量的关联也具有明显的地域特点。整体来看，华中、华东、华南和西南区域的土壤 K 元素含量普遍较低，基本属于土壤 K 含量 7 级中最低的两级。随着纬度的增大而向北推移，土壤 K 含量逐渐增大。在华北大部、西北中南、青藏高原和东北大部，其含量普遍介于 1.5%～2.6%。而土壤 K 含量较高的区域关联在河西走廊以北、青海湖周边以及河套平原区域，这一关联特征也是首次被发现。

另外从植物土壤 K 含量差异的样本值来看（图 6-12），砖红壤、燥红土、盐土、水稻土、石灰（岩）土、红壤等植物土壤 K 含量普遍较低。这与此类土壤的地域关联也有关系，此类植物土壤类型大多关联在我国南方区域，而土壤 K 含量较高的土壤有棕壤、暗棕壤、黑毡土等，尤其是黄棕壤， K 含量接近 3.5%。

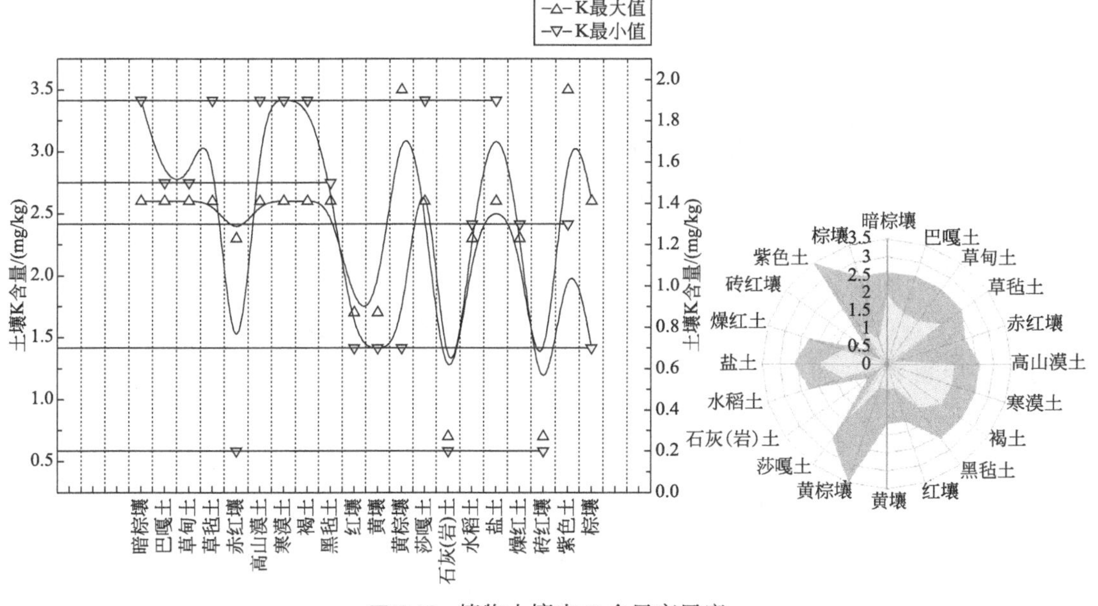

图 6-12　植物土壤中 K 含量变异度

第四节　典型网格区植物土壤模糊聚类

一、材料与数据

典型网格区取自我国西南地区，其坐标为最小经度为 92° 19.547′ E，最大经度为 97° 27.426′ E；纬度最小为 28° 28.828′ N，纬度最大为 30° 14.440′ N；海拔最低 1605m，海拔最高 4793m。在植物土壤中，以山地灌丛草原土比例为最大，占 33.81%，其次是潮土、亚高山草原土、亚高山草甸土、褐土、灰褐土等，分别占到耕地面积的 12.8%、 12.38%、 9.47%、 8.11%、 7.99%。

采集样本共 21 组，每组数据考察土壤性状指标有 9 项，分别是 pH 值、全量 N、全量 P、全量 K、有机质、全量 Cu，全量 Zn、全量 Fe，全量 Mo。各指标值列入表 6-2。

表 6-2 典型网格区植物样地土壤性状指标

样品号	土壤名称	pH 值	全量 N/%	全量 P/%	全量 K/%	有机质 /%	全量 Cu /(mg/kg)	全量 Zn /(mg/kg)	全量 Fe /(mg/kg)	全量 Mo /(mg/kg)
x1	高山草原土	6.02	0.08	0.08	0.77	2.65	47.48	166.88	5409.16	35.39
x2	亚高山草原土	6.39	0.15	0.07	1.21	5.22	37.04	167.82	5376.76	26.10
x3	亚高山草甸土	6.71	0.09	0.10	1.17	4.25	47.18	175.74	5279.25	5.11
x4	山地灌丛草原土	6.45	0.16	0.11	0.97	5.04	42.84	167.01	4987.94	35.75
x5	暗棕土	5.87	0.06	0.07	0.85	3.95	29.88	198.93	5043.56	17.68
x6	灰褐土	5.21	0.28	0.06	0.47	10.35	225.26	185.71	5061.94	15.85
x7	棕土	5.92	0.27	0.09	1.64	7.01	76.12	210.22	5731.77	0.88
x8	褐土	6.14	0.33	0.08	1.51	7.51	63.45	268.42	5501.79	18.84
x9	新积土	6.57	0.10	0.06	1.61	1.94	49.13	147.95	4786.63	9.85
x10	黄棕土	6.29	0.60	0.11	1.58	15.99	70.38	233.82	5511.58	18.11
x11	黄壤	6.75	0.10	0.05	0.72	2.47	51.45	99.27	4437.88	13.51
x12	黄红壤	7.11	0.12	0.05	0.84	4.61	40.19	342.40	5261.01	30.32
x13	草甸土	7.86	0.16	0.07	0.64	6.58	68.84	145.41	4366.89	23.12
x14	潮土	7.09	0.02	0.08	1.45	2.48	70.91	154.11	5554.43	12.81
x15	灌淤土	7.33	0.09	0.07	0.81	2.17	35.39	120.48	4929.18	8.74
x16	水稻土	7.27	0.18	0.13	1.12	5.46	33.77	181.45	5493.97	35.59
x17	山地草原土	6.75	0.11	0.07	0.53	7.28	40.33	106.05	4735.16	21.33
x18	亚高山红壤土	5.43	0.36	0.07	0.86	12.15	19.04	133.39	5560.03	32.62
x19	山地灰褐土	7.16	0.18	0.08	1.38	4.13	81.81	221.28	5467.34	16.53
x20	山地潮土	7.19	0.04	0.09	1.01	0.69	43.42	126.09	5025.32	11.84
x21	山地新积土	6.38	0.11	0.10	1.27	2.38	98.58	150.21	5306.89	21.60
	平均值	6.57	0.17	0.08	1.07	5.44	60.59	176.32	5182.31	19.60

二、对称矩阵的生成

采用表 6-2 中的数据，采用平移-极差变换，得到样本标准化矩阵，并采用夹角余弦法得到相似矩阵 $\boldsymbol{R}$，用平方法求传递闭包 $t(R)R \rightarrow R^2 \rightarrow R^4 \rightarrow R^8 \rightarrow R^{16}$ ：$R^{16}OR^{16}=R^{16}$，得到模糊等价矩阵 $t(R)=R^{16}=R^*$ 。生成的 $\boldsymbol{R}^*$ 为 21×21 的对称矩阵,如下。

$$
\boldsymbol{R}^{*}=\begin{array}{ccccccccccccccccccccc}
1.000 & 0.910 & 0.960 & 0.917 & 0.897 & 0.877 & 0.857 & 0.837 & 0.817 & 0.797 & 0.777 & 0.757 & 0.737 & 0.717 & 0.697 & 0.677 & 0.657 & 0.637 & 0.617 & 0.597 & 0.577 \\
 & 1.000 & 0.910 & 0.960 & 0.917 & 0.897 & 0.877 & 0.857 & 0.837 & 0.817 & 0.797 & 0.777 & 0.757 & 0.737 & 0.717 & 0.697 & 0.677 & 0.657 & 0.637 & 0.617 & 0.597 \\
 & & 1.000 & 0.910 & 0.960 & 0.917 & 0.897 & 0.877 & 0.857 & 0.837 & 0.817 & 0.797 & 0.777 & 0.757 & 0.737 & 0.717 & 0.697 & 0.677 & 0.657 & 0.637 & 0.617 \\
 & & & 1.000 & 0.910 & 0.960 & 0.917 & 0.897 & 0.877 & 0.857 & 0.837 & 0.817 & 0.797 & 0.777 & 0.757 & 0.737 & 0.717 & 0.697 & 0.677 & 0.657 & 0.637 \\
 & & & & 1.000 & 0.910 & 0.960 & 0.917 & 0.897 & 0.877 & 0.857 & 0.837 & 0.817 & 0.797 & 0.777 & 0.757 & 0.737 & 0.717 & 0.697 & 0.677 & 0.657 \\
 & & & & & 1.000 & 0.910 & 0.960 & 0.917 & 0.897 & 0.877 & 0.857 & 0.837 & 0.817 & 0.797 & 0.777 & 0.757 & 0.737 & 0.717 & 0.697 & 0.677 \\
 & & & & & & 1.000 & 0.910 & 0.960 & 0.917 & 0.897 & 0.877 & 0.857 & 0.837 & 0.817 & 0.797 & 0.777 & 0.757 & 0.737 & 0.717 & 0.697 \\
 & & & & & & & 1.000 & 0.910 & 0.960 & 0.917 & 0.897 & 0.877 & 0.857 & 0.837 & 0.817 & 0.797 & 0.777 & 0.757 & 0.737 & 0.717 \\
 & & & & & & & & 1.000 & 0.910 & 0.960 & 0.917 & 0.897 & 0.877 & 0.857 & 0.837 & 0.817 & 0.797 & 0.777 & 0.757 & 0.737 \\
 & & & & & & & & & 1.000 & 0.910 & 0.960 & 0.917 & 0.897 & 0.877 & 0.857 & 0.837 & 0.817 & 0.797 & 0.777 & 0.757 \\
 & & & & & & & & & & 1.000 & 0.910 & 0.960 & 0.917 & 0.897 & 0.877 & 0.857 & 0.837 & 0.817 & 0.797 & 0.777 \\
 & & & & & & & & & & & 1.000 & 0.910 & 0.960 & 0.917 & 0.897 & 0.877 & 0.857 & 0.837 & 0.817 & 0.797 \\
 & & & & & & & & & & & & 1.000 & 0.910 & 0.960 & 0.917 & 0.897 & 0.877 & 0.857 & 0.837 & 0.817 \\
 & & & & & & & & & & & & & 1.000 & 0.910 & 0.960 & 0.917 & 0.897 & 0.877 & 0.857 & 0.837 \\
 & & & & & & & & \text{对称矩阵} & & & & & & 1.000 & 0.910 & 0.960 & 0.917 & 0.897 & 0.877 & 0.857 \\
 & & & & & & & & & & & & & & & 1.000 & 0.910 & 0.960 & 0.917 & 0.897 & 0.877 \\
 & & & & & & & & & & & & & & & & 1.000 & 0.910 & 0.960 & 0.917 & 0.897 \\
 & & & & & & & & & & & & & & & & & 1.000 & 0.910 & 0.960 & 0.917 \\
 & & & & & & & & & & & & & & & & & & 1.000 & 0.910 & 0.960 \\
 & & & & & & & & & & & & & & & & & & & 1.000 & 0.910 \\
 & & & & & & & & & & & & & & & & & & & & 1.000
\end{array}
$$

三、模糊聚类定量阈值解算

取λ=1.000，分为21类，即：

{x1}，{x2}，{x3}，{x4}，{x5}，{x6}，{x7}，{x8}，{x9}，{x10}，{x11}，{x12}，{x13}，{x14}，{x15}，{x16}，{x17}，{x18}，{x19}，{x20}，{x21}。

取λ=0.981，分为20类，即：

{x4，x17}，{x1}，{x2}，{x3}，{x5}，{x6}，{x7}，{x8}，{x9}，{x10}，{x11}，{x12}，{x13}，{x14}，{x15}，{x16}，{x18}，{x19}，{x20}，{x21}。

取λ=0.980，分为19类，即：

{x4，x17}，{x5，x7}，{x1}，{x2}，{x3}，{x6}，{x8}，{x9}，{x10}，{x11}，{x12}，{x13}，{x14}，{x15}，{x16}，{x18}，{x19}，{x20}，{x21}。

取λ=0.972，分为18类，即：

{x4，x17}，{x5，x7}，{x11，x12}，{x1}，{x2}，{x3}，{x6}，{x8}，{x9}，{x10}，{x13}，{x14}，{x15}，{x16}，{x18}，{x19}，{x20}，{x21}。

取λ=0.969，分为17类，即：

{x4，x17}，{x5，x7}，{x11，x12}，{x9，x21}，{x1}，{x2}，{x3}，{x6}，{x8}，{x10}，{x13}，{x14}，{x15}，{x16}，{x18}，{x19}，{x20}。

取λ=0.968，分为16类，即：

{x4，x17}，{x5，x7}，{x11，x12}，{x9，x21}，{x14，x20}，{x1}，{x2}，{x3}，{x6}，{x8}，{x10}，{x13}，{x15}，{x16}，{x18}，{x19}。

取λ=0.967，分为15类，即：

{x1，x4，x17}，{x5，x7}，{x11，x12}，{x9，x21}，{x14，x20}，{x2}，{x3}，{x6}，{x8}，{x10}，{x13}，{x15}，{x16}，{x18}，{x19}。

取λ=0.966，分为14类，即：

{x1，x2，x4，x17}，{x5，x7}，{x11，x12}，{x9，x21}，{x14，x20}，{x3}，{x6}，{x8}，{x10}，{x13}，{x15}，{x16}，{x18}，{x19}。

取λ=0.965，分为13类，即：

{x1，x2，x4，x17}，{x5，x7}，{x11，x12}，{x9，x21}，{x14，x20}，{x8，x19}，{x3}，{x6}，{x10}，{x13}，{x15}，{x16}，{x18}。

取λ=0.964，分为12类，即：

{x1，x2，x4，x17}，{x5，x7}，{x11，x12}，{x9，x21}，{x14，x20}，{x6，x8，x19}，{x3}，{x10}，{x13}，{x15}，{x16}，{x18}。

取λ=0.957，分为11类，即：

{x1，x2，x4，x17}，{x5，x7}，{x11，x12}，{x9，x21}，{x14，x20}，{x6，x8，x19}，{x3，x13}，{x10}，{x15}，{x16}，{x18}。

取 λ=0.955，分为 10 类，即：

{x1，x2，x4，x17}，{x5，x7，x10}，{x11，x12}，{x9，x21}，{x14，x20}，{x6，x8，x19}，{x3，x13}，{x15}，{x16}，{x18}。

取 λ=0.950，分为 9 类，即：

{x1，x2，x4，x17}，{x5，x7，x10}，{x11，x12，x18}，{x9，x21}，{x14，x20}，{x6，x8，x19}，{x3，x13}，{x15}，{x16}。

取 λ=0.947，分为 8 类，即：

{x1，x2，x4，x17}，{x5，x7，x10}，{x11，x12，x18}，{x9，x21}，{x14，x20}，{x6，x8，x19}，{x3，x13，x15}，{x16}。

取 λ=0.941，分为 7 类，即：

{x1，x2，x4，x17}，{x5，x7，x10，x11，x12，x18}，{x9，x21}，{x14，x20}，{x6，x8，x19}，{x3，x13，x15}，{x16}。

取 λ=0.927，分为 6 类，即：

{x1，x2，x4，x17}，{x5，x7，x10，x11，x12，x18}，{x9，x21}，{x6，x8，x14，x19，x20}，{x3，x13，x15}，{x16}。

取 λ=0.926，分为 5 类，即：

{x1，x2，x4，x17}，{x5，x7，x10，x11，x12，x18}，{x9，x21}，{x6，x8，x14，x19，x20}，{x3，x13，x15，x16}。

取 λ=0.911，分为 4 类，即：

{x1，x2，x4，x17}，{x5，x7，x10，x11，x12，x18}，{x6，x8，x9，x14，x19，x20，x21}，{x3，x13，x15，x16}。

取 λ=0.900，分为 3 类，即：

{x1，x2，x4，x5，x7，x10，x11，x12，x17，x18}，{x6，x8，x9，x14，x19，x20，x21}，{x3，x13，x15，x16}。

取 λ=0.871，分为 2 类，即：

{x1，x2，x4，x5，x6，x7，x8，x9，x10，x11，x12，x14，x17，x18，x19，x20，x21}，{x3，x13，x15，x16}。

取 λ=0.788，分为 1 类，即：

{x1，x2，x3，x4，x5，x6，x7，x8，x9，x10，x11，x12，x13，x14，x15，x16，x17，x18，x19，x20，x21}。

植物土壤模糊动态聚类如图 6-13 所示。

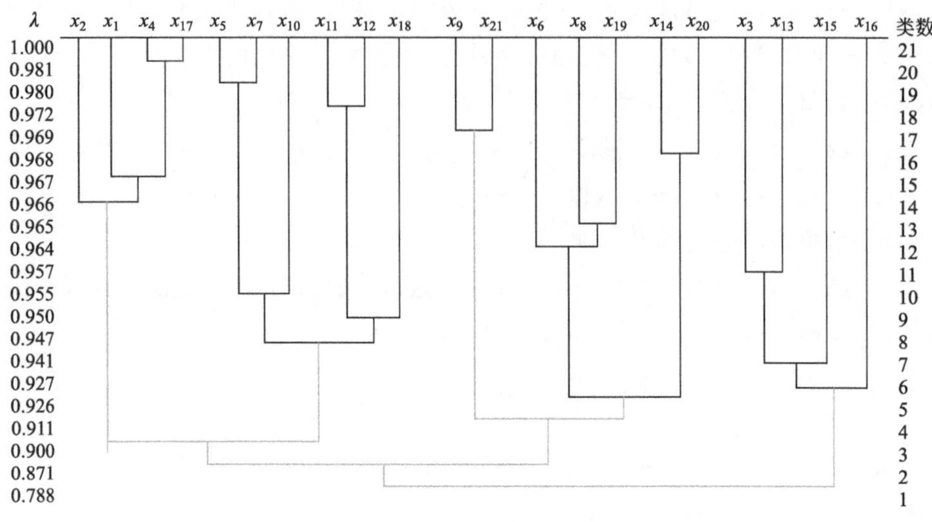

图 6-13 植物土壤模糊动态聚类图

用 F-统计量确定最佳阈值λ。计算结果见表 6-3。

表 6-3 最佳阈值 λ 取值

λ	1.000	0.981	0.98	0.972	0.969	0.968	0.967	0.966	0.965	0.964	0.957
r 分类	21	20	19	18	17	16	15	14	13	12	11
F	0	15.1	17.2	4.5	4.5	5.2	4.9	5.7	6.7	5.8	7.0
$F_\alpha(\alpha=0.05)$		247.6	19.3	8.7	5.8	4.6	3.9	3.6	3.3	3.1	2.9
差$(F-F_\alpha)$	—	—	—	—	—	0.6	1.0	2.1	3.4	2.7	4.1
λ	0.955	0.95	0.947	0.941	0.927	0.926	0.911	0.9	0.871	0.788	
r 分类	10	9	8	7	6	5	4	3	2	1	
F	5.4	6.6	8.1	6.5	7.4	8.7	1.7	2.6	2.4	0	
$F_\alpha(\alpha=0.05)$	2.8	2.8	2.8	2.8	2.9	3.0	3.1	3.6	4.4	—	
差$(F-F_\alpha)$	2.6	3.8	5.3	3.7	4.5	5.7	—	—	—	—	

从表 6-3 中看出，计算结果有 12 个 F 满足不等式 $F>F_\alpha(r-1,m-r)(\alpha=0.05)$。再检查差值（$F-F_\alpha$），差值较大的是 λ=0.926，分 5 类：第 1 类是由｛x1，x2，x4，x17｝组成的高原土类；第 2 类是由｛x5，x7，x10，x11，x12，x18｝组成的棕土类及黄红壤土类；第 3 类是由｛x9，x21｝组成的新积土类；第 4 类是由｛x6，x8，x14，x19，x20｝组成的褐土及潮土类；第 5 类是由｛x3，x13，x15，x16｝组成的草甸土类。λ=0.947，分 8 类：第 1 类是｛x1，x2，x4，x17｝；第 2 类是｛x5，x7，x10｝；第 3 类是｛x11，x12，x18｝；第 4 类是｛x9，x21｝；第 5 类是｛x14，x20｝；第 6 类是｛x6，x8，x19｝；第 7 类是｛x3，x13，x15｝；第 8 类是

{x16}。很显然，当 $\lambda=0.947$ 时分类更加细致，但是由于样本的试验数据所限，个别信息误差会导致聚类的偏差，而且分 8 类时也基本反映了分 5 类时所包含的信息，这些信息与现实情况较为符合。

第五节 本章小结

① 经过网格划分并进行各类植物土壤的分类统计后发现，我国植物土壤类别非常多，达 10 个土纲，46 个土类，170 个亚类，其中以棕色针叶林土、暗棕壤、红壤等面积最大，约占林业用地的 80%。

② 结合网格的精细化地域分割，研究每一类植物土壤所对应的植物植被类型及空间关联度，进一步建立了植物土壤和植物植被类型之间的关联度，为进一步研究土壤类型在空间的关联规律提供基础数据。

③ 对植物土壤的有机质含量、土壤 P 含量、土壤 K 含量通过 FM-SOTER 数据库中提取现值，获取全国所有网格的单一植物土壤有机质含量的最大值和最小值、P 含量和 K 含量数据集，在 ArcGIS 中做出了我国陆地及岛屿上植物土壤中有机质、P、K 含量范围的分级专题图。

④ 通过对典型格网区 21 类植物土壤类型的空间模糊聚类解算发现，虽然随着阈值 λ 增大，植物土壤的分类越加细致，但由于样本的试验数据所限，个别信息误差会导致聚类的偏差。当 $\lambda=0.947$ 时，植物土壤分 8 类，反映出的植物土壤聚类最佳，第 1 类是 {x1，x2，x4，x17}；第 2 类是 {x5，x7，x10}；第 3 类是 {x11，x12，x18}；第 4 类是 {x9，x21}；第 5 类是 {x14，x20}；第 6 类是 {x6，x8，x19}；第 7 类是 {x3，x13，x15}；第 8 类是 {x16}。

第七章

植被地形因子的经纬度空间变异

数字高程模型（Digital Elevation Model，DEM）是描述地形情况的重要指标之一，地形的高低起伏变化对该地区的土壤蓄水能力和森林植被的生长都有重要的影响。如图 7-1 所示，高程变化的半方差随着变程的增大而增大。

对 DEM 进行 3 种插值的分析比较发现，与二维分布相似，三维插值图更能直观地显示环首都圈层的地势高低情况。随着格网尺度的增加，曲面的锋利度下降，同时平滑度上升；随着选取格网尺度的加大，对地势起伏的同化性增强。图 7-2 是基于克里格插值的不同格网尺度下的高程变化；图 7-3 是基于反距离加权插值的不同格网尺度下的高程变化；图 7-4 是基于条件模拟插值的不同格网尺度下的高程变化。

对所研究地形因子中高程的最大高程 Z_{max}、高程的最小高程 Z_{min} 等数据进行统计计算。数据资料齐全，在所有的网格中均有关联，无缺失。并将统计参数的均值、均值的标准、中值、众数、标准差、方差、全距、极值，以及 25%、50%、75%等三个百分位数值均进行计算，列于表 7-1 中。

表 7-1　统计参数表

统计参数		最大高程	最小高程
N	有效	737280	737280
	缺失	0	0
均值		2024.189	1606.202
均值的标准误		2.992	2.666
中值		1273.000	1023.000
众数		10.000	0.000
标准差		1829.594	1630.718
方差		3347414.443	2659242.809
全距		8959.000	6553.000
极小值		−148.000	−274.000
极大值		8811.000	6279.000

续表

统计参数		最大高程	最小高程
百分位数	25	626.000	294.000
	50	1273.000	1023.000
	75	3434.000	2655.000

注：存在多个众数，显示最小值。

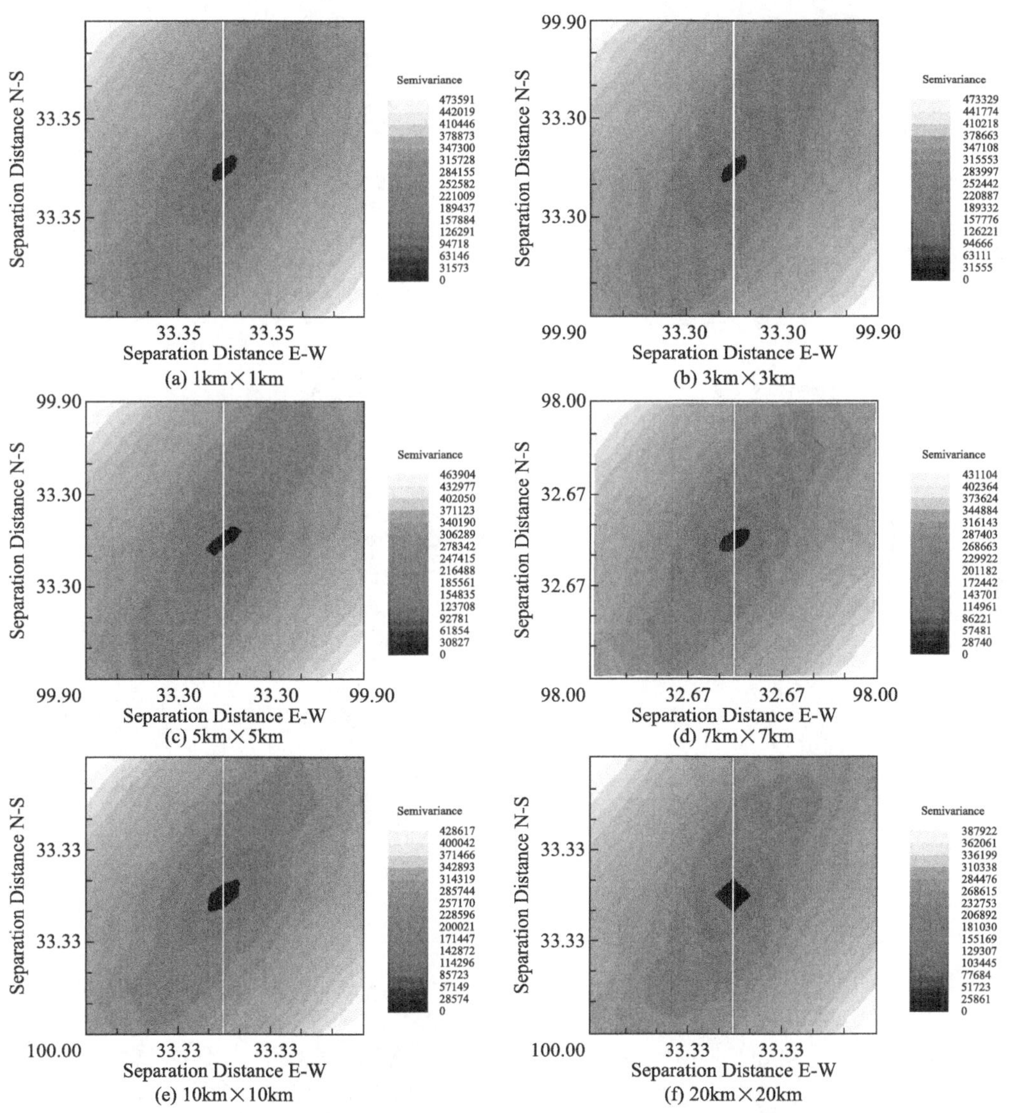

图 7-1　不同格网尺度下高程的半方差分析

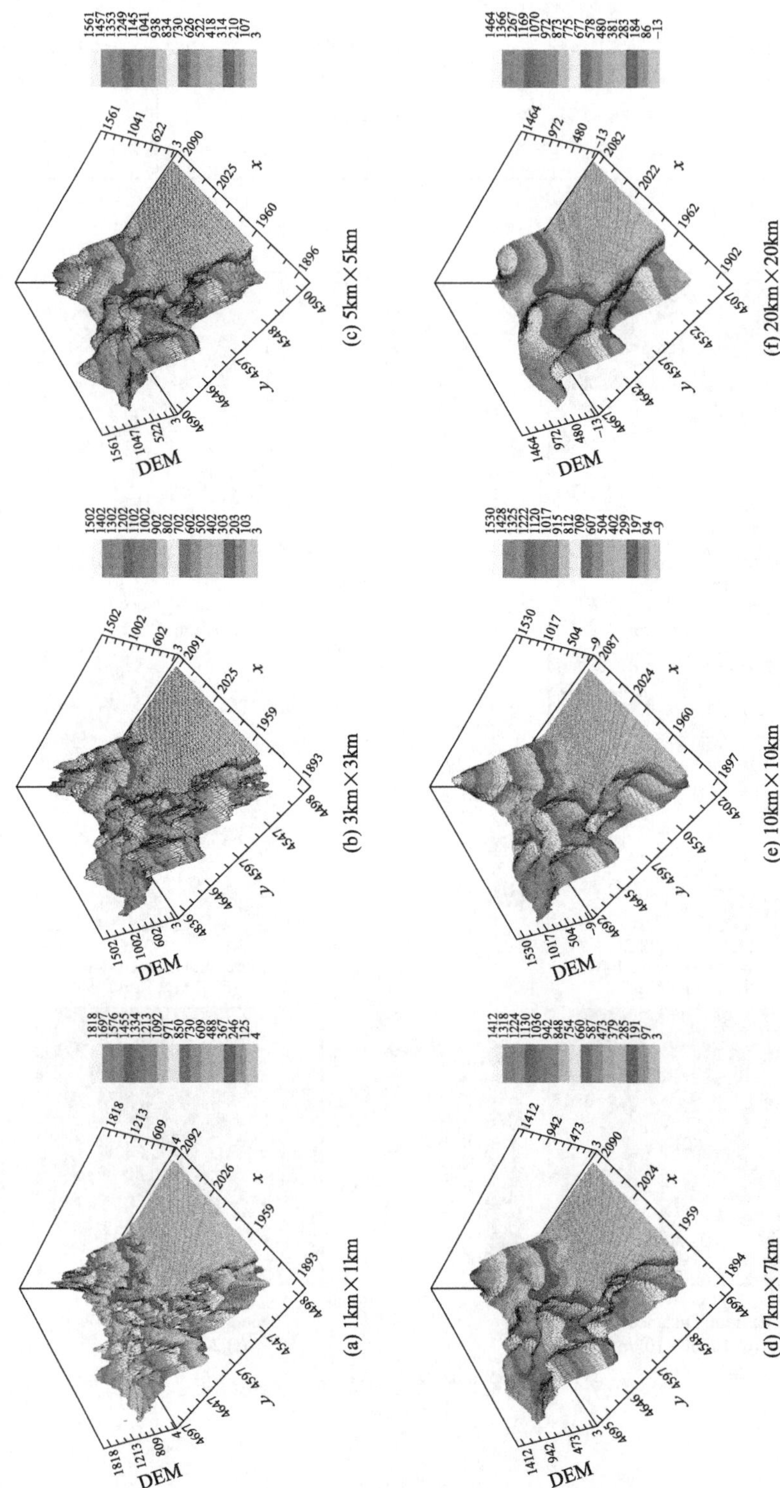

(a) 1km×1km (b) 3km×3km (c) 5km×5km

(d) 7km×7km (e) 10km×10km (f) 20km×20km

图 7-2 基于克里格插值的不同格网尺度下的高程变化

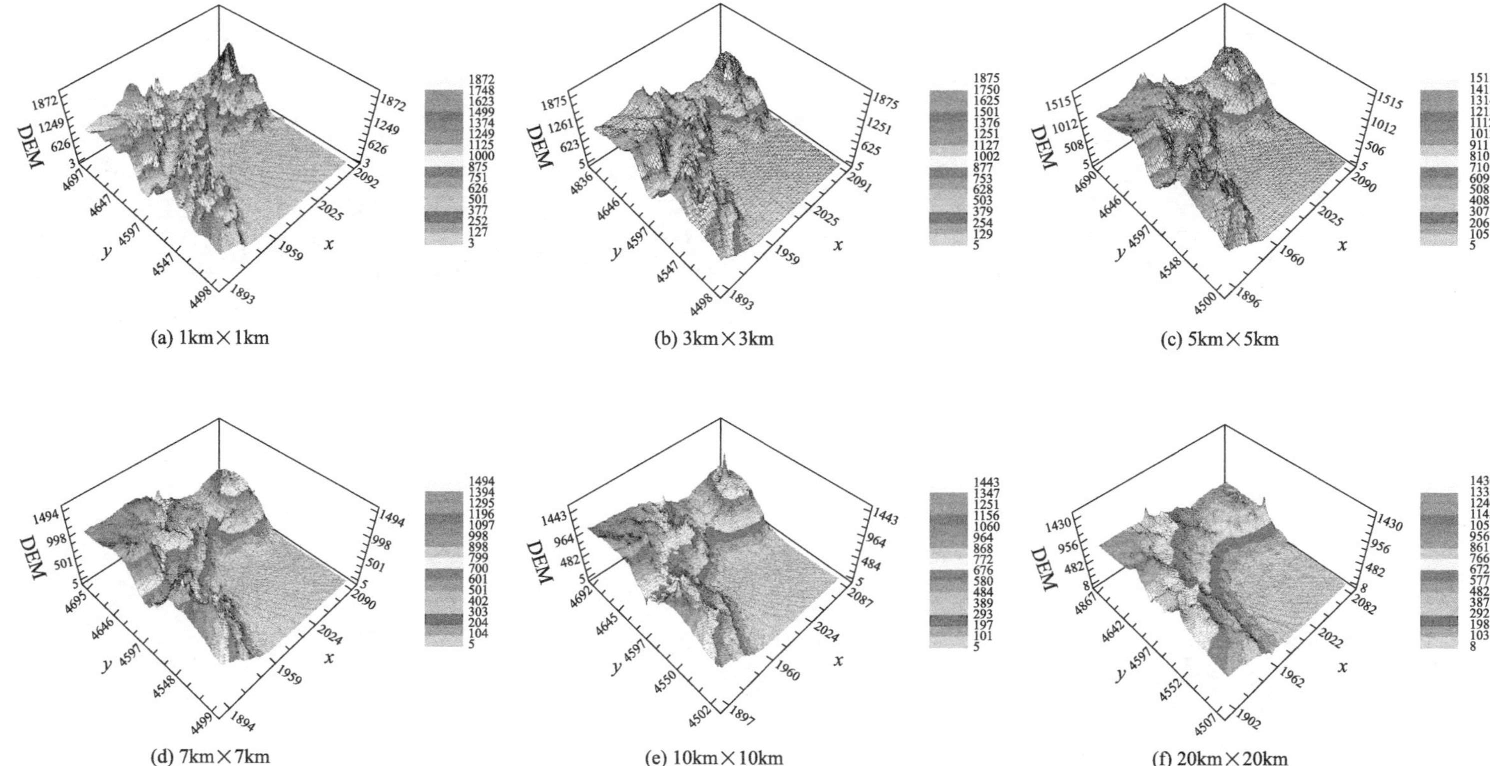

图 7-3　基于反距离加权插值的不同格网尺度下的高程变化

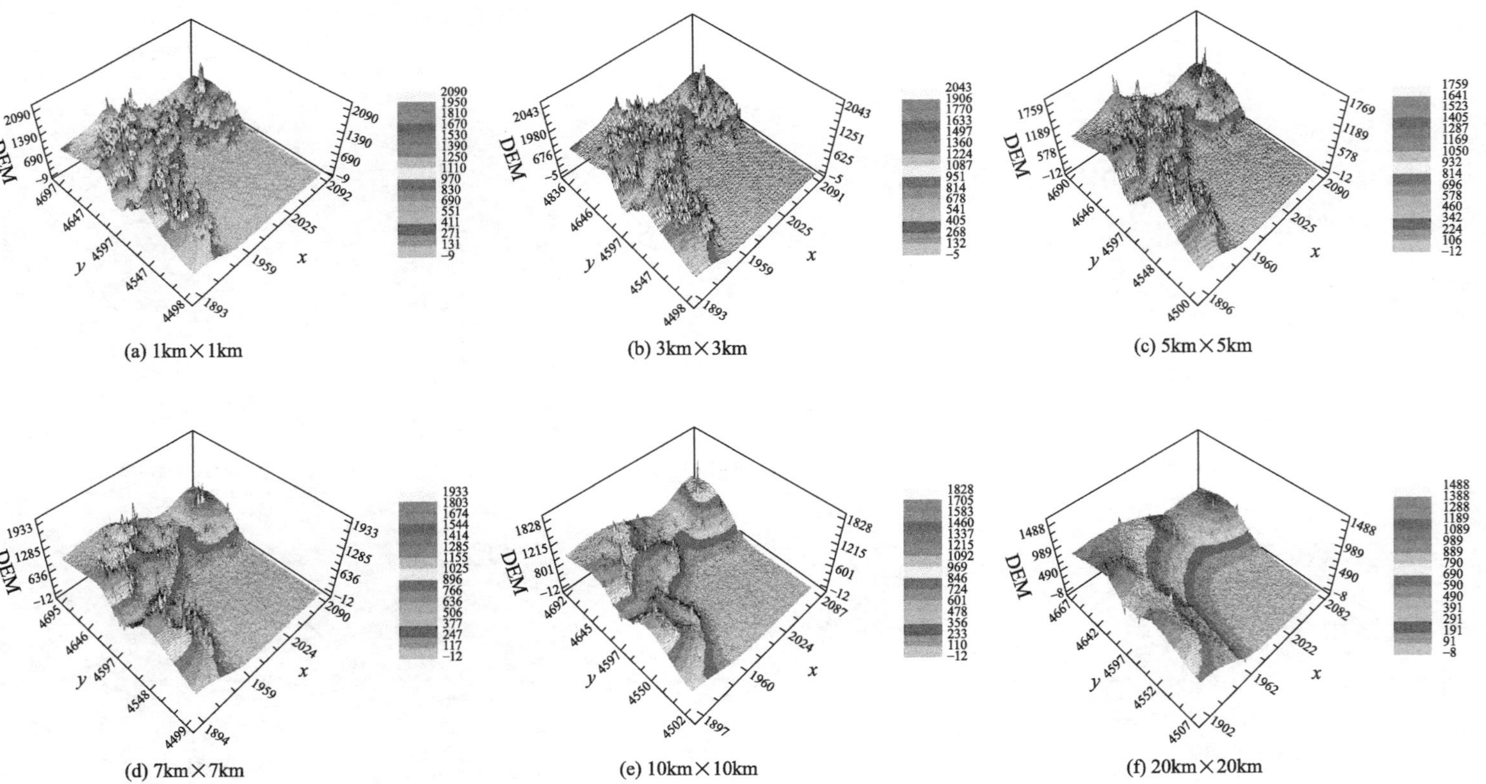

(a) 1km×1km (b) 3km×3km (c) 5km×5km

(d) 7km×7km (e) 10km×10km (f) 20km×20km

图 7-4 基于条件模拟插值的不同格网尺度下的高程变化

第一节　网格最大高程空间变异研究

一、最大高程的空间变异度

最大高程 Z_{max} 表示矩形区域内所对应的高程最大值，反映了这一区域海拔的极大值。由一阶拟合趋势线得出，整体上呈现出由西向东高程逐渐降低，由北向南高程逐渐增加的态势；二阶、三阶拟合趋势线反映了更加细化的变化趋势，由西向东高程下降趋势一致，而由北向南高程拟合趋势线呈抛物线形状，在中纬度达到最大高程值。

经度变异度由欧氏距离 $\rho_{Z_{max}}^{x}$ 求得为 62.2，统计字段和频数趋势见图 7-5。

$$\rho_{Z_{max}}^{x} = \sqrt{(Z_{max}^{x} - 2014.19) \times (Z_{max}^{x} - 2014.19) + (x_{double} - 36) \times (x_{double} - 36)}$$

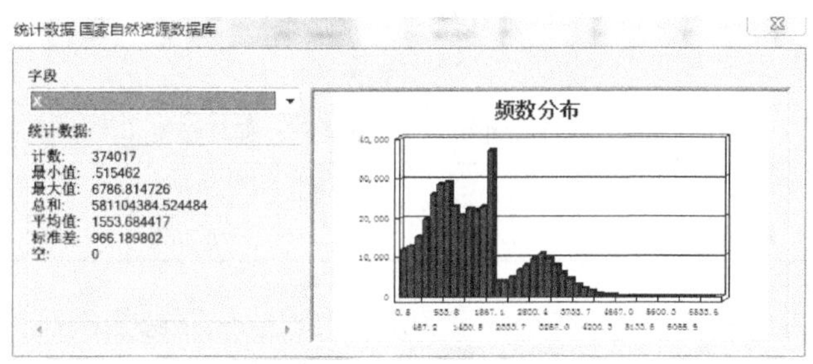

图 7-5　经向统计字段和频数趋势

$$\rho_{Z_{max}}^{y} = \sqrt{(Z_{max}^{y} - 2014.19) \times (Z_{max}^{y} - 2014.19) + (y_{double} - 103.89) \times (y_{double} - 103.89)}$$

纬度变异度由欧氏距离 $\rho_{Z_{max}}^{y}$ 求得为 62.2，统计字段和频数趋势见图 7-6。

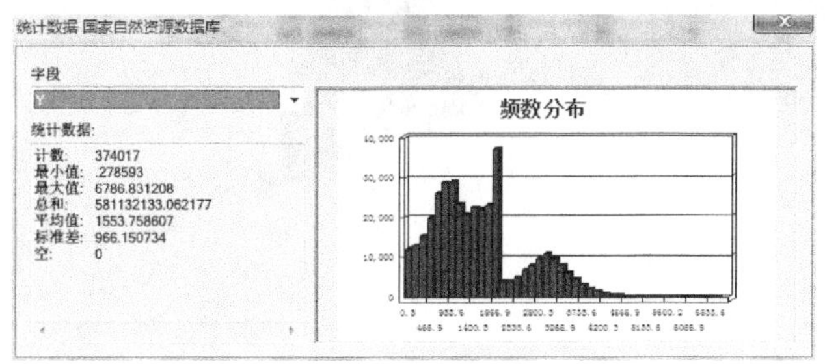

图 7-6　纬向统计字段和频数趋势

二、网格最大高程一阶趋势模型

由网格的数据库资料可以提取出每个网格的最大高程 Z_{max} 的值和该网格的中心点坐标值。其值代表网格划分中十进制的经纬度值。其中 y 是纬度坐标值， x

是经度坐标值。

利用 SPSS 软件，建立全国范围的最大高程 Z_{max}^{y1} 在纬度方向的一阶趋势模型。

$$Z_{max}^{y1} = -60.557y + 4230.430$$

该模型的 t 检验、相关性和共线性统计量见表 7-2。

⊡ **表 7-2 纬向 t 检验、相关性和共线性统计量**

模型	t	P	相关性			共线性统计量	
			零阶相关	偏相关	部分相关	容差	VIF
（常量）	633.023	0.000					
y_{double}	−516.280	0.000	−0.645	−0.645	−0.645	1.000	1.000

利用 SPSS 软件，建立全国范围的最大高程 Z_{max}^{x1} 在经度方向的一阶趋势模型。

$$Z_{max}^{x1} = -60.557x + 4230.430$$

该模型的 t 检验、相关性和共线性统计量见表 7-3。

⊡ **表 7-3 经向 t 检验、相关性和共线性统计量**

模型	t	P	相关性			共线性统计量	
			零阶相关	偏相关	部分相关	容差	VIF
（常量）	283.626	0.000					
x_{double}	−150.803	0.000	−0.239	−0.239	−0.239	1.000	1.000

全国范围的最大高程 Z_{max} 在经度和纬度方向的一阶趋势模型为直线，如图 7-7 所示。该模型的拟合精度不高，在纬度 y 方向的模型拟合相关系数仅为 −0.645，在经度 x 方向的模型拟合相关系数为 −0.239。

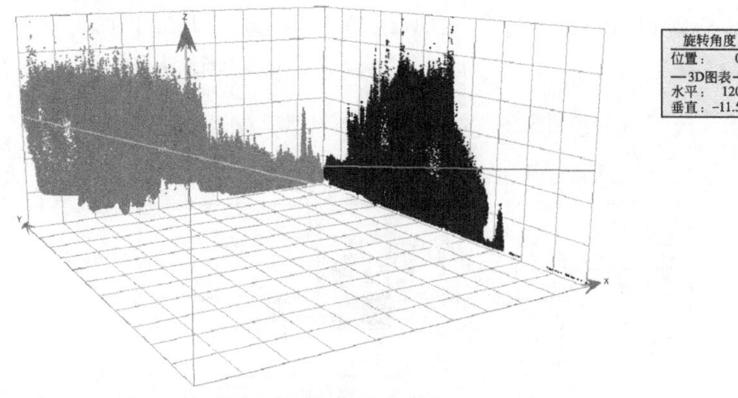

图 7-7 最大高程一阶趋势模型

三、网格最大高程二阶趋势模型

由网格的数据库资料可以提取出每个网格的最大高程 Z_{max} 的值和该网格的中

心点坐标值。其值代表网格划分中十进制的经纬度值。其中 y 是纬度坐标值，x 是经度坐标值。

利用 SPSS 软件，建立全国范围的最大高程 Z_{max}^{y2} 在纬度方向的二阶趋势模型。

$$Z_{max}^{y2}=-10.744y^2+720.962y-9417.6$$

该模型的纬向参数估计值见表 7-4。

表 7-4 纬向参数估计值

参数	估计值	标准误	95% 置信区间	
			下限	上限
a	−10.744	0.046	−10.834	−10.655
b	720.926	3.342	714.375	727.477
c	−9417.600	59.653	−9534.517	−9300.683

利用 SPSS 软件，建立全国范围的最大高程 Z_{max}^{x2} 在经度方向的二阶趋势模型。

$$Z_{max}^{x2}=-0.548x^2+31.447x+4788.708$$

该模型的经向参数估计值见表 7-5。

表 7-5 经向参数估计值

参数	估计值	标准误	95%置信区间	
			下限	上限
a	−0.548	0.011	−0.571	−0.526
b	31.447	2.350	26.841	36.053
c	4788.708	119.989	4553.533	5023.883

全国范围的最大高程 Z_{max} 在经度和纬度方向的二阶趋势模型为抛物曲线，如图 7-8 所示。该模型的拟合精度较高。在纬度 y 方向的模型参数 a 的标准误为 0.046；在经度 x 方向的模型参数 a 的标准误为 0.011。

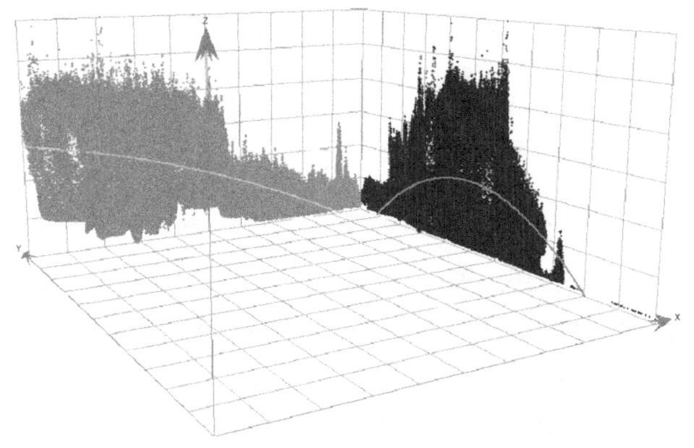

图 7-8 最大高程二阶趋势模型

四、网格最大高程三阶趋势模型

由网格的数据库资料可以提取出每个网格的最大高程 Z_{max} 的值和该网格的中心点坐标值。其值代表网格划分中十进制的经纬度值。其中 y 是纬度坐标值，x 是经度坐标值。

利用 SPSS 软件，建立全国范围的最大高程 Z_{max}^{y3} 在纬度方向的三阶趋势模型。

$$Z_{max}^{y3}=0.767y^3-94.508y^2+3680.171y-43113.730$$

该模型的纬向参数估计值见表 7-6。

表 7-6　纬向参数估计值

参数	估计值	标准误	95%置信区间	
			下限	上限
a	0.124	0.001	0.122	0.125
b	−39.061	0.224	−39.501	−38.622
c	3984.476	23.101	3939.199	4029.754
d	−128685.566	784.803	−130223.755	−127147.37

利用 SPSS 软件，建立全国范围的最大高程 Z_{max}^{x3} 在经度方向的三阶趋势模型。

$$Z_{max}^{x3}=0.124x^3-39.061x^2+3984.476x-128685.566$$

获得的经向参数估计值见表 7-7。

表 7-7　经向参数估计值

参数	估计值	标准误	95%置信区间	
			下限	上限
a	0.767	0.005	0.757	0.776
b	−94.508	0.527	−95.541	−93.475
c	3680.171	18.838	3643.250	3717.093
d	−43113.730	219.058	−43543.077	−42684.384

全国范围的最大高程 Z_{max} 在经度和纬度方向的三阶趋势模型为三次曲线，如图 7-9 所示。该模型的拟合精度较高。在纬度 y 方向的模型参数 a 的标准误为 0.001；在经度 x 方向的模型参数 a 的标准误为 0.005。三阶趋势模型能够很好地呈现出全国最大尺度 Z_{max} 的趋势规律。

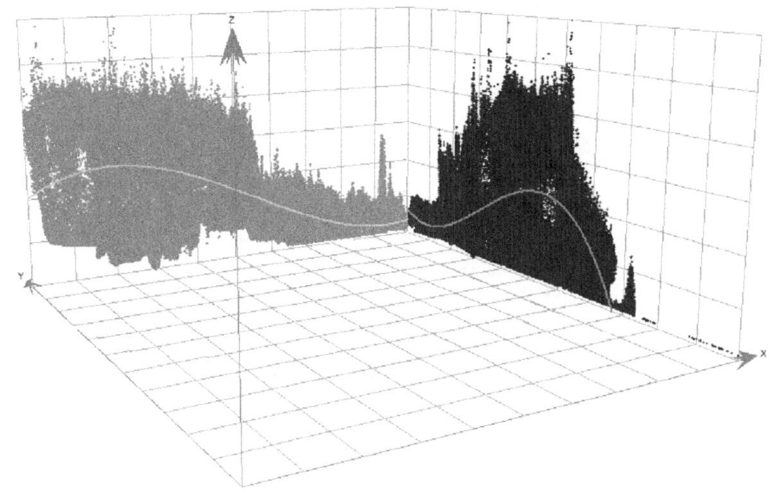

旋转角度
位置：　0°
—3D图表—
水平：　120°
垂直：−11.5°

图 7-9　最大高程三阶趋势模型

第二节　网格最小高程空间变异分析

一、最小高程的空间变异度

最小高程 $Z_{\min}$ 表示矩形区域内所对应的高程最小值，反映了这一区域海拔的极小值。由一阶拟合趋势线可知，整体上呈现由西向东高程逐渐降低，由北向南高程逐渐增加的态势。同最大高程趋势线一致，二阶、三阶拟合趋势线反映了更加细化的变化趋势，同样与最大高程拟合趋势线一致，由西向东高程下降趋势一致，而由北向南高程拟合趋势线呈抛物线形状，在中纬度达到最大高程值。

经度方向的最小高程变异度由欧氏距离 $\rho_{Z_{\min}}^{x}$ 求得为 67.6。统计字段和频数趋势如图 7-10 所示。

$$\rho_{Z_{\min}}^{x}=\sqrt{(Z_{\min}^{x}-1606.2)\times(Z_{\min}^{x}-1606.2)+(x_{\text{double}}-36)\times(x_{\text{double}}-36)}$$

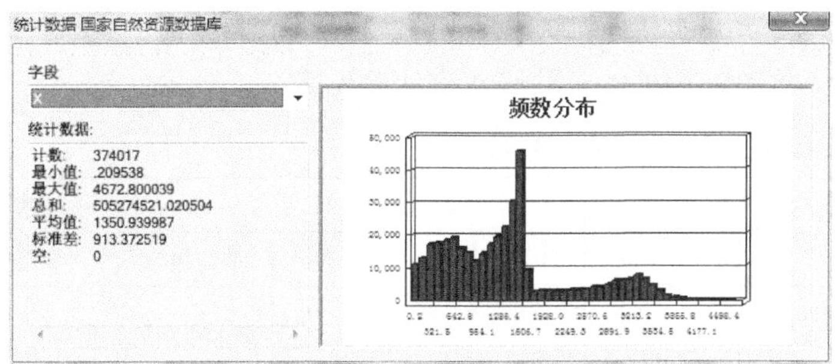

图 7-10　经向统计字段和频数趋势

纬度方向的最小高程变异度由欧氏距离 $\rho_{Z_{\min}}^{y}$ 求得为 67.6，统计字段和频数趋势见图 7-11。

$$\rho_{Z_{\min}}^{y}=\sqrt{(Z_{\min}^{y}-1606.2)\times(Z_{\min}^{y}-1606.2)+(y_{\text{double}}-103.89)\times(y_{\text{double}}-103.89)}$$

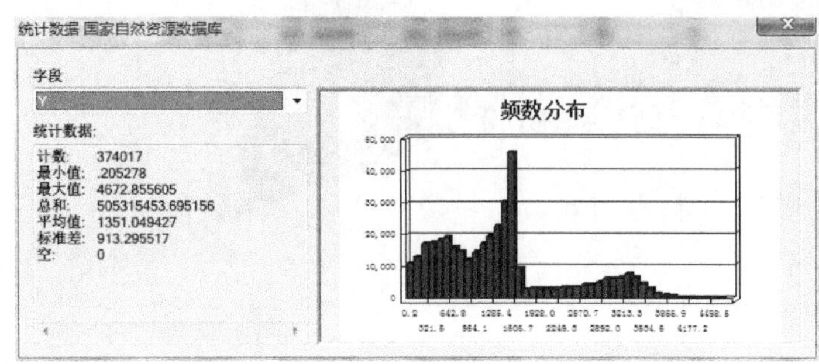

图 7-11 纬向统计字段和频数趋势

二、网格最小高程一阶趋势模型

由网格的数据库资料可以提取出每个网格的最大高程 $Z_{\min}$ 的值和该网格的中心点坐标值。其值代表网格划分中十进制的经纬度值。其中 y 是纬度坐标值，x 是经度坐标值。利用 SPSS 软件，建立全国范围的最小高程 $Z_{\min}^{y1}$ 在纬度方向的一阶趋势模型。

$$Z_{\min}^{y1}=-37.409y+2969.090$$

该模型的 t 检验、相关性和共线性统计量见表 7-8。

表 7-8 纬向 t 检验、相关性和共线性统计量

模型	t	P	相关性			共线性统计量	
			零阶相关	偏相关	部分相关	容差	VIF
（常量）	638.389	0.000					
y_{double}	−533.628	0.000	−0.657	−0.657	−0.657	1.000	1.00

利用 SPSS 软件，建立全国范围的最小高程 $Z_{\min}^{x1}$ 在经度方向的一阶趋势模型。

$$Z_{\min}^{x1}=-74.418x+9336.919$$

该模型的 t 检验、相关性和共线性统计量见表 7-9。

表 7-9 经向 t 检验、相关性和共线性统计量

模型	t	P	相关性			共线性统计量	
			零阶相关	偏相关	部分相关	容差	VIF
（常量）	219.890	0.000					
x_{double}	−102.905	0.000	−0.166	−0.166	−0.166	1.000	1.000

全国范围的最小高程 Z_{min} 在经度和纬度方向的一阶趋势模型为直线，如图 7-12 所示。该模型的拟合精度不高。在纬度 y 方向的模型拟合相关系数为－0.657，在经度 x 方向的模型拟合相关系数仅为－0.166。

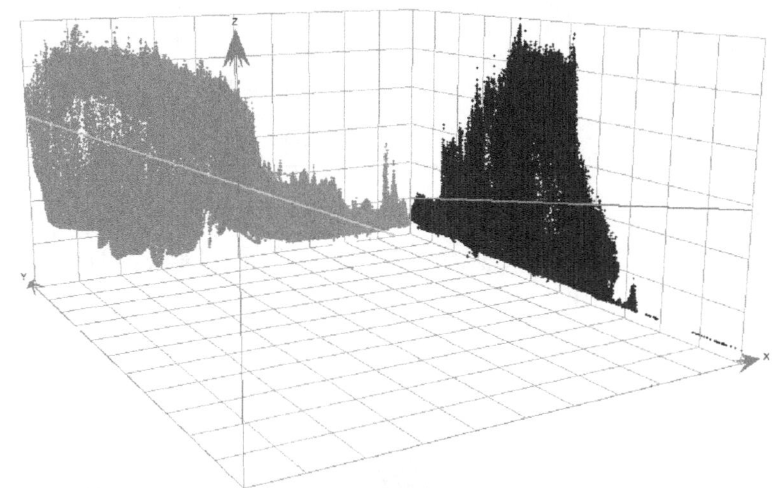

图 7-12　最小高程一阶趋势模型

三、网格最小高程二阶趋势模型

由网格的数据库资料可以提取出每个网格的最小高程 Z_{min} 的值和该网格的中心点坐标值。其值代表网格划分中十进制的经纬度值。其中 y 是纬度坐标值，x 是经度坐标值。

利用 SPSS 软件，建立全国范围的最小高程 Z_{min}^{y2} 在纬度方向的二阶趋势模型。

$$Z_{min}^{y2} = -10.753y^2 + 744.731y - 10690.404$$

该模型的纬向参数估计值见表 7-10。

表 7-10　纬向参数估计值

参数	估计值	标准误	95%置信区间	
			下限	上限
a	－10.753	0.041	－10.833	－10.674
b	744.731	2.976	738.898	750.563
c	－10690.404	53.106	－10794.490	－10586.318

利用 SPSS 软件，建立全国范围的最小高程 Z_{min}^{x2} 在经度方向的二阶趋势模型。

$$Z_{min}^{x2} = -0.261x^2 - 20.474x + 6602.988$$

该模型的经向参数估计值见表 7-11。

⊡表 7-11 经向参数估计值

参数	估计值	标准误	95%置信区间	
			下限	上限
a	−0.261	0.010	−0.281	−0.241
b	−20.474	2.070	−24.531	−16.416
c	6602.988	105.690	6395.838	6810.137

全国范围的最小高程 $Z_{\min}$ 在经度和纬度方向的二阶趋势模型为曲线，如图 7-13 所示。该模型的拟合精度较高。在纬度 y 方向的模型拟合标准误为 0.041；在经度 x 方向的模型拟合标准误为 0.010。

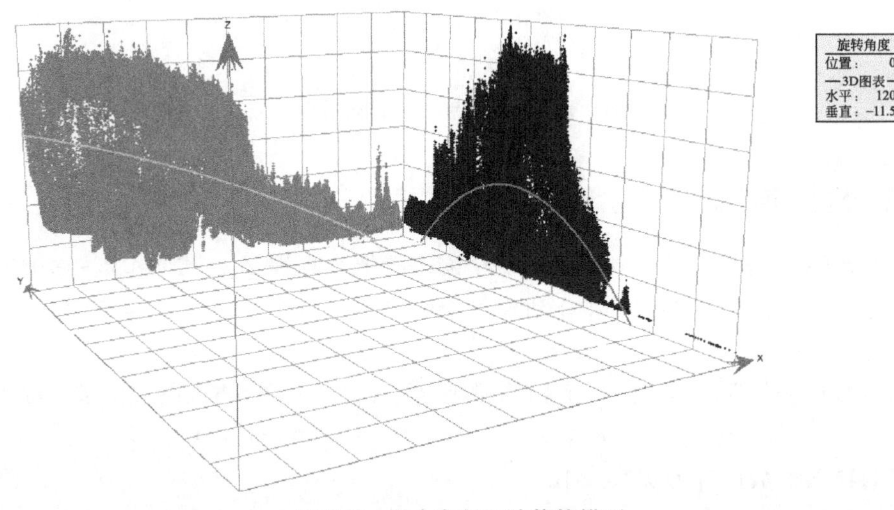

图 7-13 最小高程二阶趋势模型

四、网格最小高程三阶趋势模型

由网格的数据库资料可以提取出每个网格的最小高程 $Z_{\min}$ 的值和该网格的中心点坐标值。其值代表网格划分中十进制的经纬度值，其中 y 是纬度坐标值，x 是经度坐标值。

利用 SPSS 软件，建立全国范围的最小高程 $Z_{\min}^{y3}$ 在纬度方向的三阶趋势模型。

$$Z_{\min}^{y3} = 0.621y^3 - 77.599y^2 + 3106.301y - 37580.965$$

该模型的纬向参数估计值见表 7-12。

□ 表 7-12 纬向参数估计值

参数	估计	标准误	95%置信区间	
			下限	上限
a	0.123	0.001	0.122	0.124
b	−38.555	0.195	−38.938	−38.172
c	3910.105	20.126	3870.658	3949.552
d	−126113.240	683.744	−127453.358	−124773.123

利用 SPSS 软件，建立全国范围的最小高程 $Z_{\min}^{x3}$ 在经度方向的三阶趋势模型。

$$Z_{\min}^{x3}=0.123x^3-38.555x^2+3910.105x-126113.240$$

该模型的经向参数估计值见表 7-13。

□ 表 7-13 经向参数估计值

参数	估计	标准误	95%置信区间	
			下限	上限
a	0.612	0.004	0.603	0.620
b	−77.599	0.472	−78.525	−76.673
c	3106.301	16.882	3073.212	3139.389
d	−37580.965	196.315	−37965.737	−37196.193

全国范围的最小高程 $Z_{\min}$ 在经度和纬度方向的三阶趋势模型为曲线，如图 7-14 所示。该模型的拟合精度较高。在纬度 y 方向的模型参数 a 的标准误为 0.001；在经度 x 方向的模型参数 a 的标准误为 0.004。三阶趋势模型能够很好地呈现出全国范围的最小高程 $Z_{\min}$ 的趋势规律。

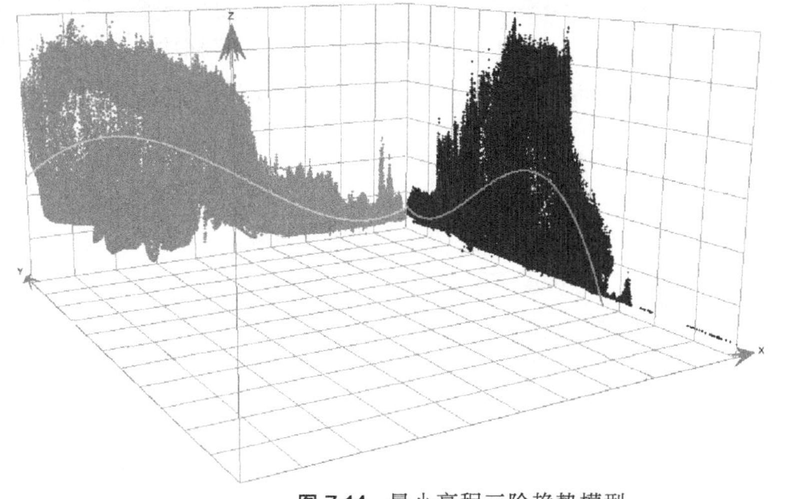

图 7-14 最小高程三阶趋势模型

第三节　植被地形因子的经纬度数据

根据网格化提取不同经纬数据点的植被 NDVI 均值，以及对应点的高程及其极值数据。由于总数据集较大，因此，此处仅列举出 400 组数据，见表 7-14。

⊡ 表 7-14　植被地形因子的经纬度数据（扫码阅读）

第四节　本章小结

① 根据网格的划分特点，在经度方向共统计出 737280 个网格。其中高程最小值为 0.515m，最大值为 6786.815m，形成的空间格网平均值为 1553.684m，标准差非常大，达 966.190。同样在纬度方向也有同样数量的网格，其极小值为 0.279m，极大值为 6787.831m，平均值比原来增大 0.095m，标准差则减小了 0.039。

② 高程极值的空间变异度表现出强烈的双向同性。表征纬度方向最大高程的变异度（欧氏距离）为 62.2，经度方向的最大高程的空间变异度（欧氏距离）也约等于 62.2；同样，表征纬度方向和经度方向的最小高程变异度（欧氏距离）也是 67.6。除了指标本身在研究变异度问题时的精度不够外，更为鲜明地揭示了中国地形的复杂性，也对大尺度区域地理信息的高精度研究提出更高的要求。

③ 基于网格的最大高程的趋势模型，由 1～3 阶模型通过 t 检验、相关性分析和共线性统计表明，其阶数越高，模型的拟合精度越高。且网格中最大高程和最小高程的三阶趋势模型参数 a 的标准误，在经度方向比纬度方向偏大，这也与中国地形的宏观走势一致。

第八章

植被标准差椭圆分析及适宜性评价

第一节　植被分布概览

中国植被的地带性分布显著，从宏观上描述其分布规律，可按常规的三个维度分析。

① 纬度分布特性。中东部的纬度地带性规律较为相似。在中东部地区，因受到温度随纬度的增大而降低的规律影响，植被自北向南分布的类型依次为针叶落叶林、温带针叶落叶阔叶林、暖温带落叶阔叶林、北亚热带含常绿成分的落叶阔叶林、中亚热带常绿阔叶林、南亚热带常绿阔叶林、热带季雨林、雨林。这与中东部地区气候带，寒温带、温带、暖温带、亚热带和热带气候的分布趋势基本一致。而在地处内陆的西部地区，在大陆性气候和山系起伏的强烈影响下，植被由北向南的变化依次为：温带半荒漠带、荒漠带、暖温带荒漠带、高寒荒漠带、高寒草原带、高原山地灌丛草原带。

② 经度分布特性。受到内陆与海陆位置、大气环流和地形等的制约，气象的一般规律是从沿海到内陆，降雨量逐渐减少，植被也出现明显的规律性变化，从东南沿海到西北内陆，植被的经向地带性，依次有相应的变化，即东部湿润森林区、中部半干旱草原区、西部内陆干旱荒漠区。这充分反映了中国植被的经度地带性分布。这与气候带的经度分布，湿润、半湿润、半干旱、干旱和极端干旱是一致的。

③ 垂直分布特性。由于海拔高度的变化，在同一经纬度区位，环境梯度将发生有规律的变化，进而引起山地植被的垂直地带性分布。例如长白山，海拔2691m，从下至上森林类型依次为：针阔混交林带、亚高山针叶林带、山地矮曲林和亚高山草甸带、高山灌丛草甸带。进而形成长白山垂直带谱，如表 8-1 所示。

表 8-1 长白山垂直带谱

海拔高度/m	森林类型
>2100	高山灌丛草甸带
>1800，且≤2100	山地矮曲林和亚高山草甸带
>1100，且≤1800	亚高山针叶林带
≤1100	针阔混交林带

本书利用现有的中国植被数据，将中国植被划分为七大类，47 个小类，利用 ArcGIS 叠加分析，分别为网格中的每一个网块植被类型属性赋值，形成中国植被分布图（可查阅相关专题地图）。

第二节 植被标准差椭圆（SDE）分析

测量一组地理要素点或面的趋势，一般是分别计算要素在（x，y）方向上的标准距离（引用 ArcGIS 帮助文档），要素类主要集中在一个椭圆面域内。根据统计学原理，当 1 倍标准差（默认值）范围涵盖 68%的统计要素；2 倍标准差范围涵盖 95%的统计要素，而 3 倍标准差范围将覆盖约占总数 99%的要素的质心时，该椭圆即为标准差椭圆（The Standard Deviational Ellipse，SDE）。ArcGIS 工具箱可通过 SDE 分析，得到研究要素空间统计型分布。相比较而言，这样的分布型分析，使空间可变要素的分布分析更加可信，并免去了植被分布简单划片和一概而论的基调，使大范围多因子提取分析变得可行。其分析理论和计算依据详见第一章。

一、分析量化指标

利用前面建立的 FM-SOTER 数据库，在 ArcGIS 中首先生成七个植被大类区，得到标准差椭圆分布图。通过进一步信息提取，得到七个植被大类标准差椭圆（SDE）分布的量化指标，得到各自的长轴距、短轴距、椭圆方向、中心坐标和植被面积占全国面积比例等能表征分布特点的参数。

根据本书研究的需要，利用 FM-SOTER 数据库，在 ArcGIS 中首先生成更为详尽的 53 个植被小类，得到各自的标准差椭圆（SDE）。通过进一步信息提取，得到 53 个植被小类的 SDE 指标，得到各自的长轴距、短轴距、椭圆方向、中心坐标和植被面积占全国面积的比例等能表征分布特点的参数，列入表 8-2。

□ 表 8-2 植被细化类的标准差椭圆（SDE）分析指标

植被类型	长轴距/m	短轴距/m	椭圆方向/(°)	中心坐标	面积占比/%
丛生矮禾草、矮半灌木、灌木草原	1254331.6	488226.4	92.59	100°56.552′E 42°19.892′N	20.04
两年三熟、或一年两熟或暖温带落叶果树	1242280.9	420075.8	94.37	112°26.491′E 37°12.343′N	17.07
亚热带、热带亚高山常绿针叶林	362880.1	748943.4	80.65	98°59.244′E 30°7.076′N	8.89
亚热带、热带常绿、落叶灌丛和疏林	735833.6	260188.3	98.27	105°58.275′E 24°41.946′N	6.26
亚热带山地酸性黄棕壤落叶常绿阔叶混交林	620012.0	995917.2	58.92	102°35.360′E 32°9.332′N	20.21
亚热带常绿栎林	204902.8	796828.1	87.01	111°56.318′E 27°46.877′N	5.34
亚热带常绿针叶林与灌丛(包括竹林)	411306.9	828959.7	77.64	110°32.624′E 28°5.086′N	11.16
亚热带常绿阔叶杂木林	304709.9	1172482.3	85.29	104°14.361′E 24°1.248′N	11.69
亚热带石灰岩落叶阔叶常绿阔叶混交林	510140.4	449573.3	99.3	108°4.552′E 28°20.477′N	7.50
亚热带硬叶常绿栎疏林	21796.2	70502.1	40.11	101°13.035′E 28°49.849′N	0.05
亚高山常绿革质叶灌丛	231067.6	147155.9	92.06	100°18.710′E 29°51.629′N	1.11
从生禾草草原	752425.5	1268694.0	87.81	104°17.732′E 41°58.115′N	31.24
冰川雪被	689189.4	544193.3	129.61	89°4.574′E 33°21.407′N	12.27
半乔木沙漠	765243.5	462489.2	111.55	93°19.386′E 41°48.159′N	11.58
单(双)季稻或一年三季旱作，亚热带常绿果树、经济林	562649.3	1271213.8	23.05	114°39.527′E 31°36.519′N	23.40
双季稻连作喜温冬季作物和热带经济林、果树	168222.4	573979.9	66.82	113°3.700′E 22°36.175′N	3.16
多汁矮半灌木盐漠	1237583.5	172669.1	96.21	87°33.091′E 40°53.558′N	6.99
寒温带落叶针叶林	204572.5	905661.3	75.08	120°54.644′E 51°30.265′N	6.06
戈壁	629490.2	81035.4	105.02	89°45.845′E 41°29.489′N	1.67
暖温带常绿针叶林	207925.2	900970.9	38.81	126°46.347′E 43°17.571′N	6.13
水旱一年两熟和过渡性亚热带落叶、常绿果树	269663.3	776034.1	67.36	114°28.989′E 31°40.677′N	6.85

续表

植被类型	长轴距/m	短轴距/m	椭圆方向/(°)	中心坐标	面积占比/%
沙漠	166394.8	416626.1	86.67	84°0.938′E 39°19.406′N	2.27
温带、暖温带荒漠河岸盐化草甸土落叶小叶疏林	189861.4	700375.1	87.87	83°45.054′E 40°26.424′N	4.35
温带、暖温带落叶灌丛	326690.6	692635.4	38.82	114°27.238′E 39°48.628′N	7.40
温带、暖温带落叶阔叶林	458507.6	1243710.7	29.35	122°13.754′E 42°54.938′N	18.66
温带一年一熟作物	510351.9	1599721.6	73.7	116°48.248′E 46°16.660′N	26.71
温带中性草甸和沼泽	313783.0	715544.4	60.26	126°57.224′E 47°32.298′N	7.35
温带亚高山常绿针叶林	455097.5	2030443.9	85.88	116°9.882′E 44°34.710′N	30.23
温带盐生草甸	483155.0	1907767.8	87.08	96°30.528′E 42°56.972′N	30.15
温带草原沙地常绿针叶疏林	42380.7	35088.5	169.88	119°45.870′E 47°54.167′N	0.05
温带草原沙地落叶小叶疏林	133561.7	431353.9	32.97	122°7.882′E 45°7.172′N	1.88
温带落叶小叶林	127213.5	655957.6	5.91	120°18.490′E 47°11.935′N	2.73
温带落叶阔叶针叶混交林	207576.3	184763.0	124.4	129°44.473′E 46°49.537′N	1.26
灌木、半灌木沙漠和栎漠	1047164.6	300439.4	94.44	94°34.413′E 40°27.362′N	10.29
灌木、半灌木沙漠和栎漠+半乔木沙漠	295476.5	57749.7	120.56	94°26.663′E 43°44.965′N	0.56
热带常绿阔叶雨林	442634.4	1352972.4	89.98	108°44.475′E 22°51.753′N	19.59
热带石灰岩半常绿阔叶季雨林	131812.0	453160.4	84.63	107°9.955′E 23°16.206′N	1.95
热带红树林	52588.0	315318.3	37.83	118°33.198′E 25°9.762′N	0.54
热带酸性砖红壤半常绿季雨林	528759.9	152881.3	102.77	105°14.299′E 21°35.764′N	2.64
盐壳	358556.4	102942.9	131.37	93°26.175′E 38°11.304′N	1.21
矮半灌木低山和栎质荒漠	1040754.7	407826.9	93.62	92°18.746′E 41°39.101′N	13.89
禾草、杂类草草原	254606.0	789386.4	29.67	118°3.183′E 43°46.154′N	6.58
稀树灌木草原	840044.7	446476.1	114.81	104°5.996′E 24°8.167′N	12.27
过渡性热带常绿阔叶林	1339076.5	185928.8	90.26	105°29.992′E 24°32.563′N	8.14

续表

植被类型	长轴距/m	短轴距/m	椭圆方向/(°)	中心坐标	面积占比/%
高寒一年一熟作物	128134.6	935033.6	55.64	96°21.931′E 33°10.289′N	3.92
高寒匍匐矮半灌木沙砾漠	598479.3	245336.4	104.53	83°7.524′E 36°2.927′N	4.80
高寒草原	584430.2	764742.7	79.38	87°34.918′E 33°47.845′N	14.63
高寒草甸	814723.9	540089.2	132.03	95°55.149′E 33°34.369′N	14.40
高山垫状植被	688883.9	416082.0	96.97	89°40.857′E 32°41.303′N	9.38
高山山顶碎石	179255.3	702715.5	88.45	84°45.559′E 36°48.239′N	4.12
高山矮灌木苔原	1721794.9	27462.8	96.97	94°53.584′E 48°18.933′N	1.45
高山落叶灌丛	301513.6	563394.2	80.74	99°5.802′E 29°49.721′N	5.56

二、植被类型的离散度

① 从植被大类分析，除去荒漠植被为最小分布率 0.56%外，其他六个植被大类的平均分布率为 51.75%。阔叶林和疏林在全国所占的比重最大，为 68.11%，与平均值的偏差率是 31.61%，其离散度为 0.097。植被大类面积比例和离散度见图 8-1。

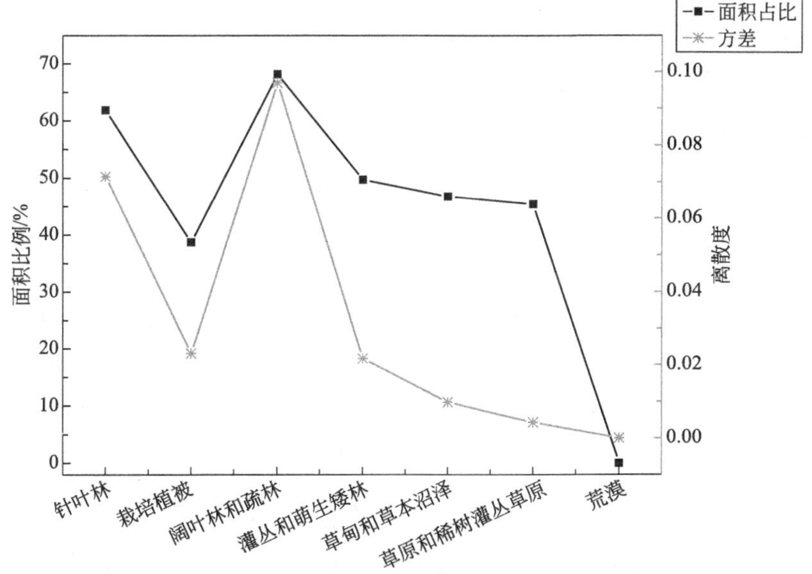

图 8-1　植被大类面积比例及离散度

② 从植被 52 种细类分析，其植被细类平均分布率为 9.38%。温带亚高山常绿针叶林在全国所占的比重最大，分布率为 30.23%，其离散度为 0.032。其他各项的所占比例和离散度见图 8-2。

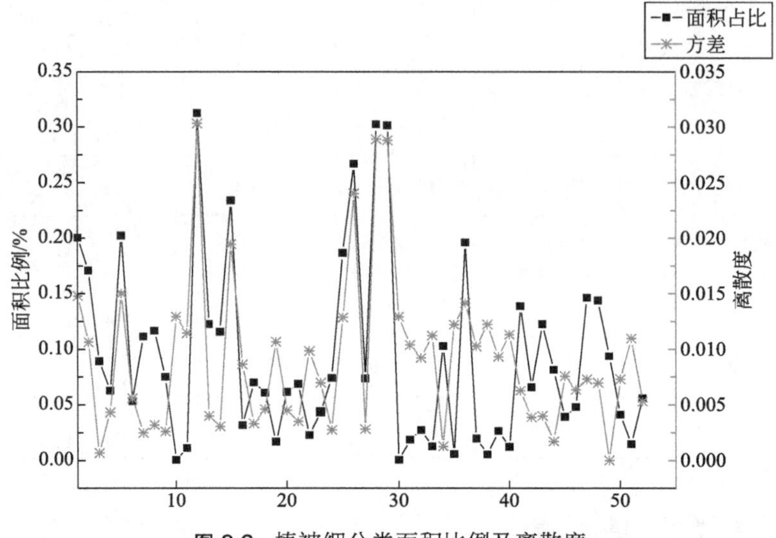

图 8-2 植被细分类面积比例及离散度

三、植被类型的方向趋势

1. 森林大类分布椭圆

通过 SDE 计算森林大类分布椭圆，可得到七大类植被标准差椭圆。其中，所得到的椭圆中心及方向趋势见表 8-3。

表 8-3 椭圆中心及方向趋势

植被大类	短轴距/m	长轴距/m	椭圆方向/(°)	地名
针叶林	1047661.3	1804283.6	23.77	河南省洛阳市新安县
栽培植被	997228.8	1186387.7	23.49	河南省平顶山市宝丰县
阔叶林和疏林	1077113.7	1932478.4	37.23	河北省石家庄市井陉县
灌丛和萌生矮林	1049780.5	1445997.1	68.9	四川省阿坝藏族羌族自治州黑水县
草甸和草本沼泽	927701.9	1540126.7	58.92	青海省海西蒙古族藏族自治州都兰县
草原和稀树灌丛草原	768495.8	1805962.7	66.37	甘肃省张掖市肃南裕固族自治县
荒漠	57749.7	295476.5	120.56	新疆维吾尔自治区哈密市

① 针叶林的椭圆中心分布在河南省洛阳市新安县(112°2.114′E，35°41.891′N)。长半轴为 1804283.6m，短半轴为 1047661.3m，方位角（椭圆方向）23.77°。总体表现为“西南→东北”的空间分布格局，空间主体分布在黄河中下游及以南的

区域。

② 栽培植被的椭圆中心在河南省平顶山市宝丰县(113°42.526′E，34°11.688′N)。长半轴为1186387.7m，短半轴为997228.8m，方位角（椭圆方向）23.49°。总体表现为“西南→东北”的空间分布格局，空间主体分布在黄河中下游区域。

③ 阔叶林和疏林的椭圆中心在河北省石家庄市井陉县（114°11.520′E，38°16.694′N)。长半轴为1932478.4m，短半轴为1077113.7m，方位角（椭圆方向）37.23°。总体表现为“西南→东北”的空间分布格局，空间主体分布在华北大平原，东北至黑龙江省边缘，西南至贵州省境内，是我国分布区域最广的植被类型。

④ 灌丛和萌生矮林的椭圆中心在四川省阿坝藏族羌族自治州黑水县（103°19.774′E，32°31.217′N)。长半轴为1445997.1m，短半轴为1049780.5m，方位角（椭圆方向）68.9°。总体表现为接近西东向的空间分布格局。空间主体分布在中国西南的四川省腹地。这类植被使得陆地表面的覆盖度较高，几乎无可见裸地。

⑤ 草甸和草本沼泽的椭圆中心在青海省海西蒙古族藏族自治州都兰县（99°2.679′E，36°53.934′N)。长半轴为1540126.7m，短半轴为927701.9m，方位角（椭圆方向）58.92°，总体表现为“西南→东北”的空间分布格局，空间主体分布在西北内陆地区。

⑥ 草原和稀树灌丛草原的椭圆中心在甘肃省张掖市肃南裕固族自治县（100°44.019′E，39°35.638′N)。长半轴为1805962.7m，短半轴为768495.8m，方位角（椭圆方向）66.37°。总体表现为“西南→东北”的空间分布格局，空间主体分布在西北和内蒙古地区，主要覆盖。

⑦荒漠的椭圆中心在新疆维吾尔自治区哈密市（94°26.663′E，43°44.965′N)。长半轴为295476.5m，短半轴为57749.7m，方位角（椭圆方向）120.56°，总体表现为“西北→东南”的空间分布格局，主要分布在西北沙漠和戈壁滩区域。

2. 植被小类分布椭圆

通过标准差椭圆方法计算植被小类分布椭圆，中国52种植被标准差椭圆，其中，所得到的椭圆中心及方向趋势可分为三类。

① 标准差椭圆的长轴方位角（椭圆方向）（≤45°)，属于纬度地带性较为显著的植被，各自的分布中心的坐标见表8-2。主要有9类：亚热带硬叶常绿栎疏林（椭圆方向40.11°)，单（双）季稻或一年三季旱作及亚热带常绿果树、经济林(23.05°)，暖温带常绿针叶林（椭圆方向38.81°)，温带、暖温带落叶灌丛（椭圆方向38.82°)，温带、暖温带落叶阔叶林（椭圆方向29.35°)，温带草原沙地落叶小叶疏林（椭圆方向32.97°)，温带落叶小叶林（椭圆方向5.91°)，热带红树林（椭圆方向37.83°)，禾草、杂类草草原（椭圆方向29.67°)。

② 标准差椭圆的长轴方位角（椭圆方向）（>45°∪≤90°)，属于纬度地带性和经度地带性双向作用较为显著的植被。主要有27类，分别是：亚热带、热带亚高山常绿针叶林（椭圆方向80.65°)，亚热带山地酸性黄棕壤落叶常绿阔叶混交林

（椭圆方向 58.92°），亚热带常绿栎林（椭圆方向 87.01°），亚热带常绿针叶林与灌丛（包括竹林）（椭圆方向 77.64°），亚热带常绿阔叶杂木林（椭圆方向 85.29°），从生禾草草原（椭圆方向 87.81°），双季稻连作喜温冬季作物和热带经济林、果树（椭圆方向 66.82°），寒温带落叶针叶林（椭圆方向 75.08°），暖温带常绿针叶林（椭圆方向 38.81°），水旱一年两熟和过渡性亚热带落叶、常绿果树（椭圆方向 67.36°），沙漠（椭圆方向 86.67°），温带、暖温带荒漠河岸盐化草甸土落叶小叶疏林（椭圆方向 87.87°），温带、暖温带落叶灌丛（椭圆方向 38.82°），温带、暖温带落叶阔叶林（椭圆方向 29.35°），温带一年一熟作物（椭圆方向 73.7°），温带中性草甸和沼泽（椭圆方向 60.26°），温带亚高山常绿针叶林（椭圆方向 85.88°），温带盐生草甸（椭圆方向 87.08°），温带草原沙地落叶小叶疏林（椭圆方向 32.97°），热带常绿阔叶雨林（椭圆方向 89.98°），热带石灰岩半常绿阔叶季雨林（椭圆方向 84.63°），热带红树林（椭圆方向 37.83°），禾草、杂类草草原（椭圆方向 29.67°），高寒一年一熟作物（椭圆方向 55.64°），高寒草原（椭圆方向 79.38°），高山山顶碎石（椭圆方向 88.45°），高山落叶灌丛（椭圆方向 80.74°）。

③ 标准差椭圆的长轴方位角（椭圆方向）（＞90°），属于经度地带性和纬度地带性反双向作用较为显著的植被，各自的分布中心坐标见表 8-2。主要有以下几类，分别是：从生矮禾草、矮半灌木、灌木草原（椭圆方向 92.59°），两年三熟、或一年两熟或暖温带落叶果树（椭圆方向 94.37°），亚热带、热带常绿、落叶灌丛和疏林（椭圆方向 98.27°），亚热带石灰岩落叶阔叶常绿阔叶混交林（椭圆方向 99.3°），亚高山常绿革质叶灌丛（椭圆方向 92.06°），冰川雪被（椭圆方向 129.61°），半乔木沙漠（椭圆方向 111.55°）、多汁矮半灌木盐漠（椭圆方向 96.21°）、戈壁（椭圆方向 105.02°），温带草原沙地常绿针叶疏林（椭圆方向 169.88°），温带落叶阔叶针叶混交林（椭圆方向 124.4°），灌木、半灌木沙漠和栎漠（椭圆方向 94.44°），灌木、半灌木沙漠和栎漠＋半乔木沙漠（椭圆方向 120.56°），热带酸性砖红壤半常绿季雨林（椭圆方向 102.77°），矮半灌木低山和栎质荒漠（椭圆方向 93.62°），稀树灌木草原（椭圆方向 114.81°），过渡性热带常绿阔叶林（椭圆方向 90.26°），高寒匍匐矮半灌木沙砾漠（椭圆方向 104.53°），高寒草甸（椭圆方向 132.03°），高山垫状植被（椭圆方向 96.97°），高山矮灌木苔原（椭圆方向 96.97°）。

第三节　植被适应性生境参数分析

一、针叶林生境分析

针叶林统计面积约 1071204.78km²，主要分布在中国东北部及南方的大部分地区。其中，黑龙江、吉林和内蒙古北部主要是寒温带落叶针叶林、温带草原沙地常绿针叶疏林，南部的浙江、福建、江西、广东、贵州、湖南、湖北等省份有大量亚热带、热带亚高山常绿针叶林及亚热带常绿针叶林与灌丛（包括竹林），西藏东部和四川大部分布着亚热带、热带亚高山常绿针叶林，新疆北部分布着少量针叶林（表 8-4）。

表 8-4　针叶林适宜生境

植被名称	平均气温/℃	平均湿度	平均降水量/mm	海拔范围/m	适宜土壤	面积/km²
寒温带落叶针叶林	−2.13	66.35	765.63	142～4294	山地黑钙土、沼泽土	160390.59
暖温带常绿针叶林	5.55	66.97	715.395	2～2833	山地棕壤、暗色草甸土	41042.39
温带草原沙地常绿针叶疏林	−1.45	63.28	160.672	702～1489	山地黑钙土、暗栗钙土	6059.69
温带亚高山常绿针叶林	3.81	65.35	993.947	158～4568	山地黑钙土、山地棕色针叶林土	86720.47
亚热带、热带亚高山常绿针叶林	8.24	60.34	1569.34	211～7258	山地赤红壤、山地黄棕壤	135537.35
亚热带常绿针叶林与灌丛(包括竹林)	16.82	74.89	2485.33	−25～6347	赤红壤、黄刚土	641454.28

二、栽培植被生境分析

栽培植被主要有各种农作物、人工林、人工牧场、人工草坪等。和自然植被一样，栽培植被具有一定的外貌、结构，并与一定的生态环境相适应，且有地带性。但在能量流动、物质循环的速率以及光合作用效能、生产力、生产量等方面，栽培植被都比同一地带的自然植被高。

栽培植被统计面积约 1975734.62km^2，主要分布在中国的东北部、中部、东南部大部分地区。其中东北部黑龙江、吉林、辽宁的主要栽培植被为温带一年一熟作物、单（双）季稻或一年三季旱作，亚热带常绿果树、经济林及两年三熟或一年两熟或暖温带落叶果树；中部主要栽培植被为两年三熟、一年两熟或暖温带落叶果树；东南部江苏、安徽等省份主要分布两年三熟、一年两熟或暖温带落叶果树；浙江、福建、江西、湖北、湖南、贵州等省份，分布着大量单（双）季稻或一年三季旱作，以及亚热带常绿果树、经济林；广东、广西、海南等省份分布着广泛的双季稻连作喜温冬季作物和热带经济林、果树植被作物（表 8-5）。

⊡表 8-5 栽培植被适宜生境

植被名称	平均气温/℃	平均湿度	平均降水量/mm	海拔范围/m	适宜土壤	面积/km²
单(双)季稻或一年三季旱作,亚热带常绿果树、经济林	15.03	74.61	2386.51	274～1927	山地赤红壤、黄刚土	789791.33
高寒一年一熟作物	6.10	49.76	378.643	1718～5981	巴嘎土、莎嘎土	16136.18
两年三熟、一年两熟或暖温带落叶果树	11.65	61.49	1326.53	188～3061	山地褐土、山地灰褐土	682984.88
双季稻连作喜温冬季作物和热带经济林、果树	22.47	79.48	1471.97	57～2812	砖红壤、山地红壤	138951.35
水旱一年两熟和过渡性亚热带落叶、常绿果树	15.45	70.52	2431.79	92～4071	山地赤红壤、黄刚土	232551.60
温带一年一熟作物	3.62	61.81	689.562	55～2843	棕漠土、绿洲土	115319.29

三、阔叶林和疏林生境分析

阔叶林和疏林统计面积约 1030408.54km²，主要分布在中国东北部、中部、东部、南部大部分地区。其中黑龙江、吉林、辽宁和内蒙古北部分布着温带、暖温带落叶阔叶林；中部江西、陕西、河南、湖北等地分布着温带、暖温带落叶阔叶林，亚热带石灰岩落叶阔叶常绿阔叶混交林等植被；南部浙江、江西、湖南等省份分布着亚热带常绿栎林等植被；广东、广西分布着亚热带、热带常绿、落叶灌丛和疏林等植被；云南分布着亚热带常绿阔叶杂木林等植被；海南、台湾等地分布着热带常绿阔叶雨林等植被（表 8-6）。

⊡表 8-6 阔叶林和疏林适宜生境

植被名称	平均气温/℃	平均湿度	平均降水量/mm	海拔范围/m	适宜土壤	面积/m²
过渡性热带常绿阔叶林	19.04	72.73	889.24	44～4121	山地赤红壤、山地红壤	25498191486.9
热带常绿阔叶雨林	19.70	76.43	1520.66	－12～3064	燥红土、泥肉田	31643685065.3
热带石灰岩半常绿阔叶季雨林	21.47	78.55	885.90	－9～2016	赤红壤、红色石灰土	8239107385.9
热带酸性砖红壤半常绿季雨林	22.70	77.23	1944.78	－1～2233	砖红壤、赤红壤	14522382171.7
温带、暖温带荒漠河岸盐化草甸土落叶小叶疏林	9.79	47.00	163.32	288～2036	流动风沙土	64398813920.8

续表

植被名称	平均气温/℃	平均湿度	平均降水量/mm	海拔范围/m	适宜土壤	面积/m^2
温带、暖温带落叶阔叶林	5.71	66.97	1009.70	152～3428	山地黄壤、山地棕壤	413693497078
温带草原沙地落叶小叶疏林	4.16	60.08	265.30	124～2036	固定风沙土、黑土	30039172313.3
温带落叶阔叶针叶混交林	2.64	71.52	289.41	39～1363	山地土、暗棕壤	71128038189.9
温带落叶小叶林	0.75	62.20	671.656	139～2287	山地棕壤、山地黑钙土	45140698322.2
亚热带常绿阔叶杂木林	18.44	72.77	1823.58	10～4873	泥肉田、山地红壤	71502867299.4
亚热带常绿栎林	16.43	78.35	2342.36	10～3411	红壤、黄红壤	45425821461.7
亚热带山地酸性黄棕壤落叶常绿阔叶混交林	10.26	60.13	2720.79	69～5707	山地红壤、淡棕钙土	40544125229.5
亚热带石灰岩落叶阔叶常绿阔叶混交林	15.52	75.89	1820.62	−4～4433	山地赤红壤、山地黄棕壤	166152332654
亚热带硬叶常绿栎疏林	10.21	59.46	195.114	2108～5468	山地红壤、黑毡土	2479811793.47

四、草甸和草本沼泽生境分析

草甸和草本沼泽统计面积约 1072371.67km²，主要分布在中国东北、西南、西北等地。其中东北部的黑龙江、吉林、辽宁和内蒙古北部地区分布着温带中性草甸和沼泽、温带盐生草甸；西南部的云南、四川、青海、西藏东部大量分布着高寒草甸；新疆北部等区域分布着高寒草甸、温带盐生草甸等植被（表 8-7）。

表 8-7　草甸和草本沼泽适宜生境

植被名称	平均气温/℃	平均湿度	平均降水量/mm	海拔范围/m	适宜土壤	面积/m^2
高寒草甸	4.49	53.66	1661.41	282～7168	黄壤、黑毡土	823314910589
温带盐生草甸	7.50	51.73	1209.63	−43～3697	灰色草甸土、栗钙土	151942269593
温带中性草甸和沼泽	2.08	66.69	1554.99	−3～2103	山地黄壤、山地暗棕壤	97114492589.3

五、灌丛和萌生矮林生境分析

灌丛和萌生矮林统计面积约 967894.65km²，主要分布在中国北部、南部及西部等地。其中，北方的辽宁、内蒙古、河北、山西等地分布着温带、暖温带落叶灌丛；南方的广东、广西等地分布着亚热带、热带常绿、落叶灌丛和疏林等灌丛植被；西部的西藏、四川、青海等地分布着高山垫状植被等灌丛植被（表 8-8）。

表 8-8　灌丛和萌生矮林适宜生境

植被名称	平均气温/℃	平均湿度	平均降水量/mm	海拔范围/m	适宜土壤	面积/m^2
高山矮灌木苔原	4.06	58.10	612.43	1295～3831	寒漠土、山地暗棕壤	1674074691.55
高山垫状植被	3.57	45.52	861.48	823～7438	山地棕壤、黑毡土	276971859106
高山落叶灌丛	9.71	55.16	594.51	817～5930	褐红壤、山地棕壤	32460575219.3
热带红树林	20.26	78.34	674.03	－38～487	山地赤红壤、山地红壤	170902552.932
温带、暖温带落叶灌丛	7.80	56.79	895.66	－51～3102	黄刚土、绿洲土	282999838159
亚高山常绿革质叶灌丛	8.50	58.04	1421.79	518～5958	山地棕壤、黑毡土	27953659701.3
亚热带、热带常绿、落叶灌丛和疏林	18.66	73.50	2495.01	－47～4601	山地赤红壤、黑色石灰土	345663747593

六、草原和稀树灌丛草原生境分析

草原和稀树灌丛草原统计面积约 1755963.60km^2，主要分布在东北、西北、西南等地。其中，黑龙江、吉林、内蒙古等地分布着禾草、杂类草草原、从生禾草草原、丛生矮禾草、矮半灌木、灌木草原等植被；西北部宁夏、青海、新疆等地分布着丛生禾草草原等植被；西藏、青海分布着高寒草原等植被（表 8-9）。

表 8-9　草原和稀树灌丛草原适宜生境

植被名称	平均气温/℃	平均湿度	平均降水量/mm	海拔范围/m	适宜土壤	面积/m^2
丛生禾草草原	4.41	55.41	665.05	198～4969	巴嘎土、灰钙土	477444609594
丛生矮禾草、矮半灌木、灌木草原	5.51	48.26	413.07	272～6096	绿洲土、淡棕钙土	210705058657
高寒草原	3.26	41.16	689.82	877～7669	草毡土、莎嘎土	678348426744
禾草、杂类草草原	4.42	57.38	601.90	73～2798	黄绵土	356589773471
稀树灌木草原	18.73	71.68	1373.10	－38～5170	砖红壤	32875736198.4

七、荒漠植被生境分析

荒漠地区气候干燥、降水极少、蒸发强烈，植被缺乏、物理风化强烈、风力作用强劲、是蒸发量超过降水量数倍乃至数十倍的流沙、泥滩、戈壁分布的地区。主要分布在南北纬 15°～50°之间的地带。其中，北纬 15°～35°之间为副热带，是由高气压带引起的干旱荒漠带；北纬 35°～50°之间为温带、暖温带，是大陆内部的干旱荒漠区。

荒漠统计面积约 1487736.90km^2，主要分布在中国西北地区。其中，内蒙古、青海、新疆等地分布着灌木、半灌木沙漠和砾漠，矮半灌木低山和砾质荒漠，半乔木沙漠等荒漠种类；西藏北部新疆南部分布着高寒匍匐矮半灌木沙砾漠等荒漠种类（表 8-10）。

⊡ 表 8-10　荒漠适宜生境

植被名称	平均气温/℃	平均湿度	平均降水量/mm	海拔范围/m	适宜土壤	面积/m^2
矮半灌木低山和砾质荒漠	7.66	44.16	371.97	−88～5791	石膏棕漠土、淡棕钙土	461435926647
半乔木沙漠	5.77	42.16	304.28	258～5609	莎嘎土、灰漠土	132844338705
多汁矮半灌木盐漠	9.01	48.91	176.91	361～2561	流动风沙土、灰漠土	21902048215.6
高寒匍匐矮半灌木沙砾漠	7.84	40.70	307.75	1417～7550	莎嘎土、高山漠土	344853516393
灌木、半灌木沙漠和砾漠	8.12	41.63	440.97	42～5728	流动风沙土、绿洲土	474557210652
灌木、半灌木沙漠和砾漠＋半乔木沙漠	6.94	40.63	175.42	284～2424	石膏灰棕漠土	52143863050.5

第四节　中国植被空间适宜性评价

一、植被类型代码与适宜土壤大类

为了研究方便，将植被类型进行编码，见表 8-11。后文中出现代码即为该类植被。

⊡ 表 8-11　植被类型代码表

植被类型	植被代码	适宜土壤
矮半灌木低山和砾质荒漠	P1	龟裂棕漠土
半乔木沙漠	P2	黑泥田(北方水稻土)
冰川雪被	P3	黑毡土
丛生禾草草原	P4	黑麻土
丛生矮禾草、矮半灌木、灌木草原	P5	龟裂棕漠土、半固定风沙土
单(双)季稻或一年三季旱作及亚热带常绿果树、经济林	P6	黑钙土
多汁矮半灌木盐漠	P7	龟裂棕漠土、半固定风沙土
高寒草甸	P8	黑毡土
高寒草原	P9	黑毡土
高寒匍匐矮半灌木沙砾漠	P10	高山漠土
高寒一年一熟作物	P11	黑毡土、山地栗钙土

续表

植被类型	植被代码	适宜土壤
高山矮灌木苔原	P12	山地暗棕壤、寒漠土
高山垫状植被	P13	黑毡土
高山落叶灌丛	P14	黑毡土、寒漠土
高山山顶碎石	P15	高山漠土
灌木、半灌木沙漠和栎漠	P16	龟裂棕漠土、半固定风沙土
灌木、半灌木沙漠和栎漠＋半乔木沙漠	P17	石膏灰棕漠土、山地栗钙土
过渡性热带常绿阔叶林	P18	黑毡土、山地棕壤
寒温带落叶针叶林	P19	黑毡土、寒漠土
禾草、杂类草草原	P20	黑钙土
两年三熟、一年两熟或暖温带落叶果树	P21	黑麻土
暖温带常绿针叶林	P22	黑泥田(北方水稻土)、山地暗棕壤
热带常绿阔叶雨林	P23	黄色砖红壤、山地红壤
热带红树林	P24	赤红壤、山地红壤
热带石灰岩半常绿阔叶季雨林	P25	赤红壤、山地赤红壤
热带酸性砖红壤半常绿季雨林	P26	黄色砖红壤、山地赤红壤
双季稻连作喜温冬季作物和热带经济林、果树	P27	黄色砖红壤
水旱一年两熟和过渡性亚热带落叶、常绿果树	P28	黑色石灰土
温带、暖温带荒漠河岸盐化草甸土落叶小叶疏林	P29	龟裂棕漠土、暗色草甸土
温带、暖温带落叶灌丛	P30	黑钙土
温带、暖温带落叶阔叶林	P31	黑钙土
温带草原沙地常绿针叶疏林	P32	暗色草甸土、固定风沙土
温带草原沙地落叶小叶疏林	P33	黑钙土、半固定风沙土
温带落叶阔叶针叶混交林	P34	黑土、寒漠土
温带落叶小叶林	P35	黄垆土
温带亚高山常绿针叶林	P36	黑钙土
温带盐生草甸	P37	龟裂棕漠土
温带一年一熟作物	P38	黑泥田(北方水稻土)、半固定风沙土
温带中性草甸和沼泽	P39	黑钙土、半固定风沙土
稀树灌木草原	P40	黑毡土
亚高山常绿革质叶灌丛	P41	黑毡土、山地暗棕壤
亚热带、热带常绿、落叶灌丛和疏林	P42	黑色石灰土
亚热带、热带亚高山常绿针叶林	P43	黑毡土
亚热带常绿阔叶杂木林	P44	黄色砖红壤
亚热带常绿栎林	P45	黑色石灰土、山地棕壤
亚热带常绿针叶林与灌丛(包括竹林)	P46	黑色石灰土
亚热带山地酸性黄棕壤落叶常绿阔叶混交林	P47	黑色石灰土、半固定风沙土
亚热带石灰岩落叶阔叶常绿阔叶混交林	P48	黑色石灰土
亚热带硬叶常绿栎疏林	P49	黑毡土、山地棕壤

二、中国植被的纬度区间适宜性

植被的纬度分布区间差异较大。纬向跨度最大的植被是温带一年一熟作物（P38），从北纬 26.4°直至北纬 51.3 度均有生长，跨度达 24.9°。纬向跨度排第二的是单（双）季稻或一年三季旱作及亚热带常绿果树、经济林（P6），从北纬 22.9°向北直至 48.4°均有分布，跨度达 25.5°之大。分布范围最小的是温带、暖温带落叶阔叶林（P31），从北纬 47.4°到北纬 48.3°之间均有分布，纬向带宽仅为 0.9°。而亚热带硬叶常绿栎疏林（P49）也仅分布在北纬 28.3°至北纬 29.5°间，纬向带宽为 1.2°。经统计计算，纬向平均带宽为 10.1°，均方差为 5.7°，变差系数为 0.6。植被的纬度分布区间如图 8-3 所示。

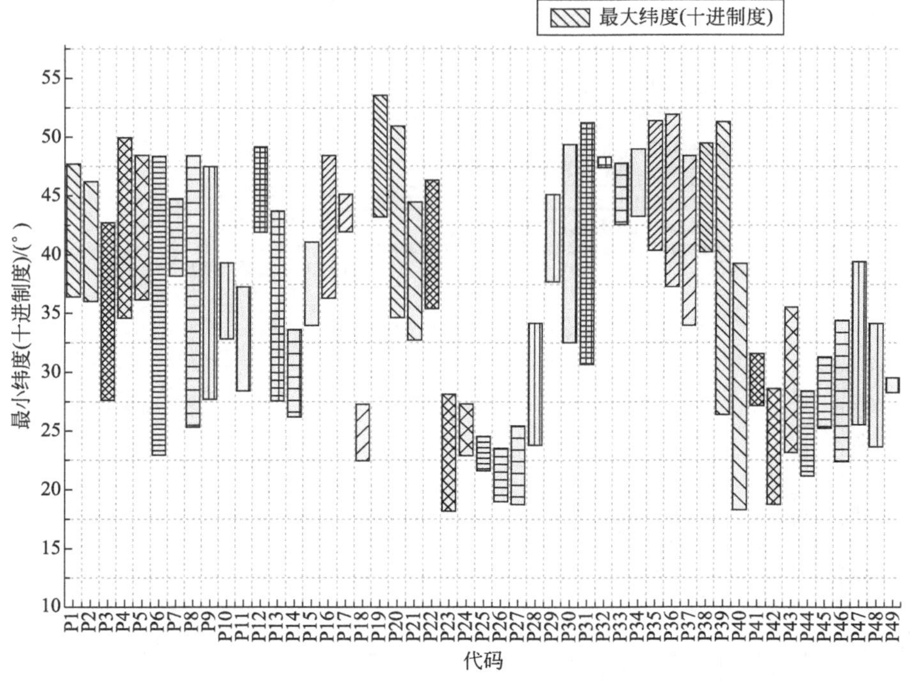

图 8-3　植被的纬度分布区间

三、中国植被的经度区间适宜性

植被的经度分布区间差异较大。经向跨度最大的植被是水旱一年两熟和过渡性亚热带落叶、常绿果树（P28），从东经 80.1°到东经 130.9°均有生长，跨度达 50.8°。经向跨度排第二的是温带、暖温带荒漠河岸盐化草甸土落叶小叶疏林（P29），从东经 76.1°直至 126.3°均有分布，跨度达 50.2°之大。分布范围最小的是亚高山常绿革质叶灌丛（P41），分布在东经 100.8°到东经 101.7°之间，经向带宽仅为 0.9°。同样，亚热带硬叶常绿栎疏林（P49）也仅在东经 100.8°至东经 101.7°之间分布，经向带宽为 0.9°。经统计计算，经向平均带宽为 22.5°，均方差为 4.7°，变差系数为 0.2。植被的经度分布区间如图 8-4 所示。

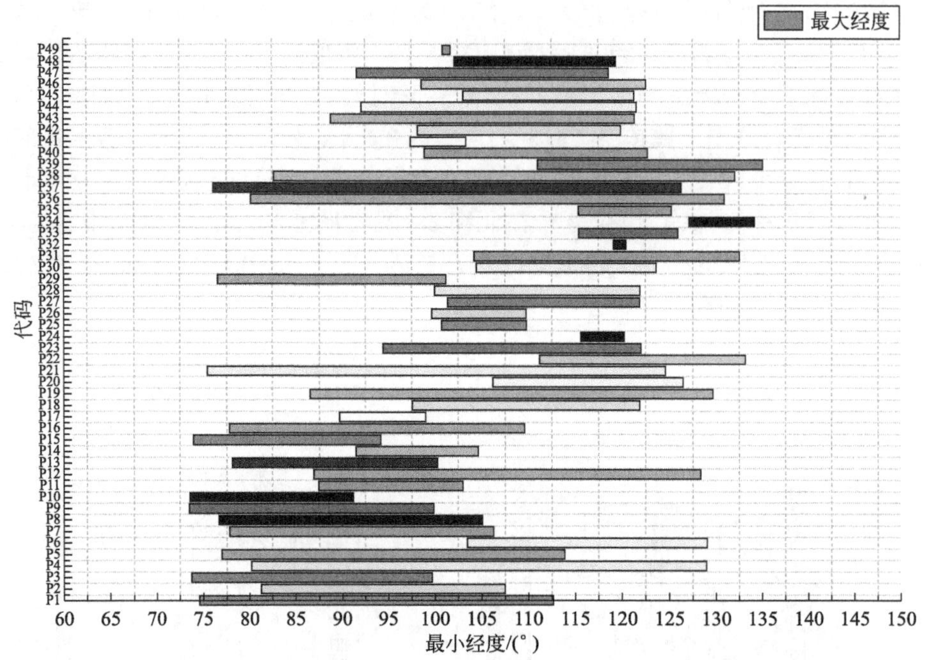

图 8-4　植被的经度分布区间

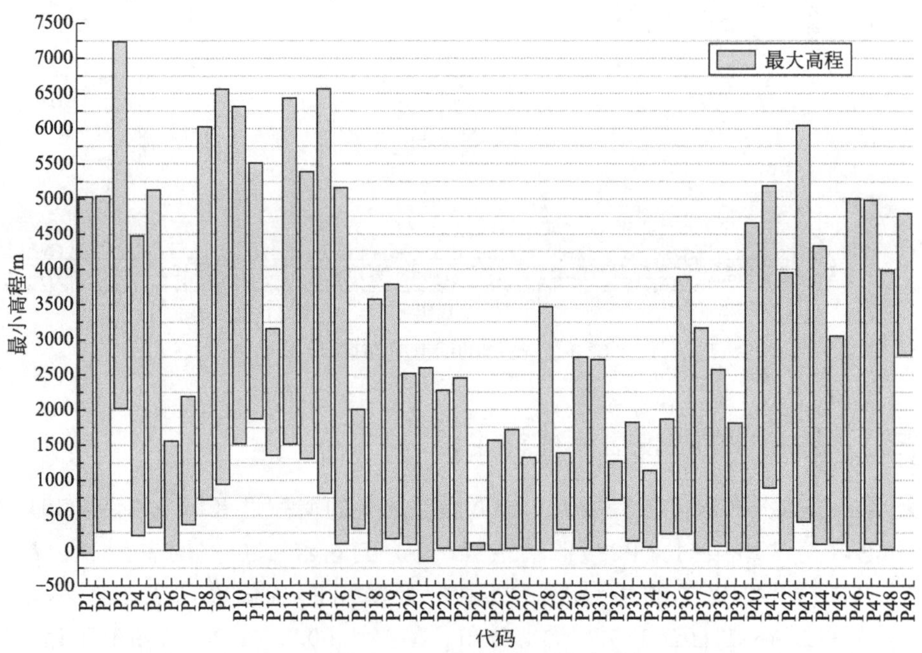

图 8-5　植被的高程分布区间

四、中国植被的高程区间适宜性

植被的海拔落差区间差异较小。大多数植被在高程落差方向的分布都具有很大的跨度。其中，高程落差最大的植被是高寒草甸（P8），从 806.81m 到 6558.69m 的海拔落差区间均有分布，落差达 5751.88m。与此同时，海拔落差分布超过 5000m 的有 4 种植被类型，分别是矮半灌木低山和砾质荒漠（P1），多汁矮半灌木盐漠（P7），温带落叶小叶林（P35），亚热带、热带常绿、落叶灌丛和疏林（P42）。植被的高程分布区间如图 8-5 所示。

第五节　本章小结

首先引入标准差椭圆 SDE 分析，得到了植被大类和细类的分布离散度和方向趋势，并且得到了标准差椭圆的分布面积及分布中心；其次得到了各大类植被的适宜性参数，包括各植被区适宜的平均温度、平均湿度、平均降水量等区间范围、适宜性土壤及分布面积，从宏观上圈定了适宜性参数。在对个植被类型的空间适宜性评价中，重点研究了中国植被纬度区间适宜性、经度区间适宜性和海拔高程区间适宜性。海拔适宜区植被如表 8-12 所示。

表 8-12　海拔适宜区植被

海拔落差区间/m	植被类型	类数
＜500	P17	1
≥500,且＜1000	P25	1
≥1000,且＜1500	P20/P22/P27	3
≥1500,且＜2000	P5/P10/P18/P19/P26/P28/P32	7
≥2000,且＜3000	P13/P14/P15/P16/P23/P24/P31/P39/P42/P45/P49	11
≥3000,且＜4000	P4/P11/P12/P21/P29/P30/P35/P41/P48	9
≥4000,且＜4500	P3/P7/P34/P37/P44	5
≥4500,且＜5000	P6/P33/P46/P47	4
≥5000,且＜5500	P1/P9	2
≥5500	P2/P8/P36/P43	4

第九章

多因子支持下的植物分区PRNN模式识别

第一节 传统植被分区现状

一、中国植被分区概况

中国幅员辽阔，自然地理环境复杂多样，植物类型的自然分布具有明显的规律性。大的植物类型通常呈地带性分布。由于局部地貌条件、气候因素和长期的人为干扰，使各植物类型的分布呈现间断、跨越区域和类型间彼此镶嵌的现象，这就使植物分区变得困难复杂。

1931 年奥地利植被学家 H. Handel-Mazeftii 提出植物地理区域和分布，把中国划分为 9 个植物地里区。

1933 年邹树文、钱崇澍，依据 A. F. W. Schiimper 的植被地理学原则，把中国植被群落分为 9 个带，发表于胡先骕 1933 年译著的《世界植物地理》中。

1935 年王正参考 H. Mayer 的植物分布方案，提出中国植物分带，把中国植物划分为 6 个植物带。

1941 年周映昌、顾谦吉在《中国的森林》(1941 年) 中把中国植物分为 8 个带。

1944 年李慧林发表了《中国植物地理区划，特别参考五加科植物的地理分布》，将中国划分为 14 个植物地理区。

1948 年邓淑群发表《中国植物地理暂定概略》，把中国植被划分为 18 个区，其中有 4 个为非林区。

1949 年以前，许多地理学家也曾做过多种自然地理区划、气象区划和土壤区划等。当时的科学家根据他们所掌握的资料并参考国际上有关文献做出各种植物分区和地理分区，但因资料所限，所拟定的区化方案都比较笼统和简略。

1949 年以来，国家十分重视综合自然地理区划和农林业区划工作。1954 年，中国科学院组织全国自然区划工作，编写了《中国自然区划草案》，将全国植被分为 18 个区：东北山地用材林水源林区、东北平原农田防护林区、辽南翼北水源林用材林区、华北平原农田防护林区、山东丘陵用材林水源林区、黄土高原水土保持林区、华中山地水源林用材林区、长江中下游农田堤岸保护林区、四川盆地梯田用材林区、南方山地用材林区、华南热带亚热带经济林区、台湾地区水源林用材林区、云南高原特种林用材林区、西部高山水源林用材林区、西北内蒙古农牧防护林区、甘新灌溉农牧防护林区、青藏高原畜牧防护林区、藏北高原寒漠区。

1978 年以后，科技工作得到迅速发展，1979 年成立了全国农业区划委员会，出版了很多重要的林业著作。其中 1980 年出版的《中国植被》，把全国植被划分为 8 个区域，其中有 5 个林区：寒温带针叶林区域、温带针阔混交林区域、暖温带落叶阔叶林区域、亚热带常绿阔叶林区域、热带季雨林区域、温带草原区域、温带荒漠区域、青藏高原高寒植被区域。

1981 年出版的《中国山地森林》把全国划分为 8 大林区：寒温带针叶林带、温带针叶落叶阔叶混交林带、暖温带落叶阔叶林带、北亚热带有常绿阔叶树的落叶阔叶林带、中南亚热带常绿阔叶林带、南亚热带季雨林雨林带、青藏高原区、蒙青区。

1983 年的《中国树木志》第一卷提出了中国主要的树种区划，把全国分为 10 个区，即东北区、华北区、华东华中区、华南区、台湾区、滇南区、云贵高原区、甘南川西滇北高山峡谷区、西藏高原区、西北区。

1986 年出版的《中国植物土壤》将中国植被划分为 8 个区：寒温带耐寒针叶林区、温带针阔叶混交林区、暖温带落叶阔叶林区、北亚热带常绿落叶阔叶林区、中南亚热带常绿阔叶林区、热带季雨林雨林区、青藏高原东缘山地暗针叶林区、甘新山地针叶林区。

1987 年出版的《中国林业区划》把全国划分为 8 个一级区和 50 个二级区，林业区划不同于植物分区，它主要是为林业生产建设服务的。这 8 个一级区是：东北用材防护林地区、蒙新防护林地区、黄土高原防护林地区、华北防护用材林地区、青藏高原寒漠非宜林地区、西南高山峡谷防护用材林地区、南方用材经济林地区、华南热带林保护地区。

1989 年由林业部组织编著的《中国森林立地分类》，按植物立地的分类和分区概念，把中国分为东北寒温带温带立地区域、西北温带暖温带立地区域、黄土高原暖温带温带立地区域、华北暖温带立地区域、青藏高原高寒带亚寒带立地区域、西南高山峡谷亚热带立地区域、南方亚热带立地区域、华南亚热带热带立地区域等 8 个植物立地区域。

1991 年，由《用材林基地植物立地分类、评价及适地适树研究》项目组提出的中国东部季风立地区域的植物立地带系统，包括了寒温带植物立地带、中温带植物立地带、暖温带植物立地带、北亚热带植物立地带、南亚热带植物立地带、北热带植物立地带、热带植物立地带、赤道热带植物立地带。

二、传统分区的局限

为了林业系统的管理和植物经营的方便，传统的学者们进行了主要针对植物本身属性的分析，但几乎没有考虑生物多样性和生态系统的整体平衡。如 1979 年的《中国植物志》是按中国植物的地理分布，划分出三个大区，有西北半干旱干旱区、东部湿润季风区和青藏高原高寒区。直到 2005 年的《中国资源植物》依然依照该理论分区。

三、中国植物重新分区的必要性

植物生态系统是地球上最重要的生态系统之一，对人类社会的发展影响巨大。而中国植物生态系统庞大复杂，表现在植物的物种组成、植物结构、植被内部联系、生态变化过程及生态功能的差异。与此同时，影响植物生态发育的主要要素，如植物土壤养分、土壤水分、大气湿度、温度、风速、日照等，都会对植物生态系统的变异产生巨大的影响。所以在研究植物问题时，必须从系统科学的角度出发，结合生物多样性去认识植物。“只见树木，不见植物”这种狭隘的研究思路必须淘汰。正基于此，本书在研究了植物土壤、气象、地形体等植被关键要素后，基于人工智能方法重新进行植被区划。

四、合理分区的原则

① 基带地带性原则。植被的多样性主要受水、肥、气、热等因子制约，而水土条件为首要因素，气象因子与热量条件又受到地理因素（即纬度、经度、海拔）的影响。同时，植被多样性还与植物结构、物种构成和人类活动等因素息息相关。

② 温度气候带原则。在现有的一些自然地理区划中，东部地区常按温度变化分为温带、亚热带和热带的区划气候带基本一致，仅有亚热带和热带界线有的偏南、有的偏北，但对中国西部地区的划分争议较大。

③ 综合土壤为第一要素的分区原则。植物土壤是林业生产的基础，是林木赖以生存的重要自然资源。植物土壤遍布世界各个纬度地带，而温带和寒温带针、阔叶林下发育的土壤（如暗棕壤、棕壤和灰化土）面积最大；热带、亚热带植物下发育的各类土壤（如红壤、黄壤、砖红壤等）的面积约为前者的 1/4 。

总之，植物分区的影响因素很多很复杂，不能简单地利用气候带分区，更不能用某一单一要素进行分区区划，这样分化的结果是没有实用价值和参考意义的。本书提出在对中国植被区进行梯形网格划分后，建立 FM-SOTER 数据库，根据库中提取的高程、地表 NDVI 值、气温、湿度和降水量的谱值，通过建立人工神经网络 ANN 的模式识别模型，对中国植物进行量化分区，以此推进中国植物信息化研究的进程。

第二节　人工神经网络模式识别模型与数据

模式识别又称模式分类。广义的模式识别包括有监督的识别和无监督的识别，分别对应有目标数据和无目标数据的训练过程。人工神经网络（Artificial Neural Networks，ANN）模式识别所指的主要是有监督的识别。

一、人工神经网络

1. 感知器模型

感知器是由美国学者 Rosenblat 于 1958 年提出的一个具有单层计算单元的神经网络。其中单层感知器只有一个计算层，它以信号模板作为输入，经计算后汇总输出，层内无互连，从输出至输入无反馈，是一种典型的前向网络，如图 9-1 所示。只要在输入层与输出层之间增加一层或多层隐层，就可得到多层感知器，如图 9-2 所示。

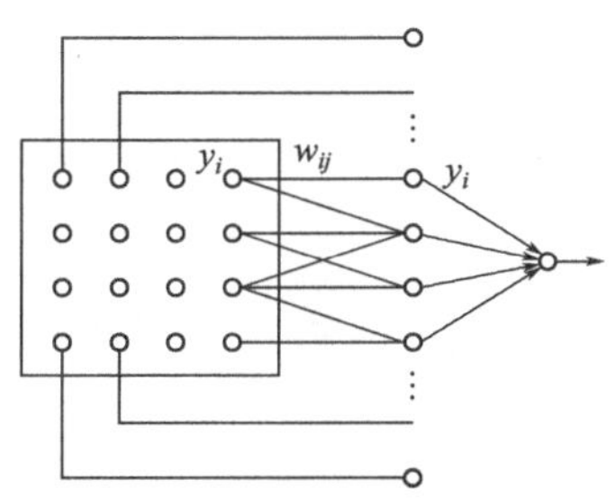

图 9-1　单层感知器模型

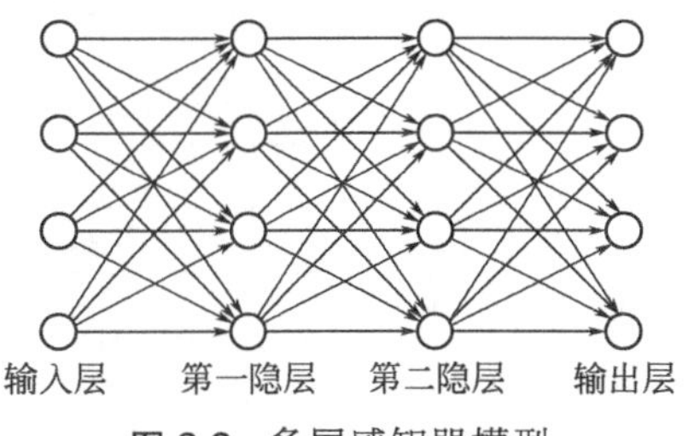

图 9-2　多层感知器模型

2. B-P（Back-Propagation）神经网络模型

B-P 模型是一种用于前向多层神经网络的反传学习算法，由鲁梅尔哈特（D. Ruvmelhar）和麦克莱伦德（Mc Clelland）于 1985 年提出。B-P 算法用于多层网络，网络中不仅有输入层节点和输出层节点，而且还有一层至多层的隐层节点，如图 9-3 所示。

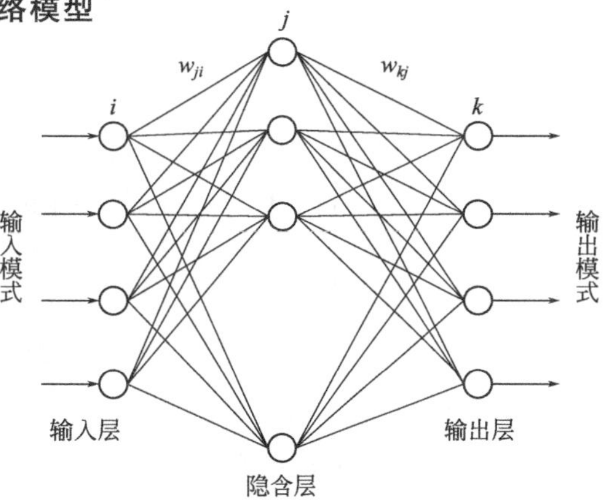

图 9-3　B-P 神经网络结构图

二、PRNN 模式识别原理

神经网络模式识别（Pattern Recognition Neural Network，PRNN）是人工神经网络进化后的一种分类或区划方法。理论上讲，在现实中将两个问题或者空间中的两类问题区别分类，识别是非常容易和简单的，通常用一条直线或者空间的一个超平面即可完成。

但是在工程实践中，很多模式往往不是规则分布的，这就导致分类模型或模式不能按照线性和平面去分割，而是形成了各种类型的非线性分割平面。引入神经网络这种方法，可以很好地解决这些问题。第一步，需要针对实际识别问题，选用神经网络；第二步，按照不同类型的训练样本来调整神经网络的权值和结构；第三步，调用测试样本对 PRNN 模型进行测试模式效果识别，若与实际要求不符，则另行训练；若达到精度要求，则可以利用训练好的 PRNN 模型进行区分识别。PRNN 模式识别算法流程如图 9-4 所示。

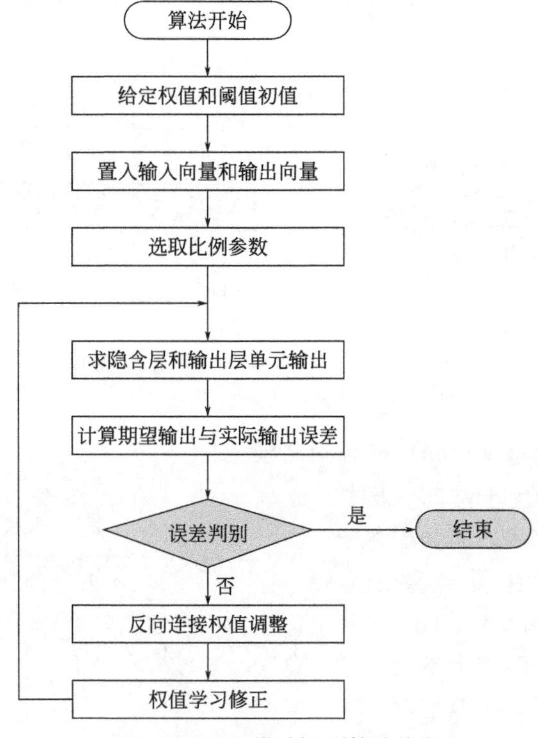

图 9-4 PRNN 模式识别算法流程

三、模式识别数据来源

(1) 提取识别关键因子

利用已建立的 FM-SOTER 数据库资料，对每一类型植被提取 5 个识别因子，分别是当地高程平均值、NDVI 均值、平均气温、平均湿度和降水量值，作为 PRNN 模式识别中的关键因子。

（2）预定义植被类型及编码

根据已建立的 FM-SOTER 数据库资料，将中国植被类型划分为 25 类，并将各植被类别号赋值为二进制代码，见表 9-1。

表 9-1　中国植被预定义类型及代码

植被名称	植被类别号	二进制代码
冰川雪被	第 1 类	00001
单(双)季稻或一年三季旱作\亚热带常绿果树经济林	第 2 类	00010
高寒草甸	第 3 类	00011
高寒草原	第 4 类	00100
高寒一年一熟作物	第 5 类	00101
高山垫状植被	第 6 类	00110
高山落叶灌丛	第 7 类	00111
过渡性热带常绿阔叶林	第 8 类	01000
热带常绿阔叶雨林	第 9 类	01001
热带红树林	第 10 类	01010
热带石灰岩半常绿阔叶季雨林	第 11 类	01011
热带酸性砖红壤半常绿季雨林	第 12 类	01100
双季稻连作喜温冬季作物和热带经济林、果树	第 13 类	01101
水旱一年两熟和过渡性亚热带落叶、常绿果树	第 14 类	01110
温带、暖温带落叶阔叶林	第 15 类	01111
稀树灌木草原	第 16 类	10000
亚高山常绿革质叶灌丛	第 17 类	10001
亚热带、热带常绿、落叶灌丛和疏林	第 18 类	10010
亚热带、热带亚高山常绿针叶林	第 19 类	10011
亚热带常绿阔叶杂木林	第 20 类	10100
亚热带常绿栎林	第 21 类	10101
亚热带常绿针叶林与灌丛(包括竹林)	第 22 类	10110
亚热带山地酸性黄棕壤落叶常绿阔叶混交林	第 23 类	10111
亚热带石灰岩落叶阔叶常绿阔叶混交林	第 24 类	11000
亚热带硬叶常绿栎疏林	第 25 类	11001

第三节　结果与分析

一、PRNN 模型

本次预设类别为 25 类，为了减小人工神经网络的计算量，分别按每 5 类为一组的顺序划分，分别第 1 类至第 5 类为第 1 小组，第 6 类至第 10 类为第 2 小组，依次第 21 类至第 25 类为第 5 小组。通过调用 MATLAB（2010b）成熟的 PRNN 模式识别工具箱进行计算。代码如下。

```
>> clear all
>> rawX1=xlsread ('data.xls','sheet1','a2: e1194');
>> rawY1=xlsread ('data.xls','sheet1','f2: j1194');
>> rawX2=xlsread ('data.xls','sheet1','k2: o2416');
>> rawY2=xlsread ('data.xls','sheet1','p2: t2416');
>> rawX3=xlsread ('data.xls','sheet1','u2: y16337');
>> rawY3=xlsread ('data.xls','sheet1','z2: ad16337');
>> rawX4=xlsread ('data.xls','sheet1','ae2: ai8656');
>> rawY4=xlsread ('data.xls','sheet1','aj2: an8656');
>> rawX5=xlsread ('data.xls','sheet1','ao2: as309');
>> rawY5=xlsread ('data.xls','sheet1','at2: ax309');
>> xdata= [rawX1'rawX2'rawX3'rawX4'rawX5'];
>> ydata= [rawY1'rawY2'rawY3'rawY4'rawY5'];
>> nprtool
```

内部 Script 语句如下。

```
% Solve a Pattern Recognition Problem with a Neural Network
% Script generated by NPRTOOL
% Created Sun Dec 29 11: 17: 52 CST 2013
% This script assumes these variables are defined:
%    xdata -input data.
%    ydata -target data.
inputs = xdata;
targets = ydata;
% Create a Pattern Recognition Network
hiddenLayerSize = 6;
net = patternnet (hiddenLayerSize);
```

```
% Setup Division of Data for Training, Validation, Testing
net. divideParam. trainRatio = 70/100;
net. divideParam. valRatio = 15/100;
net. divideParam. testRatio = 15/100;
% Train the Network
[net, tr] = train (net, inputs, targets);
% Test the Network
outputs = net (inputs);
errors = gsubtract (targets, outputs);
performance = perform (net, targets, outputs)
% View the Network
view (net)
% Plots
% Uncomment these lines to enable various plots.
%figure, plotperform (tr)
%figure, plottrainstate (tr)
%figure, plotconfusion (targets, outputs)
%figure, ploterrhist (errors)
```

此后按照可视化人机对话界面进行向导式计算，其中建立的 ANN 模式识别模型如图 9-5 所示。

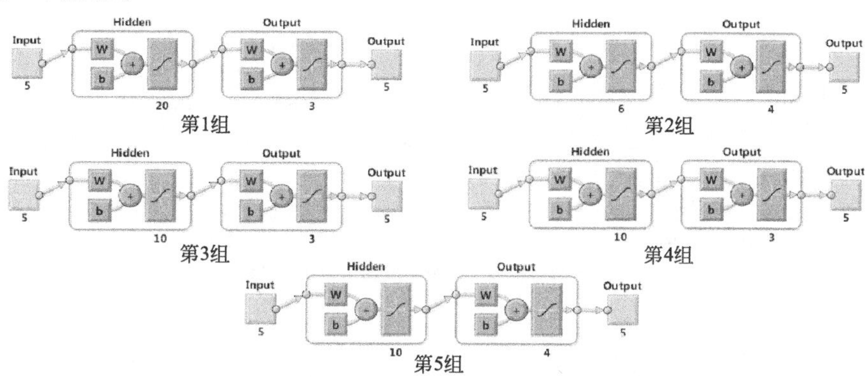

图 9-5　ANN 模式识别模型

二、识别参数分析

（1）模型常规参数

模型常规参数见表 9-2。

表 9-2 模型常规参数

组别	编号	隐含层	总误差/%	Epoch[①]
第 1 组	1～5	20	64	54
第 2 组	6～10	6	95.4	63
第 3 组	11～15	10	100	54
第 4 组	16～20	10	100	254
第 5 组	21～25	10	100	289

① 运算时利用样本数据对模型的训练轮次。

（2）MSE 值

模式识别中的 MSE 如图 9-6 所示。

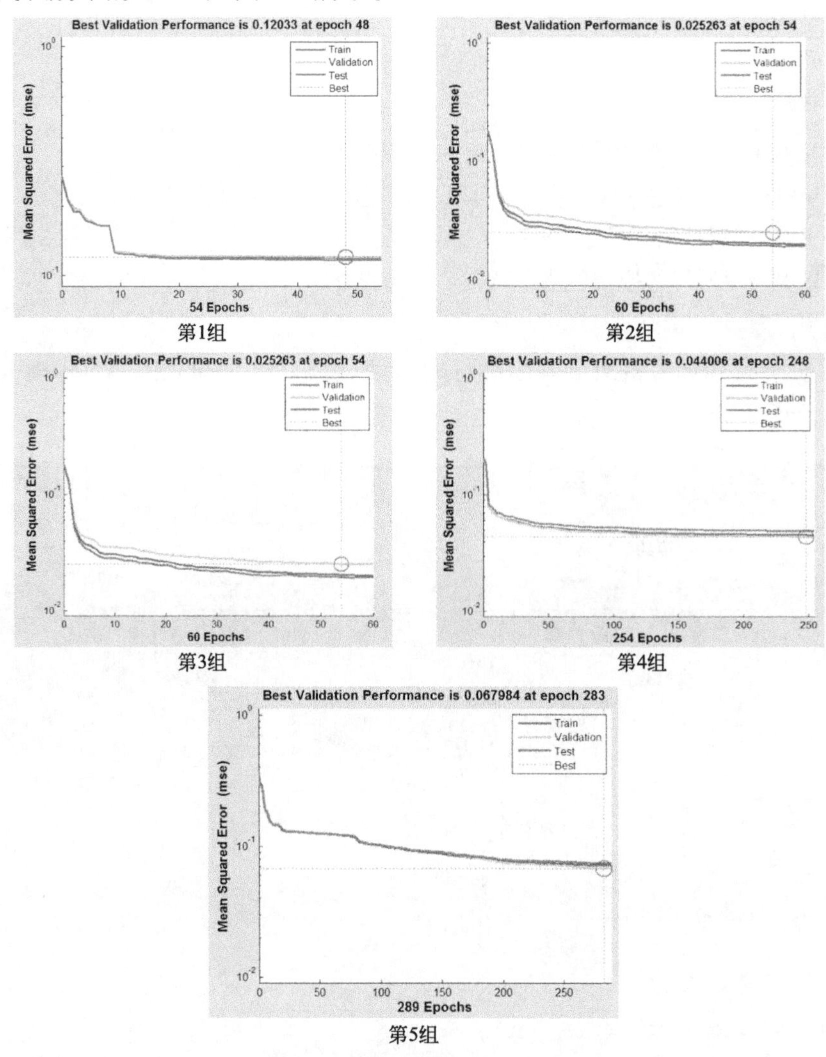

图 9-6 模式识别中的 MSE 分布图

（3）方差图

方差图如图 9-7 所示。

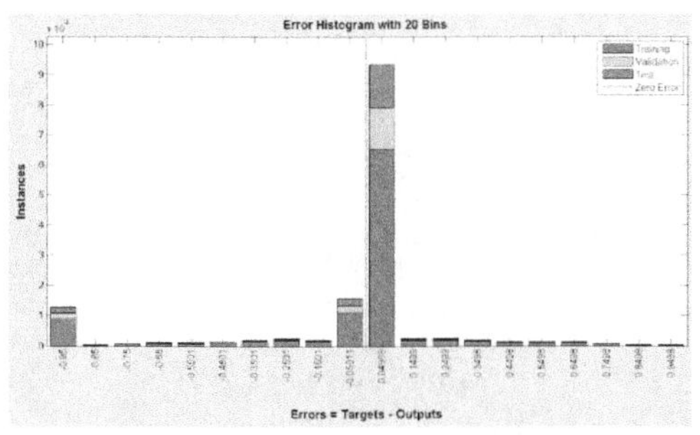

第1组

第2组

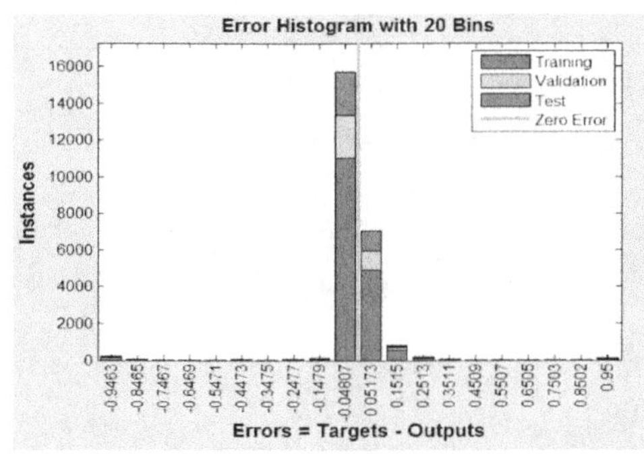

第3组

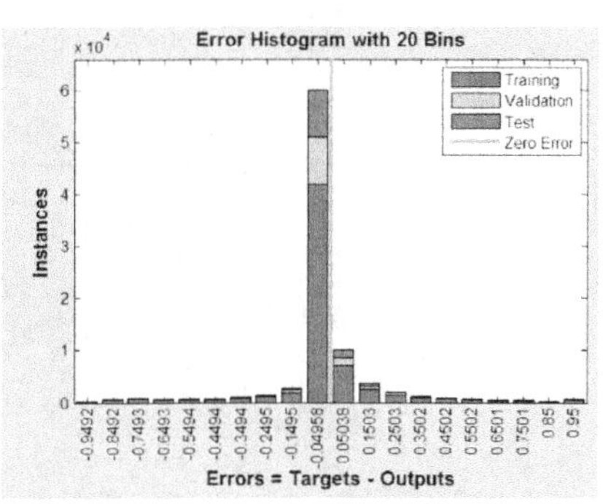

第4组

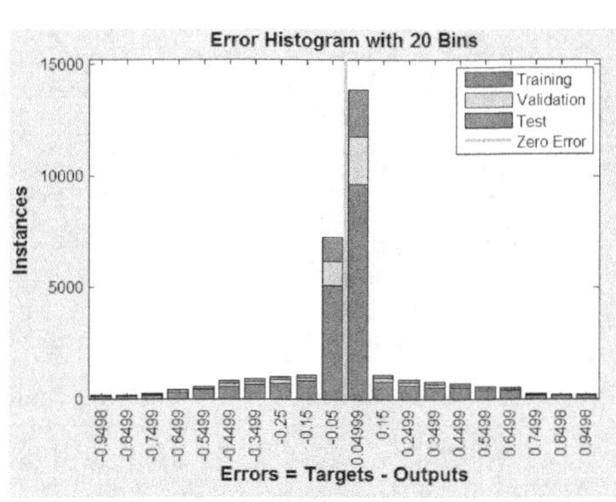

第5组

图 9-7　方差图

三、混淆度分析

混淆度分析如图 9-8 所示。

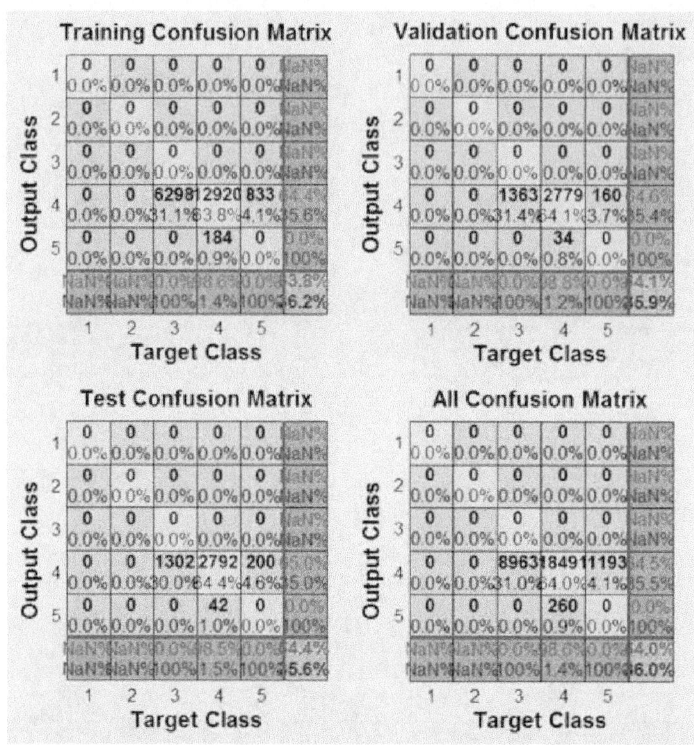

Training Confusion Matrix
Validation Confusion Matrix
Test Confusion Matrix
All Confusion Matrix

第1组

第2组

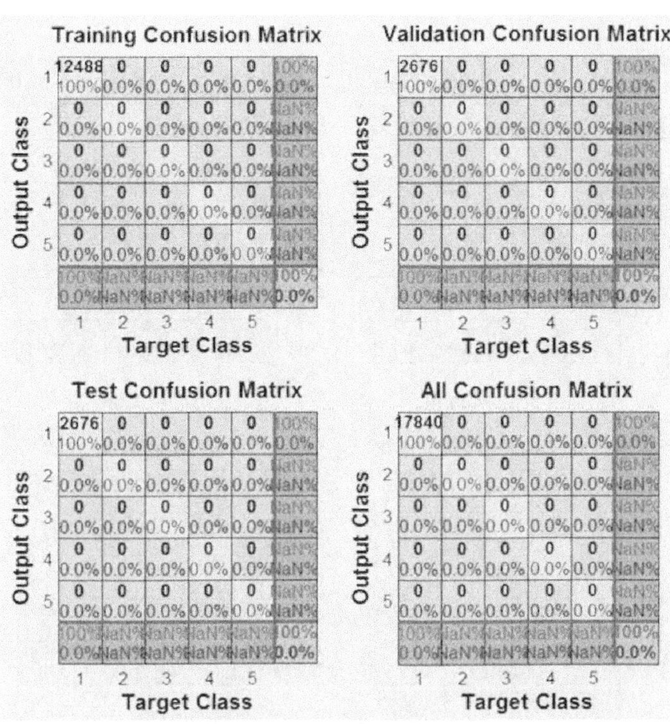

Training Confusion Matrix
Validation Confusion Matrix
Test Confusion Matrix
All Confusion Matrix
Output Class
Target Class

Training Confusion Matrix
Validation Confusion Matrix
Test Confusion Matrix
All Confusion Matrix
Output Class
Target Class

第3组

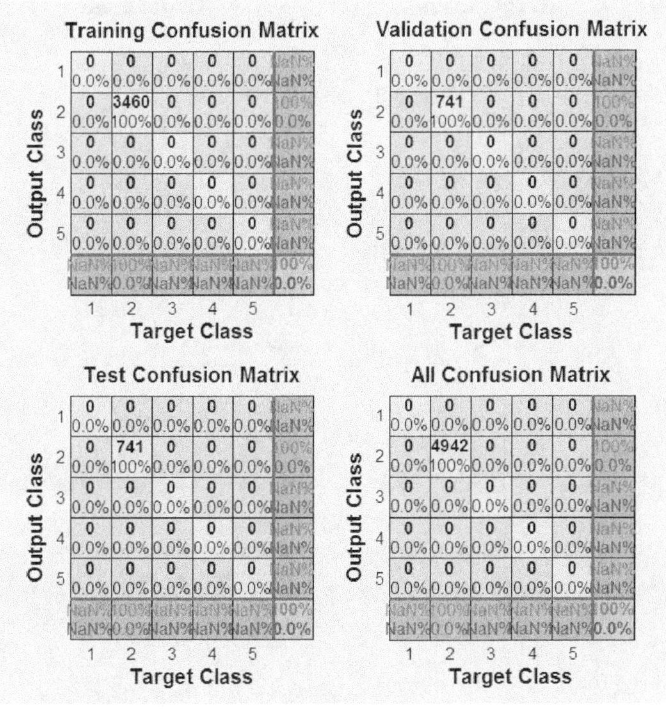

第4组

图 9-8

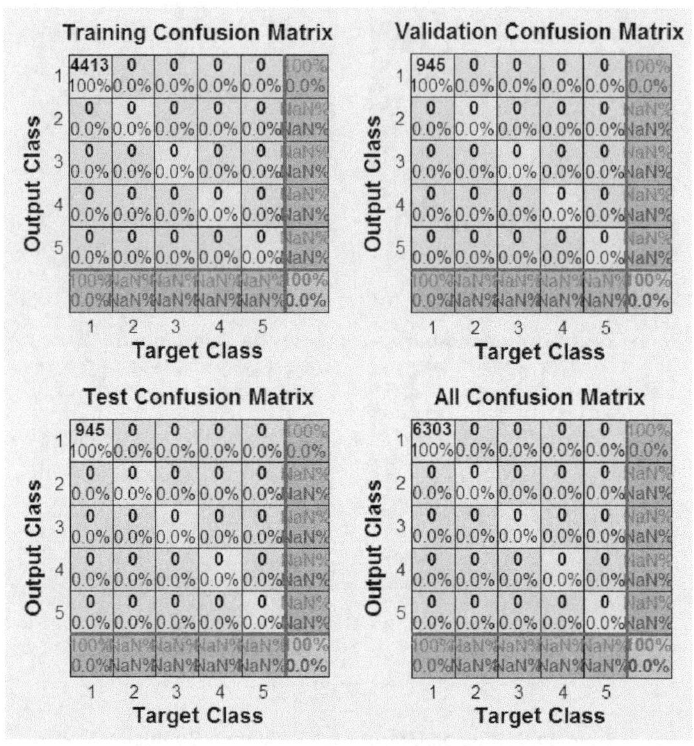

第5组

图 9-8 混淆度分析

四、训练次数及验证检查

训练次数及验证检查如图 9-9 所示。

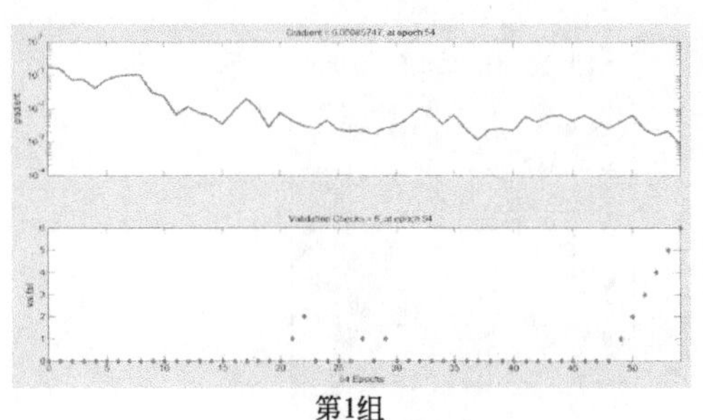

第1组

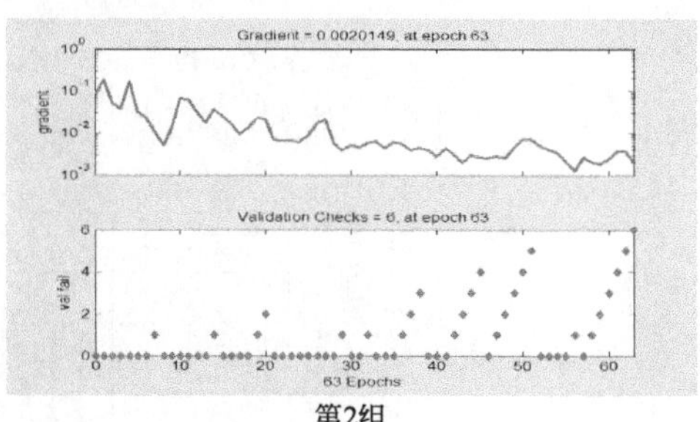

第2组

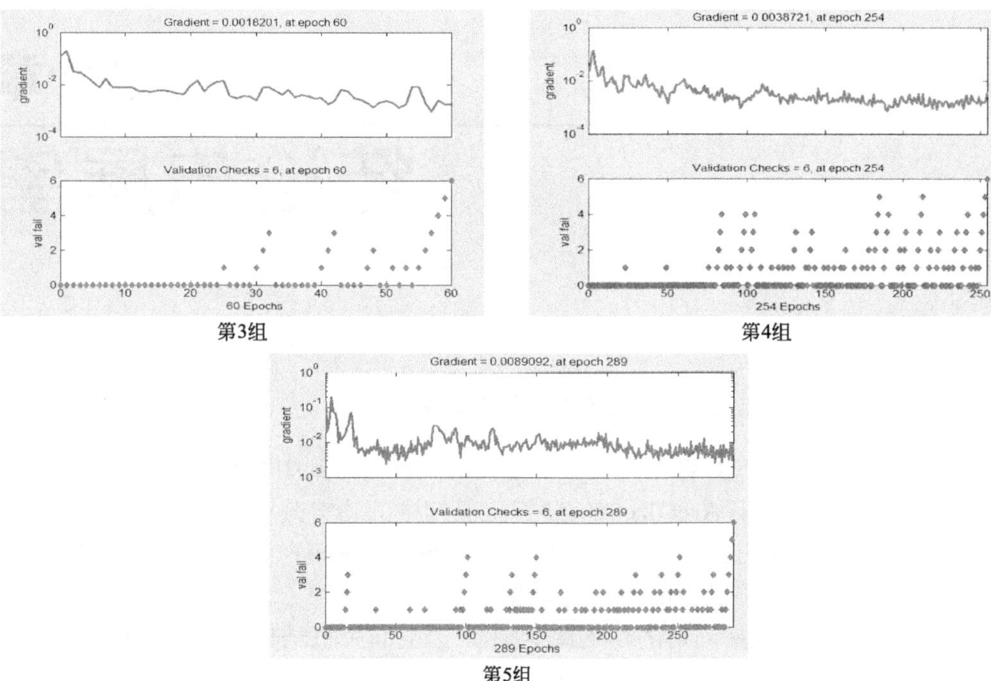

第3组　　第4组

第5组

图 9-9　训练次数及验证检查

第十章

结论与展望

一、中国植被气象因子空间变异度规律

① 通过 FM-SOTER 数据库调用矩形网格数据，得到中国植物气象关键因子的空间趋势数据集；利用 ArcGIS 空间分析工具箱中的趋势分析功能，对各植物气象因子的空间变异规律分别进行逐阶建模研究；通过定量研究植物气象因子空间趋势变异模型，精确掌握各因子的空间变异度。

② 经全国范围矩形网格的平均降水量 P_{avg} 空间分析结果表明，该值在经向的变异度 $\rho^x_{P_{avg}}$ 为 86.2，纬向空间变异度（欧氏距离）$\rho^y_{P_{avg}}$ 为 86.0。在对平均降雨量的空间数据分别建立经向和纬向趋势模型并进行参数分析发现，全国尺度的平均降水量三阶趋势模型比较准确地反映了平均降水量 P_{avg} 的空间趋势规律。其特点是经向和纬向的各向异性。

③ 最大降水量 P_{max} 反映出该地区降水强度和土壤水分状况，据此要充分发挥适地适树的原则，防止旱灾或涝灾抑制了植被的生长。最大降水量 P^{x3}_{max} 的三阶趋势模型拟合的精度较高，而且在纬度方向精准，标准误为 0。

④ 最小降水量 P_{min} 直接关系到矩形网格区域水量的丰缺，对规划设计和移植培育耐旱林木植被有非常重要的现实意义。P_{min} 纬向变异度由欧氏距离解算 $\rho^y_{P_{min}}$ 为 91.6，略微比经度变异度 91.4 大，说明在纬度方向的降雨量差异比经度方向要大。最后通过对一、二、三阶趋势模型的参数解算发现，三阶趋势模型能精准地描述空间趋势规律。

⑤ 平均气温 T_{avg} 的经度变异度由欧氏距离 $\rho^x_{T_{avg}}$ 解算为 46.9；纬度变异度由欧氏距离 $\rho^y_{T_{avg}}$ 求得为 55.2。平均温度的变异波动在纬度方向比经度方向更大。全国尺度的平均气温 T^{y3}_{avg} 在纬度方向的三阶趋势模型能反映国家尺度的平均气温空间规律。

⑥ 平均湿度 H_{avg} 在东西方向的变化相对缓慢，而在南北方向变化剧烈。计算结果证明，平均湿度的经度变异度 $\rho^x_{H_{avg}}$ 为 38.4；纬度变异度 $\rho^y_{H_{avg}}$ 为 46.6。通过对一、二、三阶趋势模型的对比发现，三阶趋势模型更加适应平均湿度的空间描述。

⑦ 通过欧氏理论计算获得植物气象空间分布变异的趋势模型，包括各气象因子在经纬度方向分布的一、二、三阶变异模型包。其中一阶模型包见表 10-1，二阶模型包见表 10-2，三阶模型包见表 10-3。

表 10-1　气象因子一阶空间趋势模型

因子		纬向一阶模型	经向一阶模型
气象因子	平均降水量	$P^{y1}_{avg}=-43.483y+2199.199$	$P^{x1}_{avg}=19.580x-1419.007$
	最大降水量	$P^{y1}_{max}=-56.550y+277.985$	$P^{x1}_{max}=19.850x-1345.4$
	最小降水量	$P^{y1}_{min}=15.086y-1078.197$	$P^{x1}_{min}=-41.014x+1983.233$
	平均气温	$T^{y1}_{avg}=-0.612y+30.906$	$T^{x1}_{avg}=0.4x+4.508$
	平均湿度	$H^{y1}_{avg}=-0.621y+80.033$	$H^{x1}_{avg}=0.648x-9.929$

表 10-2　气象因子二阶空间趋势模型

因子		纬向二阶模型	经向二阶模型
气象因子	平均降水量	$P^{y2}_{avg}=7.777y^2-318.068y+6994.636$	$P^{x2}_{avg}=-0.580x^2+139.523x-7497.762$
	最大降水量	$P^{y2}_{max}=4.525y^2-385.674y+8524.855$	$P^{x2}_{max}=-0.874x^2+200.465x-10499.021$
	最小降水量	$P^{y2}_{min}=-0.617y^2+142.582y-7539.704$	$P^{x2}_{min}=3.142x^2-289.188x+6317.411$
	平均气温	$T^{y2}_{avg}=0.14y^2-1.626y+48.627$	$T^{x2}_{avg}=-0.01x^2+2.043x-97.044$
	平均湿度	$H^{y2}_{avg}=0.124y^2-9.67y+238.070$	$H^{x2}_{avg}=-0.006x^2+1.818x-69.205$

表 10-3　气象因子三阶空间趋势模型

因子		类别	模型表达式
气象因子	平均降水量	纬向三阶模型	$P^{y3}_{avg}=0.038y^3-0.36y^2-1134.836y+35531.059$
		经向三阶模型	$P^{x3}_{avg}=-0.04x^3+11.835x^2-1134.836x+35531.059$
	最大降水量	纬向三阶模型	$P^{y3}_{max}=0.066y^3-2.695y^2-130.59y+5620.281$
		经向三阶模型	$P^{x3}_{max}=-0.034x^3+9.781x^2-893.138x+26426.563$
	最小降水量	纬向三阶模型	$P^{y3}_{min}=0.57y^3-2.812y^2-69.299y+3813.599$
		经向三阶模型	$P^{x3}_{min}=-0.026x^3+7.39x^2-679.281x+20210.535$
	平均气温	纬向三阶模型	$T^{y3}_{avg}=-0.003y^3+0.302y^2-11.81y+164.59$
		经向三阶模型	$T^{x3}_{avg}=-0.001x^3+0.225x^2-22.039x+716.086$
	平均湿度	纬向三阶模型	$H^{y3}_{avg}=0.002y^3-0.143y^2-0.212y+130.737$
		经向三阶模型	$H^{x3}_{avg}=-0.001x^3+2.87x^2-28.177x+943.585$

二、植被分布与土壤类型关系密切

① 经过网格划分并进行各类植物土壤的分类统计后发现，中国植物土壤类别非常丰富，达 10 个土纲，46 个土类，170 个亚类。其中，棕色针叶林土、暗棕壤、红壤等面积最大，约占林业用地的 80%。

② 结合网格的精细化地域分割，研究每一类植物土壤所对应的植被类型及空间趋势率，进一步建立了植物土壤和植被类型之间的关联度，为进一步研究土壤类型空间趋势规律提供基础数据。

③ 对植物土壤的有机质含量、土壤 P 含量、土壤 K 含量在 FM-SOTER 数据库中提取现值，获取全国所有网格的单一植物土壤有机质含量的最大值和最小值、P 含量和 K 含量的数据集，在 ArcGIS 中做出中国陆地和岛屿上植物土壤中有机质、P、K 含量范围的分级专题图。

④ 通过对典型格网区 21 类植物土壤类型的空间模糊聚类解算发现，虽然随着阈值 λ 的增大，植物土壤的分类越加细致，但由于样本的试验数据所限，个别信息误差会导致聚类的偏差。当 $\lambda=0.947$，植物土壤分 8 类时，反映出的植物土壤聚类最佳：第 1 类是 {x1，x2，x4，x17}，第 2 类是 {x5，x7，x10}，第 3 类是 {x11，x12，x18}，第 4 类是 {x9，x21}，第 5 类是 {x14，x20}，第 6 类是 {x6，x8，x19}，第 7 类是 {x3，x13，x15}，第 8 类是 {x16}。

三、植被地形因子空间变异规律性强

① 根据矩形网格的划分特点，在经度方向共统计出 737280 个网格，其中高程最小值为 0.515m，最大值为 6786.815m，形成的空间格网平均值为 1553.684m，标准差非常大，达 966.190。在纬度方向也有同样数量的网格，其极小值为 0.279m，极大值为 6787.831m，平均值比原来增大 0.095m，标准差则减小了 0.039。

② 高程极值的空间变异度表现出强烈的双向同性。表征纬度方向最大高程变异度的欧氏距离为 62.2，经度方向最大高程的空间变异度也约等于 62.2；同样，表征纬度方向和经度方向的最小高程变异度的欧氏距离是 67.6。除了指标本身在研究变异度问题时的精度不够外，也更为鲜明地揭示了中国地形的复杂性，也对大尺度区域地理信息的高精度研究提出更高的要求。

③ 基于矩形格网的最大高程趋势模型，由一阶模型到三阶模型通过 t 检验、相关性分析和共线性统计表明，其阶数越高，模型的拟合精度就越高。且矩形格网中最大高程和最小高程的三阶趋势模型参数 a 的标准误，在经度方向比纬度方向偏大，这也与中国地形的宏观走势一致。

④ 通过矩形格网数据库获得全国地形因子中最大高程和最小高程分布变异的趋势模型，并分别建立了一、二、三阶变异模型包。其中一阶模型包见表 10-4，二

阶模型包见表 10-5，三阶模型包见表 10-6。

表 10-4 地形因子一阶空间趋势模型

因子		纬向一阶模型	经向一阶模型
地形因子	最大高程	$Z^{y1}_{max}=-60.557y+4230.430$	$Z^{x1}_{max}=-60.557x+4230.430$
	最小高程	$Z^{y1}_{min}=-37.409y+2969.090$	$Z^{x1}_{min}=-74.418x+9336.919$

表 10-5 地形因子二阶空间趋势模型

因子		纬向二阶模型	经向二阶模型
地形因子	最大高程	$Z^{y2}_{max}=-10.744y^2+720.962y-9417.6$	$Z^{x2}_{max}=-0.548x^2+31.447x+4788.708$
	最小高程	$Z^{y2}_{min}=-10.753y^2+744.731y-10690.4$	$Z^{x2}_{min}=-0.261x^2-20.474x+6602.988$

表 10-6 地形因子三阶空间趋势模型

因子		类别	模型表达式
地形因子	最大高程	纬向三阶模型 经向三阶模型	$Z^{y3}_{max}=0.767y^3-94.508y^2+3680.171y-43113.730$ $Z^{x3}_{max}=0.124x^3-39.061x^2+3984.476x-128685.566$
	最小高程	纬向三阶模型 经向三阶模型	$Z^{y3}_{min}=0.621y^3-77.599y^2+3106.301y-37580.965$ $Z^{x3}_{min}=0.123x^3-38.555x^2+3910.105x-126113.240$

四、植被生境适宜性被量化界定

① 平面分布上，中国七个植被大类分别被气象因子、海拔和土壤类型所界定。其中，气象因子中的关键数据值是平均气温、平均湿度、平均降水量，而此类参数的极值只能给定一个区间。

② 通过中国植物标准差椭圆分布求得植被大类的平均面积分布率为 51.75%，阔叶林和疏林在全国所占的比重最大，为 68.11%，与平均值的偏差率是 31.61%，其离散度为 0.097；植被细类平均分布率为 9.38%，温带亚高山常绿针叶林在全国所占的比重最大，分布率为 30.23%，其离散度为 0.032。

③ 中国植被的方向以“西南→东北”的空间分布格局为多，但植被大类的椭圆中心移动较大；而植被细类的方向分三类。长轴方位角（椭圆方向）≤45°的有 9 类植被，长轴方位角（椭圆方向）[>45°∪≤90°] 的有 27 类，长轴方位角（椭圆方向）[>90°] 的有 27 类。

④ 中国大多数植被的空间适宜性较强。植被的纬向和经向分布区间跨度较大，其适宜生境较为丰富。其中纬向跨度最大的植被是温带一年一熟作物（P38），经向跨度最大的植被是水旱一年两熟和过渡性亚热带落叶、常绿果树（P28）。大多数植

被在高程落差方向的分布具有很大的跨度，生存海拔落差普遍在 2000～4000m 之间，甚至有 4 类植被的适宜生境海拔落差在 5500m 以上。

五、植被生境因子空间变异研究展望

本书通过对国土表面进行平面配准，并进行相应尺度的格网划分，对降雨量(平均降雨量、最大降雨量和最小降雨量)，平均温度，平均湿度，植物土壤的有机质含量、P 含量和 K 含量，以及地形的变化进行地统计学分析。分别利用空间插值方法、聚类分析、标准差椭圆方程及趋势面等理论分析，得出了各项因子的空间分布规律及变异特征，尤其是空间点位经、纬度空间分布模型，并比较了一、二、三阶模型，进行了 t 检验、相关性和共线性等精度检验，得到了各类因子的最优分布模型。

因此，本书为中国陆地区域的植物环境与各关键生境因子的相关关系，植被适宜生存区间在精准格网分化下的地理范畴研究奠定了一定理论和实践基础，并为分析全国其他自然因子分布乃至更大范围内的自然因子与大地坐标间的空间效应都具有理论指导意义。

根据本书建立的相关模型，在全国大气及环境问题日益严重的背景下，对日后植被消减 PM2.5 及其他大气污染的研究都具有很大的理论参考价值。

参考文献

[1] 陈军明，赵平，郭晓寅. 中国西部植被覆盖变化对北方夏季气候影响的数值模拟 [J]. 气象学报，2010，(02)：173-181.

[2] 陈俊勇. 对 SRTM3 和 GTOPO30 地形数据质量的评估 [J]. 武汉大学学报：信息科学版，2005，30 (11)：941-944.

[3] 陈素华，宫春宁. 内蒙古气候变化特征与草原生态环境效应 [J]. 中国农业气象，2005，26 (4)：246-249.

[4] 陈育峰. 气候变化对森林植被的可能影响——GIS 支持下的方法研究 [J]. 地理学报，1998，13 (5)：488-494.

[5] 陈玉福，董鸣. 生态学系统的空间异质性 [J]. 生态学报，2003，23 (2)：346-352.

[6] 董建军，张庆，牛建明. 内蒙古地区短花针茅（Stipa breviflora）种群遗传多样性 [J]. 生态学报，2008，28 (7)：3447 - 3455.

[7] 杜德鱼，范升才. 我国造林绿化事业面临的主要矛盾及其对策研究 [J]. 西北林学院学报，2000，15 (3)：107-111.

[8] 付强，金菊良. 基于 RAGA 的 PPE 模型在土壤质量等级评价中的应用研究 [J]. 水土保持通报，2002，22 (5)：51-54.

[9] 付强，王志良，梁川. 自组织竞争人工神经网络在土壤分类中的应用 [J]. 水土保持通报，2002，22 (1)：39-43.

[10] 高鹏，史学正，于东升，等. 基于 WebGIS 的中国土壤信息查询系统研究 [J]. 土壤，2008，40(1)：9-15.

[11] 龚子同，雷文进，熊国炎. 土壤分类研究的国际趋势 [J]. 土壤学进展，1986，(01)：170-172.

[12] 龚子同. 热带土壤资源的开发利用 [J]. 土壤，1986，(05)：278-280.

[13] 龚子同. 土壤地理研究的发展 [J]. 地球科学进展，1991，6 (3)：44-49.

[14] 龚子同，张学雷，骆国保，等. SOTER 的建立及其在世界上的传播 [J]. 地理科学，2001，21 (3)：217-223.

[15] 郭旭东，傅伯杰，马克明，等. 基于 GIS 和地统计学的土壤养分空间变异特征研究——以河北省遵化市为例 [J]. 应用生态学报，2000，11 (4)：557-563.

[16] 何敏，何秀凤. 利用星载 InSAR 技术提取镇江地区 DEM 及其精度分析 [J]. 计算机应用，2010，30 (2)：537-539.

[17] 胡鸣，张美香，白亚彬. 基于 SRTM 数据生成地面高程模型技术研究 [J]. 西部资源，2014，(01)：45-47.

[18] 胡伟，邵明安，王全九. 黄土高原退耕坡地土壤水分空间变异的尺度性研究 [J]. 农业工程学报，2005，21 (8)：11-16.

[19] 黄强，赵雪花. 河川径流时间序列分析预测理论与方法 [M]. 郑州：黄河水利出版社，2007.

[20] 姜广顺，张明海，马建章. 黑龙江省完达山地区马鹿生境破碎化及其影响因子 [J]. 生态学报，2005，25 (7)：1691-1698.

[21] 孔凡新，郝洪艳，汤文成. 制造网格环境下模具制造资源的模糊动态聚类分析 [J]. 制造技术与机床，2012，(4)：134-138.

[22] 李建维，焦晓光，隋跃宇，等. 吉林东部暗棕壤在中国土壤系统分类中的归属 [J]. 中国农学通报，2011，27 (24)：74-79.

[23] 李锦，曹锦铎．编制全国 1/100 万土壤图的原则和方法试拟 [J]．土壤，1980，(03)：88-91.
[24] 李天生，周国法．空间自相关与分布型指数研究 [J]. 生态学报，1994，14 (3) ：327-331.
[25] 李贤彬，丁晶，李后强．水文序列 Hurst 系数的子波估计 [J]．水利学报，1999，(8)：21-25.
[26] 李晓晖，袁峰，贾蔡，等．基于地统计学插值方法的局部奇异性指数计算比较研究 [J]. 地理科学，2012，32 (2)：136-142.
[27] 李晓晖，袁峰，贾蔡，等．基于反距离加权和克里格插值的 S-A 多重分形滤波对比研究 [J]. 测绘科学，2012，37 (3)：88-89.
[28] 李彦，王玉刚，肖笃宁．流域尺度绿洲土壤盐分的空间异质性 [J]．生态学报，2007，27 (12)：5262-5270.
[29] 刘丙军，邵东国，沈新平．参考作物腾发量空间分形特征初探 [J]．水利学报，2007，38 (3)：347-341.
[30] 刘鸿波，张大林，王斌．区域气候模拟研究及其应用进展 [J]．气候与环境研究，2006，(05)：649-668.
[31] 刘绍民，孙中平，李小文，等．蒸散量测定与估算方法的对比研究 [J]. 自然资源学报，2003，18 (2)：161-167.
[32] 刘宇，李成名，刘德钦，等，空间信息格网研究进展 [J]．测绘科学，2007，32 (4)：187-189.
[33] 吕成文，骆国保，龚子同．SOTER 的建立与发展 [J]．土壤通报，1999，(12)：42-44.
[34] 马友平．恩施土壤全硒含量分布的研究 [J]．核农学报，2010，(3)：580-584.
[35] 毛振强，李宪文，张定祥．SOTER 研究进展及其在构建土地资源数据库中的应用 [J]. 中国土地科学，2004，18 (4)：60-64.
[36] 米湘成，上官铁梁，张金屯，等．典范趋势面分析及其在山西省沙棘灌丛水平格局分析中的应用 [J]．生态学报，1999，19 (6)：798-802.
[37] 潘剑君．“SOTER” 计划简介 [J]．土壤学进展，1992，(01)：43-48.
[38] 裘炯良，郑剑宁，周健，等．趋势面分析法在传染病地理分布研究中的应用 [J]. 中国热带医学，2004，4 (5)：689-691，702.
[39] 史学正，等．中国土壤信息系统（SISChina）及其应用基础研究 [J]．土壤，2007，39 (3)：329-333.
[40] 宋树华，等．全球空间数据剖分模型分析 [J]．地理与地理信息科学，2008，24 (4)：11-15.
[41] 谭军，徐大兵，刘冬碧，等．整治区植烟土壤有机质空间变异特征及肥力等级评价 [J]．湖北农业科学，2013，52 (19)：4601-4604.
[42] 童建宁．小叶青冈林主要种群种间关系及生态种组的划分 [J]. 福建林学院学报，2010，(2)：174-178.
[43] 童晓冲，贲进，张永生．全球多分辨率六边形网格剖分及地址编码规则 [J]. 测绘学报，2007，36 (4)：428-435.
[44] 王红瑞，董艳艳，王军红，等．关于虚拟水与虚拟水贸易的讨论 [J]. 北京师范大学学报：自然科学版，2006，42 (6)：633-638.
[45] 王洪霞，等．对森林永续经营利用理论的浅论 [J]．华东森林经理，2008，22 (3)：39-42.
[46] 王家耀，安敏．地图演化论及其启示 [J]．测绘科学技术学报，2012，29 (3)：157-161.
[47] 王礼茂，郎一环. 中国资源安全研究的进展及问题 [J]. 地理科学进展，2002，21 (4)：333-340.
[48] 王连喜，袁海燕，纳丽．气候变化研究综述 [J]. 宁夏农林科技，2006，(3)：27-31.
[49] 吴珊眉，邵东彦，龙显助，等．松嫩平原北部寒变性土的研究 [J]．南京农业大学学报，2011，34 (4)：77-84.
[50] 吴运金，赵玉国，张甘霖．基于 SRTM 数据的中国 1：100 万 SOTER 地形体的构建 [J]．土壤，2010，(1)：123-130.
[51] 兀伟，李朋德，张坤，等．基于位置服务的地理格网编码设计 [J]．测绘通报，2013，(2)：41-44.
[52] 席承藩．美国土壤分类与土壤系统分类的形成与发展 [J]．土壤学进展，1986，(06)：1-8.
[53] 肖俊章，冯立孝．模糊聚类法在陕南黄棕壤黄褐土分类上的应用 [J]．土壤通报，1992，23 (3)：

108-110.

[54] 阎恩荣，谢一鸣，许月，等. 基于植物多度的群落物种组成与环境关联性分析 [J]. 生物多样性，2013，21 (1)：80 - 89.

[55] 杨超，孙家昶. 一类六边形网格上拉普拉斯 4 点差分格式及其预条件子 [J]. 计算数学，2005，27 (4)：437-448.

[56] 杨辉，宋正山. 华北地区水资源多时间尺度分析 [J]. 高原气象，1999，18 (4)：496 - 508.

[57] 杨志强，潘剑君，黄礼辉，等. 面向土壤系统分类的土壤调查剖面点设置与界线确定研究——以江苏省句容市大卓村为例 [J]. 南京农业大学学报，2011，34 (3)：94-100.

[58] 姚云军，秦其明，赵烨，等. 基于组件式 GIS 的土壤质量数据库系统的开发 [J]. 测绘科学，2007，32 (6)：86-87.

[59] 叶天竺. 空间信息格网及其在地质工作中的应用 [J]. 地球信息科，2006，8 (4)：4-7.

[60] 曾向辉，赵礼曦，张宇. 基于 HHT 变换的 PSO-LSSVM 耦合模型估算气象资料短缺地区 ET0 [J]. 灌溉排水学报，2015，34 (02)：1-6.

[61] 张定祥，于东升，史学正. 苏南 SOTER 数据库的建立及其在水稻土生产力评价上的应用 [J]. 安徽农业大学学报，2001，28 (2)：119-124.

[62] 张定祥，史学正，周明江. 论精确农业与中国土壤信息化建设 [J]. 安徽农业大学学报，2002，29 (3)：306-310.

[63] 张定祥，潘贤章，史学正，等. 中国 1：100 万土壤数据库建设中的几个问题 [J]. 土壤通报，2003，34 (2)：81-84.

[64] 张甘霖，吴运金，赵玉国. 基于 SOTER 的中国耕地后备资源自然质量适宜性评价 [J]. 农业工程学报，2010，(4)：1-8.

[65] 张国斌，薛建辉，吴永波. 半圈养状态下麋鹿对生境的影响 [J]. 中国农学通报，2007，23 (7)：180-184.

[66] 张继骞，马琮隆. 对天球地平座标系和地球表面方向的几点看法 [J]. 山西师大学报：自然科学版，1991，(03)：65-70.

[67] 张菁，王江萍，马民涛. 趋势面分析法在环境领域中应用的评述及展望 [J]. 环境科学与管理，2009，34 (1)：1-5.

[68] 张景光，王新平. 甘宁蒙陕退耕还林（草）中的适地适树问题 [J]. 中国沙漠，2002，22 (5)：489-494.

[69] 张黎明，魏志远，漆智平. 1：20 万 HaiSOTER 数据库在海南岛的研究与应用 [J]. 中国农学通报，2005，21 (12)：397-402.

[70] 张娜，宋明娟. 土壤分类的模糊集成算法与应用 [J]. 数学的实践与认识，2011，41 (23)：122-126.

[71] 张庆，牛建明，韩芳，等. 不同坡位植被分异及土壤效应——以内蒙古短花针茅草原为例 [J]. 植物生态学报，2011，35 (11)：1167-1181.

[72] 张庆，牛建明，丁勇，等. 短花针茅生物学与生态学研究现状与展望 [J]. 中国草地学报，2010，(3)：93-101.

[73] 张晓伟，沈冰，孟彩侠. 和田绿洲水文气象要素分形特征与 *R/S* 分析 [J]. 中国农业气象，2008，29 (1)：12-15.

[74] 张学雷，陈杰，张甘霖. 海南岛不同地形上某些土壤化学性质的多样性分析 [J]. 应用生态学报，2004，15 (8)：1368-1372.

[75] 张学雷，张甘霖，龚子同. 海南岛土壤质量的指标与量化表达研究 [J]. 应用生态学报，2001，12 (4)：549-552.

[76] 张学雷，张甘霖，龚子同. SOTER 支持下 ALES 模型对海南省热带作物适宜性评价研究 [J]. 地理科学，2001，21 (4)：344-349.

[77] 赵璐. 中国经济格局时空演化趋势 [J]. 城市发展研究，2013，20 (7)：14-18.

[78] 赵平，南素兰. 气候和气候变化领域的研究进展 [J]. 应用气象学报，2006，17 (6)：725-73.

[79] 赵其国. 我国土壤调查制图及土壤分类工作的回顾与展望 [J]. 土壤，1992，24 (6)：281-284.

[80] 赵学胜，白建军，王志鹏. 基于 QTM 的全球地形自适应可视化模型 [J]. 测绘学报，2007，36 (3)：316-320.

[81] 赵学胜，陈军. QTM 地址码与经纬度坐标的快速转换算法 [J]. 测绘学报，2003，32 (3)：272-277.

[82] 赵学胜，陈军. 基于球面四元三角网剖分的层次空间关系推理 [J]. 测绘学报，2001，30 (4)：355-360.

[83] 赵勇，樊巍，叶永忠，等. 太行山低山丘陵区不同植物群落物种多样性研究 [J]. 中国水土保持科学，2007，5 (3)：64-71.

[84] 赵勇，樊巍，范国强. 黄河小浪底库区山地植物群落恢复进程研究 [J]. 北京林业大学学报，2008，30 (2)：33-38.

[85] 周成虎，欧阳，马廷. 地理格网模型研究进展 [J]. 地理科学进展，2009，(5)：657-662.

[86] 周成军，张锦明，范嘉宾，等. 训练模拟系统中地形量化模型的探讨 [J]. 测绘科学技术学报，2010，27 (2)：149-152.

[87] 周绍春，张明海，王双玲. 完达山林区森林采伐和非采伐区马鹿、狍子对冬季生境因子选择的比较 [J]. 动物学研究，2006，27 (6)：575-580.

[88] 周孝华，宋坤. 高频金融时间序列的异象特征分析及应用 [J]. 财经研究，2005，31 (7)：123-132.

[89] 朱劲伟，崔启武，史继德，等. 红松林和采伐迹地的水量平衡分析 [J]. 生态学报，1982，(04)：335-344.

[90] 朱松丽，陈育峰. 全球变化中土壤信息系统的研究进展 [J]. 地球科学进展，1998，13 (5)：488-494.

[91] Alves I，Cameira MR. Evapotranspiration estimation performance of root zone water quality model：evaluation and improvement [J]. Agricultural Water Management，2002，(57)：61-73.

[92] Anatoly A，Gitelson，Yoram J，et al . Novel algorithms for remote estimation of vegetation fraction [J]. Remote Sensing of Environment，2002，80 (1)：76-87.

[93] Beever EA，Brussard PF，Berger J. Patterns of apparent extirpation among isolated populations of pikas (Ochotona princeps) in the Great Basin [J]. Journal of Mammalogy，2003. (84)：37-54.

[94] Boyd DS，Foody GM，Ripple WJ. Evaluation of approaches for forest cover estimation in the Pacific Northwest USA using remote sensing [J] . Applied GeograpHy，2002，(22)：375- 392.

[95] Bunde EK，Kantelhardt JW，Braun P，et al. Longterm persistence and multifractality of river runoff records ：Detrended fluctuation studies [J]. Journal of Hydrology，2006 ，(322)：120-137.

[96] Bundea A，Havlin S，Bunde EK，et al. Long term persistence in the atmosphere：Global laws and tests of climate models [J]. Physica A，2001，(302)：255-267.

[97] Dennis W. The role of "virtual water" in efforts toachieve food security and other national goals，with an examplefrom Egypt [J]. Agricultural Water Management，2001，(49)：131-151.

[98] Dukes JS，Mooney HA. Does global change increase the success of biological invaders? [J] . Trends in Ecology and Evolution，1999，(14)：135-139.

[99] Enquist CAF. Predicted regional impacts of climate change on the geographical distribution and diversity of tropical forests in Costa Rica [J]. Journal of BiogeograpHy，2002，(29)：519-534.

[100] Epps CW，McCullough DR，Wehausen JD，et al. Effects of climate change on population persistence of desert-dwelling mountain sheep in California [J]. Conservation Biology，2004，(18)：102-113.

[101] Ferguson SH，Stirling I，McLoughlin P. Climate change and ringed seal (phoca hispida) recruitment in Western Hudson Bay [J]. Marine Mammal Science，2005，(21)：121-135.

[102] Fischbach AS，Amstrup SC，Douglas DC. Landward and eastward shift of Alaskan polar bear denning

associated with recent sea ice changes [J]. Polar Biology, 2007, (30): 1395-1405.

[103] Gutman G, Ignatov A. The derivation of the green vegetation fraction from NOAA/AVHRR data for use in numerical weather prediction models [J]. International Journal of Remote Sensing, 1998, 19 (8): 1533-1543.

[104] Halsey TC, Jensen MH, Kadanoff LP. Fractal measures and their singularities: the characterization of strange sets [J]. Physica Review A, 1986, (33): 1141-1150.

[105] Hannah L, Midgley GF, Millar D. Climate change- integrated conservation strategies [J]. Global Ecology and BiogeograpHy, 2002, (11): 485-495.

[106] Houghton RA. Revised estimates of the annual net flux of carbon to the atmospHere from changes in land use and land management 1850 - 2000 [J]. Tellus, 2003 , (55B): 378-390.

[107] Inouye DW, Barr B, Armitage KB, et al. Climate change is affecting altitudinal migrants and hibernating species [J]. Proceedings of the US National Academy of Sciences, 2000, (97): 1630-1633.

[108] Nunes JC, Bouaoune Y, Delechelle E, et al. Image analysis by bidimensional empirical mode decomposition [J]. Image and Vision Computing Journal, 2003, (21): 1019-1026.

[109] Dymond JR, StepHens PR, Newsome PF, et al. Percent vegetation cover of a degrading rangeland from SPOT [J]. International Journal of Remote Sensing, 1992, 13 (11): 1999-2007.

[110] Jaynes ET. Information theory and statistical mechanics [J]. PHys Rev, 1957, 106 (4) : 620 - 630.

[111] Kantelhardt JW, Zschiegner SA, et al. Multifractal detrended fluctuation analysis of nonstationary time series, Physica, 2002, (316): 87-114.

[112] Kim JY, Kim LS, Hwang SH. An advanced contrastenhancement using partially overlapped sub2block histogram equalization [J]. IEEE Transact Circuits SystemsVideo Technol, 2001, 11 (4): 475 - 483.

[113] Montandon LM, Small EE. The impact of soil reflectance on the quantification of the green vegetation fraction from NDVI [J]. Remote Sensing of Environment, 2002, 112 (4): 1853-1845.

[114] Wulder M, Boots B. Local spatial autocorrelation characteristics of remotely sensed imagery assessed with the Getis Statistic [J]. International Journal of Remote Sensing, 1998, 19 (11): 2223-2231.

[115] Nitschke C, Innes J . A tree and climate assessment tool for modelling ecosystem response to climate change [J]. Ecol Model , 2008, 210 (3): 263-277.

[116] Robert AM. Evaluation forest models in a sustainable forest management context [J]. FBMIS, 2003, (1): 35- 47.

[117] Shaw DJ, Clay EJ. Global hunger and food security after the world Food Summit [J]. Canadian Journal of Development Studies, 1998, (19): 55-76.

[118] Stark JA. Adaptive image contrast enhancement using generalization of histogram equalization [J]. IEEE Transac Image Processing, 2000, 9 (5): 889-896.

[119] Zimmerman JB, Pizer SM, Staab EV, et al. An evaluation of the effectiveness of adap tive histogram equalization for contrast enhancement [J]. IEEE Transac Med Imag, 1988, 7 (4) : 304-312.